数据科学手册

[美] 菲尔德·卡迪（Field Cady） 著

程国建　强新建　赵川源　白俊卿　等译

机械工业出版社
CHINA MACHINE PRESS

本书对数据科学进行了整体性介绍，涵盖了掌握该学科所需的分析、编程和业务技能等方方面面。找到一个优秀的数据科学家就像是寻找一只独角兽：因为其所需要的技术及技能组合很难在一个人身上兼备。另外，良好的数据科学素养不仅仅是对所训练技能的综合应用，还需要能够灵活考虑所有这些领域，并理解它们之间的联系。本书提供了数据科学的速成课程，将所有必要的技能结合到一个统一的学科体系中。

与许多数据分析的书籍不同，本书涵盖了关键的计算机科学和软件工程相关内容，因为它们在数据科学家的日常工作中发挥了极其重要的作用。本书还介绍了经典的机器学习算法，从这些算法的数学基础到实际应用均有描述。本书对可视化工具进行了综述，并强调其在数据科学中的核心位置。引入古典统计学的目的是帮助读者用批判性思维对数据进行解释，并指出常见的陷阱。对分析结果的清晰交流（这也许是数据科学技术中最为薄弱的一个环节）有专门的章节进行讲解，本书对所有涉及的主题均是在解决实际问题的背景下加以解释。

本书适合于那些想要实践数据科学的人，但他们又缺乏必要的技能，这包括需要更好地了解数据分析和统计学相关软件专业知识。现代数据科学是以一个统一的学科而呈现出来的。本书也是研究人员和入门研究生需要学习真实案例分析和扩展他们自身技能的最合适的参考。从领域来说，本书适合计算机科学、统计学、人工智能领域，尤其是与数据科学相关的研究人员、工程技术人员以及相关专业高校师生阅读和参考。

北京市版权局著作权合同登记　图字：01-2018-3357号。

图书在版编目（CIP）数据

数据科学手册 /（美）菲尔德·卡迪（Field Cady）著；程国建等译 . —北京：机械工业出版社，2019.2

书名原文：The Data Science Handbook

ISBN 978-7-111-61911-6

Ⅰ . ①数… 　Ⅱ . ①菲… ②程… 　Ⅲ . ①数据管理 – 手册 　Ⅳ . ① TP274-62

中国版本图书馆 CIP 数据核字（2019）第 020683 号

机械工业出版社（北京市百万庄大街 22 号　邮政编码 100037）
策划编辑：顾　谦　　责任编辑：顾　谦
责任校对：刘志文　　封面设计：马精明
责任印制：张　博
北京铭成印刷有限公司印刷
2019 年 3 月第 1 版第 1 次印刷
169mm×239mm　·20.75 印张·3 插页·412 千字
0 001—3 500 册
标准书号：ISBN 978-7-111-61911-6
定价：99.00 元

凡购本书，如有缺页、倒页、脱页，由本社发行部调换
电话服务　　　　　　　　　网络服务
服务咨询热线：010-88361066　机 工 官 网：www.cmpbook.com
读者购书热线：010-68326294　机 工 官 博：weibo.com/cmp1952
　　　　　　　010-88379203　金 书 网：www.golden-book.com
封面无防伪标均为盗版　　　教育服务网：www.cmpedu.com

译者序

大数据与人工智能当属近几年最热门的话题之一，其学术研究空前活跃，就业市场广阔，也是高薪行业。人工智能的崛起得益于大数据的涌现、计算能力的提升与算法的突破，特别是深度学习。大数据是人工智能的燃料与驱动力，而数据科学又是大数据的核心研究内容与实现方法学。目前全国已有300余所高校设立了数据科学与大数据技术专业，足显其在学界及业界的热度。

数据科学是有关数据的科学或者研究数据的科学，可定义为探索网络空间各种数据奥秘的理论、方法和技术。与自然科学和社会科学有所不同，数据科学的研究对象是网络空间中的数据，是一门新型科学。数据科学主要有两个内涵：一个是对数据本身的研究，主要是数据的各种类型、状态、属性及其变化形式和规律；另一个是为自然科学和社会科学研究提供一种新的思维方式及方法，可称为科学研究的数据方法（或称第四范型），这就需要建立许多科学假说和理论体系，并通过这些实验方法和理论体系来开展对数据空间的探索研究，其目的在于揭示自然界和人类行为本身的现象和存在的规律。

数据科学已有的方法和技术包括：数据获取、数据存储与管理、数据安全、数据分析、可视化等，此外它还需要有基础理论和新技术支持，如数据存在性、测度、时间、数据代数、相似性与聚类、数据分类、数据百科、数据伪装与识别、数据实验、数据感知等。针对各个研究领域可开发出专门的理论、技术和方法，从而形成专门领域的数据科学，例如行为数据科学、生命数据科学、脑神经数据科学、气象数据科学、金融数据科学、地理数据科学等。另外还有对数据资源本身的开发利用和技术研究。数据资源是重要的现代战略资源，其重要程度将越来越凸显，在21世纪有可能超过石油、煤炭、矿产，成为最重要的人类资源之一。

本书包含3部分内容：第Ⅰ部分是必须掌握的基础素材（如数据科学路线图、编程语言、数据变换与数据清理、数据可视化与度量标准、机器学习等）；第Ⅱ部分是仍需要知道的事情（如数据聚类和降维、回归、数据编码与文件格式、大数据、数据库、软件工程最佳实践、自然语言处理、时间序列分析等）；第Ⅲ部分是专业或高级主题（如计算机内存和数据结构、最大似然估计和最优化、高级分类器、随机建模等）。

本书的翻译出版得益于机械工业出版社顾谦老师的推荐与鼓励，在此特致谢意。我的研究生们在全书的初稿翻译、图表编辑等诸多方面给了帮助，在此一并致谢。本书主要由程国建、强新建、赵川源、白俊卿翻译，参与翻译的还有宋博敬、岳清清、张晗、魏珺洁。

由于译者水平有限、加之数据科学新兴概念繁多，难免误译或词不达意，敬请读者赐教与原谅。

程国建

2018 年 12 月

原书前言

　　本书是为解决问题而编写的。在我面试的数据科学职位中的那些具有纯正数学背景的人中，大多数都无法编写一个计算斐波那契数的简单脚本（如果读者不熟悉斐波那契数，这只需要大约 5 行代码）。另一方面，雇主倾向于将数据科学家视为神秘的巫师或二手车销售人员，而当数据科学家被认为无法编写基本的脚本时，后一种印象就尤为深刻！这些问题反映了所有各方对数据科学是什么（或不是什么）以及从业者需要什么样的技能存在根本误解。

　　当我初涉数据科学时，也存在同样的问题。多年的物理学科训练使我擅长以抽象理论来解决问题，而在其中缺乏常识或灵活性。幸运的是，我知道如何编码（得益于在 Google ™公司的实习），这让我一瘸一拐地抓住了重要的实用技能和思维模式。

　　离开学术界后，我为多种类型的公司做过数据科学咨询，包括针对小型初创企业进行的网络流量分析、财富 100 巨头的制造优化以及介于两者之间的方方面面。要解决的问题总是独一无二的，但解决这些问题所需的技能却出奇一致。它们是计算机编程、数学和商业思维的折衷组合。这些技能很少在一个人身上找到，但实际上可以被任何人学习而获得。

　　一些面试经历在我脑海中浮现而出。有位候选人聪明且知识渊博，但这次面试痛苦而又清楚地表明他们对数据科学家的日常工作毫不知晓。当候选人开始为浪费您的时间而道歉时，作为面试官又能够做什么呢？我们最后开设了 1h 的速成课程，讲述了他们缺失的知识内容，以及他们如何填补他们的知识空白。他们在面试之后，学习了他们所需的东西，现在已是成功的数据科学家。

　　我写本书的目的是通过将数据科学的各种技能凝练成一本手册来帮助这样的求职者，其关注点还是实用性：对于需要速成或在紧迫的截止日期前解决问题的人来说本书是理想的选择。在教育系统还没有赶上这个令人兴奋的新领域的需求之前，希望本书能填补空白。

Field Cady

2016 年 9 月

华盛顿州雷德蒙德

目　录

译者序

原书前言

第 1 章　引言：成为独角兽 1

1.1　数据科学家不仅仅是高薪统计人员 2

1.2　本书的内容是怎样组织的 2

1.3　如何使用本书 3

1.4　无论如何，为什么一切都在 Python ™中 3

1.5　示例代码及数据集 3

1.6　最后的话 4

第 I 部分　必须掌握的基础素材

第 2 章　数据科学路线图 6

2.1　解决问题 7

2.2　理解数据：基本问题 8

2.3　理解数据：数据整理 9

2.4　理解数据：探索性分析 9

2.5　提取特征 10

2.6　模型 10

2.7　呈现结果 11

2.8　部署代码 11

2.9　迭代 12

2.10　术语 12

第 3 章　编程语言 13

3.1　为什么使用编程语言，有无其他选项 13

3.2　数据科学编程语言综述 14

3.2.1　Python 语言 14

3.2.2　R 语言 14

3.2.3　MATLAB® 和 Octave 14

   3.2.4   SAS® ·· 15

   3.2.5   Scala® ·· 15

  3.3   **Python 语言速成班** ·································· 15

   3.3.1   版本注解 ·· 15

   3.3.2   "hello world"脚本 ································ 16

   3.3.3   更为复杂的脚本 ···································· 17

   3.3.4   数据类型 ·· 19

  3.4   **字符串** ·· 19

   3.4.1   注释与文档注释 ···································· 21

   3.4.2   复杂数据类型 ······································ 21

   3.4.3   列表 ·· 22

   3.4.4   字符串与列表 ······································ 22

   3.4.5   元组 ·· 23

   3.4.6   字典 ·· 24

   3.4.7   集合 ·· 24

  3.5   **定义函数** ·· 24

   3.5.1   循环与控制结构 ···································· 25

   3.5.2   一些关键函数 ······································ 26

   3.5.3   异常处理 ·· 27

   3.5.4   导入库 ··· 27

   3.5.5   类及对象 ·· 27

   3.5.6   可哈希与不可哈希类型 ·························· 28

  3.6   **Python 语言技术库** ································· 29

   3.6.1   数据帧 ··· 29

   3.6.2   序列 ·· 30

   3.6.3   连接与分组 ··· 32

  3.7   **其他 Python 语言资源** ··························· 33

  3.8   **延伸阅读** ·· 33

  3.9   **术语** ·· 34

第 4 章   数据预处理：字符串操作、正则表达式和数据清理 ······· **36**

  4.1   世界上最糟糕的数据集 ······························· 36

  4.2   如何识别问题 ··· 37

  4.3   数据内容问题 ··· 37

4.3.1　重复条目 ··· 37

4.3.2　单实体的多个条目 ·· 37

4.3.3　丢失缺失值 ··· 38

4.3.4　NULL ··· 38

4.3.5　巨大异常值 ··· 38

4.3.6　过期数据 ·· 39

4.3.7　人造数据 ·· 39

4.3.8　非正规空格 ··· 39

4.4　格式化问题 ·· 39

4.4.1　不同行列之间的不规则格式化 ································ 39

4.4.2　额外的空白 ··· 39

4.4.3　不规则大小写 ·· 40

4.4.4　不一致分隔符 ·· 40

4.4.5　不规则 NULL 格式 ··· 40

4.4.6　非法字符 ·· 40

4.4.7　奇怪或不兼容的时间类型 ······································ 40

4.4.8　操作系统不兼容 ··· 41

4.4.9　错误的软件版本 ··· 41

4.5　格式化脚本实例 ·· 42

4.6　正则表达式 ··· 43

4.6.1　正则表达式语法 ··· 43

4.7　数据科学战壕中的生活 ·· 46

4.8　术语 ·· 47

第5章　可视化与简单度量 ··· 48

5.1　关于 Python 语言可视化工具的说明 ······························ 48

5.2　示例代码 ·· 49

5.3　饼图 ·· 49

5.4　柱状图 ··· 51

5.5　直方图 ··· 53

5.6　均值、标准差、中位数和分位数 ···································· 55

5.7　箱式图 ··· 56

5.8　散点图 ··· 57

5.9　对数轴线散点图 ·· 59

5.10　散点阵列图 ·· 61

5.11　热力图 ·· 62

5.12　相关性 ·· 63

5.13　Anscombe 四重奏与数字极限 ······························ 64

5.14　时间序列 ··· 65

5.15　延伸阅读 ··· 68

5.16　术语 ·· 69

第 6 章　机器学习概要 ·· 70

6.1　历史背景 ·· 71

6.2　监督与无监督学习 ··· 71

6.3　训练数据、测试数据和过拟合 ·································· 72

6.4　延伸阅读 ··· 72

6.5　术语 ··· 73

第 7 章　插曲：特征提取思路 ································· 74

7.1　标准特征 ·· 74

7.2　有关分组的特征 ··· 75

7.3　预览更复杂的特征 ·· 75

7.4　定义待预测功能 ··· 75

第 8 章　机器学习分类 ·· 77

8.1　什么是分类器，用它可以做什么 ······························ 77

8.2　一些实用的关注点 ·· 78

8.3　二分类与多分类 ··· 78

8.4　实例脚本 ·· 79

8.5　特定分类器 ·· 80

8.5.1　决策树 ··· 80

8.5.2　随机森林 ··· 82

8.5.3　集成分类器 ·· 83

8.5.4　支持向量机 ·· 83

8.5.5　逻辑回归 ··· 85

8.5.6　回归 ··· 87

8.5.7　朴素贝叶斯分类器 ·· 88

8.5.8　神经网络 ··· 89

8.6	评价分类器	90
8.6.1	混淆矩阵	91
8.6.2	ROC 曲线	91
8.6.3	ROC 曲线之下的面积	93
8.7	选择分类阈值	93
8.7.1	其他性能测量	94
8.7.2	升力曲线	94
8.8	延伸阅读	94
8.9	术语	95

第 9 章　技术交流与文档化 ⋯⋯ 96

9.1	指导原则	96
9.1.1	了解观众	96
9.1.2	说明其重要性	97
9.1.3	使其具体化	97
9.1.4	一张图片胜过千言万语	98
9.1.5	不要对自己的技术知识感到骄傲	98
9.1.6	使其看起来美观	98
9.2	幻灯片	99
9.2.1	C.R.A.P 设计原则	99
9.2.2	一些提示和经验法则	101
9.3	书面报告	102
9.4	演示：有用的技巧	103
9.5	代码文档	104
9.6	延伸阅读	105
9.7	术语	105

第 II 部分　仍需要知道的事情

第 10 章　无监督学习：聚类与降维 ⋯⋯ 108

10.1	维数灾难	108
10.2	实例："特征脸"降维	110
10.3	主成分分析与因子分析	112
10.4	Skree 图与维度的理解	113
10.5	因子分析	114

10.6　PCA 的局限性 ⋯⋯⋯⋯⋯⋯⋯⋯⋯⋯⋯⋯⋯⋯ 114

10.7　聚类 ⋯⋯⋯⋯⋯⋯⋯⋯⋯⋯⋯⋯⋯⋯⋯⋯⋯⋯ 115

　10.7.1　聚类簇的实际评估 ⋯⋯⋯⋯⋯⋯⋯⋯⋯⋯ 115

　10.7.2　k 均值聚类 ⋯⋯⋯⋯⋯⋯⋯⋯⋯⋯⋯⋯⋯ 116

　10.7.3　高斯混合模型 ⋯⋯⋯⋯⋯⋯⋯⋯⋯⋯⋯⋯ 117

　10.7.4　合成聚类 ⋯⋯⋯⋯⋯⋯⋯⋯⋯⋯⋯⋯⋯⋯ 118

　10.7.5　聚类质量评价 ⋯⋯⋯⋯⋯⋯⋯⋯⋯⋯⋯⋯ 118

　10.7.6　轮廓分数 ⋯⋯⋯⋯⋯⋯⋯⋯⋯⋯⋯⋯⋯⋯ 118

　10.7.7　兰德指数与调整兰德指数 ⋯⋯⋯⋯⋯⋯⋯ 120

　10.7.8　互信息 ⋯⋯⋯⋯⋯⋯⋯⋯⋯⋯⋯⋯⋯⋯⋯ 120

10.8　延伸阅读 ⋯⋯⋯⋯⋯⋯⋯⋯⋯⋯⋯⋯⋯⋯⋯⋯ 121

10.9　术语 ⋯⋯⋯⋯⋯⋯⋯⋯⋯⋯⋯⋯⋯⋯⋯⋯⋯⋯ 121

第 11 章　回归 ⋯⋯⋯⋯⋯⋯⋯⋯⋯⋯⋯⋯⋯⋯⋯⋯⋯ 122

11.1　实例：预测糖尿病进展 ⋯⋯⋯⋯⋯⋯⋯⋯⋯⋯ 122

11.2　最小二乘法 ⋯⋯⋯⋯⋯⋯⋯⋯⋯⋯⋯⋯⋯⋯⋯ 125

11.3　非线性曲线拟合 ⋯⋯⋯⋯⋯⋯⋯⋯⋯⋯⋯⋯⋯ 126

11.4　拟合度：R^2 和相关度 ⋯⋯⋯⋯⋯⋯⋯⋯⋯⋯ 127

11.5　残差相关性 ⋯⋯⋯⋯⋯⋯⋯⋯⋯⋯⋯⋯⋯⋯⋯ 128

11.6　线性回归 ⋯⋯⋯⋯⋯⋯⋯⋯⋯⋯⋯⋯⋯⋯⋯⋯ 128

11.7　LASSO 回归与特征选择 ⋯⋯⋯⋯⋯⋯⋯⋯⋯⋯ 130

11.8　延伸阅读 ⋯⋯⋯⋯⋯⋯⋯⋯⋯⋯⋯⋯⋯⋯⋯⋯ 131

11.9　术语 ⋯⋯⋯⋯⋯⋯⋯⋯⋯⋯⋯⋯⋯⋯⋯⋯⋯⋯ 131

第 12 章　数据编码与文件格式 ⋯⋯⋯⋯⋯⋯⋯⋯⋯ 132

12.1　典型的文件格式类别 ⋯⋯⋯⋯⋯⋯⋯⋯⋯⋯⋯ 132

　12.1.1　文本文件 ⋯⋯⋯⋯⋯⋯⋯⋯⋯⋯⋯⋯⋯⋯ 132

　12.1.2　密集数组 ⋯⋯⋯⋯⋯⋯⋯⋯⋯⋯⋯⋯⋯⋯ 133

　12.1.3　程序相关的数据格式 ⋯⋯⋯⋯⋯⋯⋯⋯⋯ 133

　12.1.4　数据压缩和数据存档 ⋯⋯⋯⋯⋯⋯⋯⋯⋯ 133

12.2　CSV 文件 ⋯⋯⋯⋯⋯⋯⋯⋯⋯⋯⋯⋯⋯⋯⋯⋯ 133

12.3　JSON 文件 ⋯⋯⋯⋯⋯⋯⋯⋯⋯⋯⋯⋯⋯⋯⋯⋯ 134

12.4　XML 文件 ⋯⋯⋯⋯⋯⋯⋯⋯⋯⋯⋯⋯⋯⋯⋯⋯ 136

12.5　HTML 文件 ⋯⋯⋯⋯⋯⋯⋯⋯⋯⋯⋯⋯⋯⋯⋯ 138

12.6　Tar 文件 ⋯⋯⋯⋯⋯⋯⋯⋯⋯⋯⋯⋯⋯⋯⋯⋯ 139

12.7　GZip 文件 ·· 140

12.8　Zip 文件 ··· 140

12.9　图像文件：栅格化、矢量化及压缩 ············· 141

12.10　归根到底都是字节 ································· 142

12.11　整型数 ·· 142

12.12　浮点数 ·· 143

12.13　文本数据 ·· 144

12.14　延伸阅读 ·· 146

12.15　术语 ·· 146

第 13 章　大数据 ·· **147**

13.1　什么是大数据 ··· 147

13.2　Hadoop：文件系统与处理器 ···················· 148

13.3　使用 HDFS ·· 149

13.4　PySpark 脚本实例 ··································· 150

13.5　Spark 概述 ··· 151

13.6　Spark 操作 ··· 152

13.7　运行 PySpark 的两种方式 ························· 154

13.8　Spark 配置 ··· 154

13.9　底层的细节 ··· 155

13.10　Spark 提示与技巧 ·································· 156

13.11　MapReduce 范例 ································· 157

13.12　性能考量 ·· 158

13.13　延伸阅读 ·· 159

13.14　术语 ·· 160

第 14 章　数据库 ·· **161**

14.1　关系数据库及 MySQL® ···························· 162

14.1.1　基本查询和分组 ·························· 162

14.1.2　连接 ··· 164

14.1.3　嵌套查询 ··································· 165

14.1.4　运行 MySQL 并管理数据库 ··········· 166

14.2　键 - 值存储 ··· 167

14.3　宽列存储 ·· 167

14.4　文档存储 ·· 168

14.4.1　MongoDB® ·· 168

14.5　延伸阅读 ··· 170

14.6　术语 ·· 170

第 15 章　软件工程最佳实践 ·· 172

15.1　编码风格 ··· 172

15.2　数据科学家的版本控制和 Git ·· 174

15.3　代码测试 ··· 176

15.3.1　单元测试 ··· 176

15.3.2　集成测试 ··· 178

15.4　测试驱动的开发 ··· 178

15.5　敏捷方法 ··· 179

15.6　延伸阅读 ··· 179

15.7　术语 ·· 179

第 16 章　自然语言处理 ·· 181

16.1　是否真正需要 NLP ··· 181

16.2　两种流派的对垒：语言学与统计学 ····································· 181

16.3　实例：股市文章的论点分析 ··· 182

16.4　软件和数据库 ··· 184

16.5　词语切分 ··· 184

16.6　核心概念：词袋 ··· 184

16.7　单词加权：TF-IDF ·· 185

16.8　*n*-gram ··· 186

16.9　停用词 ·· 186

16.10　词形还原与词干提取 ·· 187

16.11　同义词 ··· 187

16.12　词性标注 ··· 188

16.13　常见问题 ··· 188

16.13.1　搜索 ··· 188

16.13.2　情感分析 ··· 189

16.13.3　实体识别与主题建模 ··· 189

16.14　高级 NLP：语法树、知识以及理解 ····································· 190

16.15　延伸阅读 ··· 191

16.16　术语 ·· 191

第 17 章　时间序列分析 ··· **192**

17.1　实例：预测维基百科页面的访问量 ···································· 192

17.2　典型的工作流 ··· 196

17.3　时间序列与时间戳事件 ··· 196

17.4　插值的重采样 ··· 196

17.5　信号平滑 ·· 199

17.6　对数变换及其他变换 ··· 199

17.7　趋势和周期性 ··· 199

17.8　窗口化 ·· 200

17.9　简单特征的头脑风暴 ··· 201

17.10　更好的特征：向量形式的时间序列 ··· 201

17.11　傅里叶分析：有时候非常有效 ··· 202

17.12　上下文中的时间序列：全套特征 ·· 204

17.13　延伸阅读 ··· 205

17.14　术语 ··· 205

第 18 章　概率 ·· **206**

18.1　抛硬币：伯努利随机变量 ··· 206

18.2　掷飞镖：均匀随机变量 ··· 207

18.3　均匀分布和伪随机数 ··· 208

18.4　非离散型、非连续型随机变量 ··· 209

18.5　记号、期望和标准偏差 ··· 210

18.6　独立概率、边际概率和条件概率 ··· 211

18.7　重尾的理解 ··· 212

18.8　二项分布 ·· 214

18.9　泊松分布 ·· 214

18.10　正态分布 ··· 215

18.11　多元高斯分布 ··· 216

18.12　指数分布 ··· 217

18.13　对数正态分布 ··· 218

18.14　熵 ··· 218

18.15　延伸阅读 ··· 220

18.16　术语 ··· 220

第 19 章　统计学 ·········· 222

　19.1　统计学透视 ················ 222

　19.2　贝叶斯与频率论：使用上的权衡及不同学派 ········ 223

　19.3　假设检验：关键思想和范例 ············· 223

　19.4　多重假设检验 ··············· 225

　19.5　参数估计 ················· 226

　19.6　假设检验：t 检验 ·············· 227

　19.7　置信区间 ················· 229

　19.8　贝叶斯统计学 ··············· 230

　19.9　朴素贝叶斯统计学 ·············· 231

　19.10　贝叶斯网络 ··············· 232

　19.11　先验概率选择：最大熵或领域知识 ········· 232

　19.12　延伸阅读 ················ 233

　19.13　术语 ·················· 233

第 20 章　编程语言概念 ·········· 235

　20.1　编程范式 ················· 235

　　20.1.1　命令式 ··············· 235

　　20.1.2　函数式 ··············· 236

　　20.1.3　面向对象 ·············· 239

　20.2　编译与解释 ················ 242

　20.3　类型系统 ················· 244

　　20.3.1　静态类型与动态类型 ·········· 244

　　20.3.2　强类型与弱类型 ··········· 244

　20.4　延伸阅读 ················· 245

　20.5　术语 ·················· 245

第 21 章　性能和计算机内存 ········ 247

　21.1　示例脚本 ················· 247

　21.2　算法性能与 Big-O 符号 ··········· 249

　21.3　一些经典问题：排序列表与二分查找 ········ 250

　21.4　摊销性能与平均性能 ············· 253

　21.5　两个原则：减小开销和管理内存 ········· 255

　21.6　性能技巧：在适用的情况下使用数字化库 ······ 256

　21.7　性能技巧：删除不需要的大型结构 ········· 257

21.8　性能技巧：尽可能使用内置函数 ················ 257

21.9　性能技巧：避免不必要的函数调用 ··············· 258

21.10　性能技巧：避免创建大型新对象 ··············· 258

21.11　延伸阅读 ·································· 259

21.12　术语 ······························· 259

第Ⅲ部分　专业或高级主题

第 22 章　计算机内存和数据结构 ················ 262

22.1　虚拟内存、堆栈和堆结构 ··················· 262

22.2　C 程序实例 ····························· 262

22.3　内存数据类型和数组 ····················· 263

22.4　结构 ································· 264

22.5　指针、堆栈和堆 ························· 265

22.6　关键数据结构 ·························· 269

22.6.1　字符串 ·························· 269

22.6.2　可调数组 ························ 269

22.6.3　哈希表 ·························· 271

22.6.4　链表 ··························· 272

22.6.5　二叉搜索树 ······················ 273

22.7　延伸阅读 ····························· 274

22.8　术语 ································· 274

第 23 章　最大似然估计和最优化 ················ 276

23.1　最大似然估计 ·························· 276

23.2　一个简单实例：直线拟合 ··················· 277

23.3　另一个例子：逻辑回归 ···················· 278

23.4　最优化 ······························ 279

23.5　梯度下降和凸优化 ······················ 280

23.6　凸优化 ······························ 283

23.7　随机梯度下降 ·························· 284

23.8　延伸阅读 ····························· 284

23.9　术语 ································· 284

第 24 章　高级分类器　286

24.1　函数库注解 ⋯⋯⋯⋯⋯⋯⋯⋯⋯⋯⋯⋯⋯ 286

24.2　基础深度学习 ⋯⋯⋯⋯⋯⋯⋯⋯⋯⋯⋯⋯ 287

24.3　卷积神经网络 ⋯⋯⋯⋯⋯⋯⋯⋯⋯⋯⋯⋯ 289

24.4　不同类型的层以及张量到底是什么 ⋯⋯ 290

24.5　实例：MNIST 手写数据集 ⋯⋯⋯⋯⋯⋯ 291

24.6　递归神经网络 ⋯⋯⋯⋯⋯⋯⋯⋯⋯⋯⋯⋯ 293

24.7　贝叶斯网络 ⋯⋯⋯⋯⋯⋯⋯⋯⋯⋯⋯⋯⋯ 294

24.8　训练和预测 ⋯⋯⋯⋯⋯⋯⋯⋯⋯⋯⋯⋯⋯ 295

24.9　马尔可夫链蒙特卡洛理论 ⋯⋯⋯⋯⋯⋯ 296

24.10　PyMC 实例 ⋯⋯⋯⋯⋯⋯⋯⋯⋯⋯⋯⋯ 297

24.11　延伸阅读 ⋯⋯⋯⋯⋯⋯⋯⋯⋯⋯⋯⋯⋯ 299

24.12　术语 ⋯⋯⋯⋯⋯⋯⋯⋯⋯⋯⋯⋯⋯⋯⋯ 299

第 25 章　随机建模　300

25.1　马尔可夫链 ⋯⋯⋯⋯⋯⋯⋯⋯⋯⋯⋯⋯⋯ 300

25.2　两类马尔可夫链、两类问题 ⋯⋯⋯⋯⋯ 302

25.3　马尔可夫链蒙特卡洛 ⋯⋯⋯⋯⋯⋯⋯⋯ 303

25.4　隐马尔可夫模型和 Viterbi 算法 ⋯⋯⋯ 304

25.5　维特比算法 ⋯⋯⋯⋯⋯⋯⋯⋯⋯⋯⋯⋯⋯ 305

25.6　随机游走 ⋯⋯⋯⋯⋯⋯⋯⋯⋯⋯⋯⋯⋯⋯ 307

25.7　布朗运动 ⋯⋯⋯⋯⋯⋯⋯⋯⋯⋯⋯⋯⋯⋯ 308

25.8　ARIMA 模型 ⋯⋯⋯⋯⋯⋯⋯⋯⋯⋯⋯⋯ 308

25.9　连续时间马尔可夫过程 ⋯⋯⋯⋯⋯⋯⋯ 309

25.10　泊松过程 ⋯⋯⋯⋯⋯⋯⋯⋯⋯⋯⋯⋯⋯ 310

25.11　延伸阅读 ⋯⋯⋯⋯⋯⋯⋯⋯⋯⋯⋯⋯⋯ 310

25.12　术语 ⋯⋯⋯⋯⋯⋯⋯⋯⋯⋯⋯⋯⋯⋯⋯ 311

告别语：　数据科学家的未来　312

第1章
引言：成为独角兽

"数据科学"现在是一个非常流行的术语，它被应用于很多事情，其含义变得非常模糊。所以作者想通过定义来开始本书，作者发现这样能够使它从与其他学科的比较中脱颖而出。定义如下：

数据科学意味着出于某种原因要进行分析工作，它需要大量的软件工程技能。

有时，最终成果是统计人员或业务分析人员提供的东西，但实现这一目标需要的软件技能可能典型分析师根本没有。例如，数据集可能非常大，以至于需要使用分布式计算来分析它，或者以其格式进行卷积，需要许多代码行来分析它。在很多情况下，数据科学家还必须编写大量的软件，以便实时地将他们的分析思想具体化。在实践中，通常还存在其他差异。例如，数据科学家通常不得不从原始数据中提取特征，这意味着他们会处理非常多的问题，例如如何量化电子邮件中的"垃圾邮件"。

很难找到这样一种人，既可以构建良好的模型，又可以破解高质量的软件，并以一种有意义的方式将这一切与业务问题联系起来，有很多帽子要戴！这些人才是非常罕见的，因此招聘人员经常称他们为"独角兽"。

本书想要传达的信息是，成为独角兽是完全有可能的，而且非常简单。很少有教育课程讲授这些技能，这就是独角兽比较稀缺的原因，但主要是历史原因。如果一个人愿意忽略不同学科之间的传统界限，那么他拥有这些能力是完全合理的。

本书旨在教会读者需要知道的一切，从而使读者成为一名出色的数据科学家。作者的猜测是，读者要么是一个学习分析的计算机程序员，要么更可能是一个试图加强他们编码能力的数学家。读者也可能是需要技能来解答业务问题的商人，或者只是一个感兴趣的门外汉。然而无论读者是谁，本书都会教给读者所需要的概念。

本书肯定是不全面的。数据科学对于任何人或书籍来说都是一个太大的领域，无法涵盖所有。此外，该领域的变化如此之快，以至于任何"全面"的书籍在出版之前都会过时。相反，作者瞄准了两个目标：首先，作者想给大家一个坚实的基础，让大家了解什么是数据科学、如何去做并给出一个经得起时间考验的理论概念；其次，在读者有从事数据科学工作的基础知识（读者可以用 Python 语言编写代码、读者知道要使用的函数库和大部分的大型机器学习模型等）的意义上，作者想给出一个"完整的"技能组合，即使特定的项目或公司可能需要从其他地方选择新的技能集。

1.1 数据科学家不仅仅是高薪统计人员

以准确预测美国大选而闻名的统计学家奈特·西尔弗（Nate Silver）曾经说过："我认为数据科学家是对统计学家感性化的一个术语"。他说的话有道理，但他所论述的话只对了一部分。统计学科主要通过严格的数学方法来解决明确的问题，而数据科学家则花费大部分时间将数据转化为可以将统计方法进行应用的形式。这涉及分析问题与业务目标完美匹配，从原始数据中提取有意义的特征，并应对数据异常或边缘案例的问题。完成繁重的工作后，可以运用统计工具来获得最终结果，但在实践中，通常不需要它们。专业统计人员需要自己进行一定数量的预处理，但程度上有很大差异。

从历史的角度看，数据科学是独立于统计学之外的领域。首批数据科学家大多数都是研究大数据问题的计算机程序员或机器学习专家。他们正在分析统计人员无法触及的数据集：HTML 页面、图像文件、电子邮件、Web 服务器的原始输出日志等，这些数据集并不适用于关系数据库或统计工具的模型，因此数十年来，他们只是堆积如山，未经分析。数据科学应运而生，成为最终吸引他们获取见解的一种方式。

20 多年来，作者怀疑统计学、数据科学和机器学习会模糊成为一门学科，毕竟它们之间的差异只是程度和 / 或历史事件的问题。但实际上，目前，解决数据科学问题所需的技能是一个普通统计学家不具备的。事实上，这些技能，包括广泛的软件工程和特定领域的特征提取，构成了绝大多数需要完成的工作。在数据科学家的日常工作中，统计数据仅仅是第二事业。

1.2 本书的内容是怎样组织的

本书分为 3 部分。第 I 部分　必须掌握的基础素材，以作者的经验来讲，涵盖了读者几乎可以在任何数据科学项目中使用的主题。它们是核心技能，对于任何级别的数据科学来说绝对是不可或缺的。

第 I 部分　针对那些需要数据科学来回答具体问题但不渴望成为成熟的数据科学家的人。如果读者在这个阵营，那么很可能本书的第 I 部分会给读者提供所需要的一切。

第 II 部分　仍需要知道的事情，涵盖了数据科学家的其他核心技能。其中一些，例如聚类，是如此常见，以至于它们几乎成为第一部分，并且它们可以轻松地在任何项目中发挥作用。其他的，比如自然语言处理，是一些专门的主题，这些主题在某些领域很重要，但在其他领域则是多余的。根据作者的判断，数据科学家应该熟悉所有的这些主题，即使他们并不总是使用它们。

第Ⅲ部分　专业或高级主题，涵盖了各种可选的主题。其中一些内容仅仅是对前两部分主题的扩展，但它们给出了更多的理论背景，并且讨论了一些其他主题。其他内容都是全新的材料，它确实出现在数据科学中，但是在读者的职业生涯中，可能从未遇到过这种情况。

1.3　如何使用本书

编写本书时考虑了 3 个用例：

1）读者可以从头到尾读一遍。如果这样做，它会给读者一个在数据科学方面独立的课程，让读者准备好解决实际问题。如果读者在计算机编程或数学方面有很强的能力，那么其中一些将被回顾。

2）读者可以使用它快速确定特定主题。作者试图让不同的章相互独立起来，尤其是第Ⅰ部分之后的章。

3）本书包含了大量的示例代码，这些代码足够大，可以作为读者自己项目的起点。

1.4　无论如何，为什么一切都在 Python ™中

本书中的示例代码全部使用 Python 语言，除了一些特定领域的语言之外，例如 SQL。作者的目标不是强迫读者使用 Python 语言，好的工具有很多，读者可以使用任何想要的。

但是，作者想让所有示例都使用一种语言，这样可以保持书的可读性，也可以让读者在只懂一种语言的情况下阅读整本书。在可用的各种语言中，选择 Python 语言有两个原因：

1）Python 语言是数据科学家使用的最流行的语言。R 语言是其唯一的主要竞争对手，至少在免费工具方面。作者用过这两种语言，认为 Python 语言更好一些（除了一些用 R 语言编写的晦涩难懂的很少用到的统计软件包）。

2）作者想说，对于任何任务来讲，Python 语言都是第二好的语言，它是一种万事通。如果读者只担心数据或数值计算或 Web 解析，那么有更好的选择。但是如果读者需要在单个项目中完成所有这些工作，那么 Python 语言是最佳选择。由于数据科学本质上是多学科的，因此它非常适合。

给大家一个建议：精通一种编程语言要比精通几种语言好得多，这样才能可靠地生成高质量的代码。

1.5　示例代码及数据集

本书有很多示例代码，内容丰富。这是由于两个原因：

1）作为一名数据科学家，需要阅读较长的代码段。这是一种非选择性的技

巧，如果不习惯，那么本书将给读者一个练习的机会。

2）如果读者愿意，作者想让读者更容易地从本书中挖掘出代码。

读者可以使用代码执行任何操作，无论是否有归属。作者将它发布到公共领域，希望它能给一些人提供帮助。读者可以在作者的 GitHub 页面上找到它，网址为 www.github.com/field-cady。

本书使用的样本数据有两种形式：

1）内置于 Python 科学库中的测试数据集；

2）从雅虎和维基百科等互联网中得来的数据。当作者这样做时，示例脚本将包含在用于提取数据的代码中。

1.6　最后的话

希望本书不仅能教会读者如何做数据科学，还能让读者感受到这个跨学科的课题是多么令人兴奋。请随时通过 www.fieldcady.com 或 field.cady@gmail.com 与作者联系，提供评论、纠错或任何其他反馈。

第 I 部分
必须掌握的基础素材

本书的第 I 部分涵盖了数据科学家都熟悉的核心主题。即使是那些对专业数据科学不感兴趣的人，也知道其中的一些特定问题。这些主题可能会出现在读者所做的数据科学项目中。

第 2 章
数据科学路线图

本章将对数据科学过程进行高度概括。本章重点关注数据科学工作中的不同阶段，包括常见的难点、关键点以及数据科学在其他学科中的应用。

图 2.1 总结了解决数据科学问题的过程，可称为数据科学路线图。

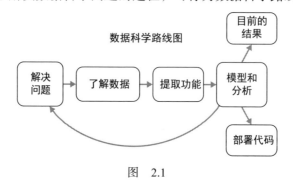

图　2.1

第一步是解决这个问题：了解业务用例并从中制定一个明确的分析问题（或几个问题）。接下来是处理数据和描述真实世界的阶段，可以在这个阶段提取有意义的特征。最后，这些特征被插入分析工具中，给人们带来了坚实的数据结果。

在详细讨论路线图的不同阶段之前，作者想指出两点。

第一点是从"模型和分析"循环返回到问题构建中，这是将数据科学与传统软件工程区别开来的关键特征之一。数据科学家编写代码，他们使用许多与软件工程师相同的工具。然而，数据科学工作和现实世界之间存在着一个紧密的反馈循环。随着新见解的出现，问题总是在重新构建，因此数据科学家必须保持其代码库的灵活性，并始终关注他们正在解决的现实世界问题。理想情况下，读者将多次跟随循环回路，不断改进方法并产生新的见解。

第二点是有两种不同（但不是互斥）的方式来退出路线图：呈现结果和部署代码。作者的朋友、创建 The Data Incubator（数据孵化器）的数据科学家迈克尔·李（Michael Li）把这个比喻为拥有两种不同类型的用户：人和机器。他们需要在数据科学路线图的每个阶段都有不同的技能和修正。

如果用户是人，那么通常会尝试使用可用的数据源来回答某种业务问题。例子如下：

- 确定股票价格飙升的主要指标，以便人们了解造成价格飙升的原因。
- 确定是否可以细分用户类型，每种类型又有哪些特征。
- 评估是否可以使用一个网站的流量来预测到另一个网站的流量。

通常情况下，像这类工作的最终可交付成果可以是 PowerPoint 幻灯片或书面报告，目标是提供商业洞察力，而且这些洞察力通常会用于制定关键决策。这种数据科学也可用作水域测试，看看一些分析方法是否值得进一步研究最终形成一个软件。

如果用户是机器，那么正在做一些融入软件工程的事情，可交付的成果是一个执行一些分析工作的软件。例子如下：

- 实现选择向用户展示哪个广告并在真实数据上进行培训的算法。
- 编写批量流程，根据当天生成的公司记录生成每日报告，并使用某种分析指出显著模式。

在这些情况下，主要交付物是一个软件。除了执行有用的任务，它在性能、对不良输入的鲁棒性等方面可以做得更好。

一旦了解用户是谁，下一步就是确定将为他们做些什么。在 2.1 节中，将告诉读者如何做到这非常重要的一步。

2.1 解决问题

伟大和平庸的数据科学之间的区别不在于数学或工程学，而在于能否提出正确的问题。或者，如果正在尝试构建一些软件，则需要确定该软件应该执行的操作。再多的技术技能或统计上的严谨也无法弥补一个已经解决的无用问题。

如果用户是人类，大多数项目都是从某种非常开放的问题开始的。也许有一个已知的痛点，但目前还不清楚解决方案是什么样的。如果用户是机器，那么业务问题通常都很清楚，但是关于软件可能存在哪些约束（使用的语言、运行时间、需要的准确预测是怎样的等）可能会有很多含糊之处。在深入实际工作之前，很重要的一点是要明确解决这个问题的方法。一个"完成的定义"是一个很好的说明方式，说明了什么样的标准构成了一个完整的项目，以及（最重要的）什么才能使项目成功？

对于大型项目，这些标准通常在文档中列出。撰写该文档是一个合作的过程，需要与利益攸关方进行多次的沟通、谈判，有时还会出现激烈的分歧。在咨询中，这些文档通常被称为"工作说明"（SOW）。在创建产品的公司（而不是独立调查）中，他们通常被称为"项目需求文档"（PRD）。

SOW 的主要目的是让每个人都了解应该完成什么工作、优先级是什么以及什么期望是现实的。商业问题通常非常模糊，而且需要花很多的时间和精力去完成这一个过程，直到最后的结果。因此，在投入这项工作之前，关键是要确保在解决正确的问题。

然而，还有一个自卫的因素。有时，最终不可能解决可用数据的问题，或者数据已损坏。也许用户认为该项目不重要。一个好的 SOW 使用户无法因为把时间和金钱浪费在他们现在声称不想做的工作上而攻击或起诉。

拥有 SOW 并不是一成不变的，有基于初步发现的路线更正。有时，人们会在SOW 签署后改变主意。但是制定 SOW 是确保所有努力都指向最有用方向的最佳途径。

2.2 理解数据：基本问题

一旦有权访问将要使用的数据，有一系列经常问的标准问题是件好事。这是一种很好的方法，可以让分析立竿见影，而不是风险分析瘫痪。它也是尽快发现数据问题的很好保障。

一些很好的一般性问题举例如下：

- 数据集有多大？
- 这是整个数据集吗？
- 这些数据是否具有代表性？例如，数据也许只是针对一部分用户收集的。
- 是否可能存在严重的异常值或异常噪声源？例如，来自 Web 服务器 99% 的流量可能是单个拒绝服务的攻击。
- 可能是人造数据插入到数据集中？这在工业环境中经常发生。
- 是否有任何字段都是唯一标识符？这些是可能用于连接数据集的字段等。
- 所谓的唯一标识符是否独一无二？如果他们不是，这意味着什么？
- 如果需要连接两个数据集 A 和 B，如果 A 中的某些内容与 B 中的任何内容不匹配，这意味着什么？
- 数据条目为空时，它们来自哪里？
- 空白条目有多常见？

SOW 通常会包含一个附录来描述可用的数据。如果它们中的任何一个问题无法事先得到回答，通常会将它作为第一轮分析进行澄清，并确保每个人都同意这些答案是合理的。

询问数据最重要的问题是它能否解决正在尝试解决的业务问题。如果不是，那么可能需要查看其他数据源或修改正在计划的工作。

从个人经验来看，作者倾向于忽视这些初步问题。作者很高兴能够进行实际分析，所以有时候没有花时间确认自己是否明白无误，做什么就直接进入状态。例如，曾经有一个项目，有一组电动机和时间序列数据监测其物理特征：每个电动机一个时间序列。作者的工作是寻找失败的主要指标，开始为将某台电动机最后一天的时间序列值（即在失败之前采集的数据）和以前的数据进行比较开始做这件事。好吧，作者用了几个星期的时间意识到，有时时间序列在电动机实际失效之前就停止了，而在另一些情况下，时间序列数据在电动机停止后很长时间还会持续。电动机已经停止的实际时间被列在一张单独的表格中，可以很容易地在早期仔细检查它们是否对应于时间序列的末尾。

2.3 理解数据：数据整理

数据整理是将数据从原始格式转换为更加适合传统分析的格式的过程。这通常意味着创建一个软件流水线，从任何存储的数据中获取数据，进行必要的清理或过滤，并将其转化为常规格式。

数据整理是数据科学家需要的技能，而传统统计学家或分析师却不具备。数据通常存储在需要用专业工具访问的专用数据库中，这可能需要很多大数据技术来处理它。可能需要使用性能技巧使它快速运行。特别是在数据混乱的情况下，预处理流水线往往非常复杂，以至于难以保持代码的组织性。

说到凌乱的数据，首先要知道：工业数据集总是比人们认为的要复杂得多。关键不在于问题是否存在，而在于它们是否会影响人们的工作。一个特定数据集如何被破坏，包括以下内容：

1）如果原始数据是文本，请直接在文本编辑器或类似的文件中查看纯文本。诸如不规则的日期格式、不规则的大小写以及明显错误的线条等都会跳出来。

2）如果有一个应该能够打开或处理数据的工具，请确保它可以实际执行。例如，如果有一个 CSV 文件，请尝试在读取 data frames 的平台中打开它。它读取了所有的行吗？如果没有，也许有些行的条目数量是错误的。应该是 datetime 的列是否作为 datetime 读入？如果没有，那么格式可能不规则。

3）做一些直方图和散点图。鉴于对现实生活状况的了解，这些数字是否真实？有没有大量的异常值？

4）问一些已经知道（可能是近似的）答案的简单问题，根据这些数据回答这些问题，看看结果是否一致。例如，可能会尝试通过计算有多少个唯一用户 ID 来计算用户数量。如果这些数字不一致，那么可能误解了有关数据的一些事情。

2.4 理解数据：探索性分析

一旦将数据转化为可用格式，下一步就是探索性分析。这意味着在数据中四处寻找，以各种不同的方式将其可视化，尝试各种不同的方式来转换数据，并看到想要看的内容。这个阶段非常有创意，它会激发好奇心。可以随意计算一些相关性和类似的东西，但不要把花哨的机器学习分类器弄出来，保持简单直观。

通常从探索性分析中得到两件事：

1）可以直观地了解数据，包括显著模式的可视外观。如果您将来要处理类似的数据，这一点尤其重要。

2）得到在数据中发生的具体假设的列表。通常情况下，假设源于生成的引人注目的图形：一个时间序列的快照显示了一个明确无误的模式、显示两个变量彼此相关的散点图或明显为双峰的直方图。

一个常见的误解是数据科学家不需要可视化。这种态度不仅不准确，而且非常危险。大多数机器学习算法不具有内在的视觉效果，但如果仅仅关注数字，则很容易误解它们的输出。当直观地理解事物时，人眼是无可替代的。

2.5　提取特征

这个阶段与探索性分析和数据整理有很多重叠之处。一个特征实际上只是一个数字或一个从数据中提取的类别，并描述了一些实体。例如，可以从文本文档或文档中的字符数中提取平均字长。或者，如果有温度测量的能力，则可以提取特定位置的平均温度。

实际上，特征提取指的是将原始数据集提取成包含行和列的表，这被称为"tabular data"。每一行对应于一些现实世界的实体，每一列给出描述该实体的单个信息（通常是一个数字）。实际上，几乎所有的分析技术，从低散点图到花哨的神经网络，都是以表格数据进行操作的。

正确地提取特征值对分析工作至关重要。它比好的机器学习分类器、花哨的统计技术或优雅的代码更重要。特别是如果数据不是直接可以使用的（如网页、图像等），如何将其转化成数字将会决定成败。

特征提取也是数据科学中最具创造性以及与领域专业知识紧密相关的部分。通常，一个非常好的特征将对应于一些现实世界的现象。数据科学家应该与领域专家紧密合作，了解这些现象意味着什么以及如何将它们提炼成数字。

有时，对于正在提取特征的实体，也有创造的空间。例如，假设有一堆交易日志，每个交易日志都提供一个人的姓名和电子邮件地址。想要一个人一行还是一个电子邮件一行？对于许多现实世界的情况，需要每个人一行（在这种情况下，他们拥有的唯一电子邮件地址的数量可能是一个很好的特征提取！），但这导致了一个非常棘手的问题——两个人的名字相同时该怎么辨别。

人们提取的大多数特征将用于预测某些事物。但是，可能还需要提取预测的内容，也称为目标变量。例如，作者曾经负责预测用户的客户是否会失去品牌忠诚度。数据中没有"忠诚度"字段，它只是各类客户互动和交易的日志。所以不得不想出一个衡量"忠诚度"的方法。

2.6　模型

一旦提取了特征，大多数数据科学项目都涉及某种机器学习模型。也许这是一个分类器，它可以猜测用户是否仍然忠诚，或者是预测第二天股票价格的回归模型，又或者是将用户分成不同部分的聚类算法。

在许多数据科学项目中，建模阶段非常简单：只需要一套标准模型，将数据插入每个模型中，并查看哪一个最适合。在其他情况下，会小心谨慎地调整模型并找出运行的最后一个部分。

实际上，这应该发生在数据科学项目的每个阶段，但在分析建模结果时，它变得尤为重要。如果确定了不同的群集，那么它们对应什么？分类器好用吗？有关它失败的案例有什么令人关注的地方吗？

这个阶段允许在一个项目中进行路线修正，并给出了如果有另一个迭代时如何进行不同操作的想法。

如果用户是一个人，通常使用各种不同的模型，以不同的方式进行调整，以检查数据的不同方面。而如果用户是一台机器，可能需要将一个单一的、规范的模型用于生产。

2.7　呈现结果

如果用户是一个人，那么可能不得不给出一张幻灯片或一份书面报告来描述所做的工作以及结果。即使主要用户是机器，也可能必须这样做。

幻灯片和散文中的沟通本身就是一项困难又重要的技能，对数据科学尤其棘手，所沟通的资料技术性强，且需要向广大读者展示。数据科学家必须与业务利益相关者、领域专家、软件工程师和业务分析师进行流畅的沟通。这些团体往往有着不同的知识基础，他们将关注不同的事物，并且他们习惯不同的表达方式。

2.8　部署代码

如果最终用户是电脑，那么需要做的工作就是编写将来由其他人定期运行的代码。通常情况下，这分为两类：

1）批量分析代码。这将用于重做与将来收集的数据类似的分析。有时，它会生成一些人们可读的分析报告。其他时候，它将训练将被其他代码引用的统计模型。

2）实时代码。这通常是一个更大的软件包中的分析模块，用高性能的编程语言编写，并遵循软件工程的所有最佳实践。

这个阶段有 3 种典型的可交付成果：

1）代码本身。

2）一些关于如何运行代码的文档。有时，这是一个独立的工作文档，通常称为"运行手册"。另外一种情况就是文档嵌入代码本身。

3）通常，需要一些方法来测试以确保代码正常运行。特别是对于实时代码，这通常采用单元测试的形式。对于批处理过程，它有时是样本输入数据集（旨在说明所有相关的边缘案例）和对应的理想输出。

在部署代码时，数据科学家通常担任软件工程师的双重角色。尤其是对于非常复杂的算法，让一个人指出，再由另一个人执行同样的事情来生产，这通常是不实际的。

2.9 迭代

数据科学是一个深层次的迭代过程，甚至比典型的软件工程更甚。这是因为在软件中，即使采用迭代方法编写它，通常也至少知道最终想要创建的内容。但在数据科学中，这通常是一个开放的问题，即哪些特征最终会有用以及将训练什么模型。因此数据科学过程应该围绕着能够轻松地改变事物的目标来构建。

作者的建议如下：

• 在了解数据后尽可能快地获得初步结果。散点图或直方图会显示数据中存在清晰的模式。也许一个基于初始特征的简单模型仍然可行。有时分析注定会失败，因为数据中没有太多信号。如果是这种情况，要尽早知道，以便可以改变观点。

• 在一个脚本中自动执行分析，以便用一个命令轻松运行整个分析。这是学习过程中相对艰难的一点：在命令行运行几小时后，确实很容易失去可以准确地将数据转换为当前表单的数据处理过程。保持事物从一开始就是可重复的。

• 保持代码模块化并把它分解成清晰的阶段。这使得在实验时可以轻松修改、添加和删除步骤。

请注意，这在很大程度上取决于对软件的考虑，而不是分析。代码必须足够灵活才能解决各种问题，也必须足够强大才可以高效地完成任务，并且在目标发生变化时，代码必须能够快速编辑。这样做需要数据科学家使用灵活、强大的编程语言，将在第 3 章讨论这些。

2.10 术语

数据整理 清洁数据并将其转化为适合下游分析的标准格式的基本任务。

探索性分析 一个分析阶段，侧重于探索数据以产生关于它的假设。探索性分析在很大程度上依赖于可视化。

特征 一小部分数据，通常是数字或标签，从数据中提取并表征数据集中的某个实体。

项目需求文档（PRD） 准确指定计划产品应具有的哪些功能的文档。

生产代码 重复运行和维护的软件。它特指那些分发给其他人的软件产品的源代码。

工作说明（SOW） 指定项目中要完成哪些工作，以及相关时间表和具体可交付成果的文件。

目标变量 在机器学习中试图预测的一个特征。有时候，它已经在数据中，其他时候，必须自己构建它。

第 3 章
编程语言

将数据科学家与传统的业务分析师和(在较小程度上)统计学家区分开来的最明显的事情之一是,他们花大量的时间用一种(或多或少)比较普通的编程语言编写代码,就像软件工程师一样。有时候,它是一种面向统计的语言,比如 R 语言,但即便如此,它与 Excel 或图形包(如 Tableau)之类相差甚远。

本章将讨论为什么是这样,并简要介绍一些比较流行的语言。然后深入研究 Python 语言的各种特性,Python 语言是作者选择的一种语言,也是数据科学家中最流行的选择。如果读者已经了解 Python 语言及其技术库,那么请随时浏览。如果没有,那么本章将为读者提供 Python 语言基础知识,以便了解本书其余部分的示例代码。

3.1 为什么使用编程语言,有无其他选项

迄今为止,作者从未参与完全可以在 Excel 或 Tableau 等图形包中完成的数据科学项目。总是有一个奇怪的格式问题,需要对这种边缘案例进行编码,一个数据集太大无法装入内存,作者想要提取非常规特性或者其他什么内容,迫使作者撸起袖子写一些代码。

几乎可以肯定,这也将是读者的经验。可以说,数据科学是图灵完备的。许多数据科学家(像作者一样)发现完全使用编程语言,辅之以数值库是更为方便的。其他人则发现用编程语言进行数据处理和特征提取是值得的,然后将数据集加载到另一个工具中进行探索性分析。

以下是读者可能想要加入工作流程的一些编程语言之外的工具:

• Excel。微软公司的产品在数据科学领域经常受到批评,而且这完全不应该。对于简单的数据分析,Excel 可能是有史以来最好的软件。

• Tableau。关系数据库中可视化的工具。在作者的经验中,它的功能相当有限,但是当它工作时,图形绝对是美丽的。

• Weka。这是一种将预先固定的机器学习算法应用于格式良好且包含相关特征的数据集的工具。Weka 的一个优点是,它实际上只是一些 Java 库的 GUI(图形用户界面)封装,所以在探索性分析和后期生成代码(假设使用 Java 语言)中很容易使用相同的模型。

所有这些工具都有一个共同点：它们认为数据已经是表格形式！表格数据集以及可以对它们执行的操作都已经足够标准化，人们可以轻松编写可重用的工具来简化最常见的操作。

但是，每个数据集通常都需要自己独特的数据处理。此外，每个新问题都需要从原始数据中提取的特征具有创造性和灵活性，尤其是当原始数据与表格形式相差甚远时。这就是每个数据科学家都需要至少精通一种编程语言的原因。

3.2 数据科学编程语言综述

数据科学家有很多可用的编程语言选项，本节将为读者介绍一些最流行的语言。

3.2.1 Python 语言

本书中的示例代码通常使用 Python 语言，原因有很多。在作者看来，它是可用于一般用途的最佳编程语言，但这在很大程度上是个人喜好的原因。它也是数据科学家中很受欢迎的一种选择，他们认为它能够平衡传统脚本语言的灵活性与优秀数学软件包的数字核心（至少在与科学计算库配对时）。

Python 语言由 Guido van Rossum 开发，并于 1991 年首次发布。该语言本身是一种高级脚本语言，其功能类似于 Perl 语言和 Ruby 语言，并具有非常简洁且自洽的语法。除了核心语言外，Python 语言还拥有多个开源的技术计算库，使其成为分析的强大工具。

3.2.2 R 语言

除了 Python 语言，R 语言可能是数据科学家中最受欢迎的编程语言。Python 语言是一种为计算机程序员设计的脚本语言，它已经增加了技术计算库。相比之下，R 语言则是由统计人员设计的，它本身就与图形功能和广泛的统计功能集成在一起。它基于 1976 年在贝尔实验室开发的 S 语言。

R 语言在当时非常出色，与它竞争的 Fortran 语言相比 R 语言迈出了一大步。实际上，许多 Python 语言的技术计算库都是借鉴 R 语言中的显著思想。但近 40 年后，R 语言显示了它的历史。具体来说，有些领域的语法非常笨拙，对字符串的支持非常糟糕，类型系统已经过时。

在作者看来，使用 R 语言的主要原因是多年来为它编写的许多特殊库，Python 语言还没有涵盖所有的特殊用例。作者不再将 R 语言用于自己的工作，但它是数据科学界的主要力量，并且在可预见的将来仍将继续存在。在统计界，R 语言仍然是通用语言。即使不使用它，也应该知道它。

3.2.3 MATLAB® 和 Octave

数据科学界倾向于开源软件，所以像 MATLAB® 这样好的专有程序往往获得的荣誉比它们应得的少。由 MathWorks 公司开发和销售，MATLAB® 是一款优秀的数值计算软件包。与 R 语言相比，它具有更一致的语法（作者认为它的语法更好），与 Python 语言相比，它具有更多的数字核心。很多有物理或机械 / 电气工程背景的人都熟悉 MATLAB®。它不适合大型软件框架或基于字符串的数据管理，但它是数字计算的最佳选择。

如果喜欢 MATLAB 的语法，但不想为软件付费，那么也可以考虑 Octave。它是 MATLAB® 的开源版本。它没有捕获 MATLAB 的所有功能，当然也没有相同的支持基础设施，但这是一个很好的选择。

3.2.4　SAS®

SAS（统计分析软件）是一个可以追溯到 20 世纪 60 年代的专有统计框架。与 R 语言类似，用 SAS 编写了大量根深蒂固的遗留代码以及已经投入使用的各种函数。然而，这种语言本身对于更习惯现代语言的人来说是非常陌生的，SAS 对于商业统计应用非常有用并且非常流行，但作者不推荐将其用于通用数据科学。

3.2.5　Scala®

Scala® 是一种很有前途的语言，它展示了很多希望。它目前不是适用于数据科学的通用工具，因为它没有支持分析和可视化的库。但是，这很容易以与 Python 语言相同的方式进行更改。Scala 语言与 Java 语言相似，但其语法简单得多，并且有借鉴很多其他语言（特别是函数式语言）的强大功能。它既适用于通用脚本，也适用于大型生产软件。许多最流行的大数据技术程序都是用 Scala 语言编写的。

3.3　Python 语言速成班

本节将提供关于 Python 语言的快速教程，目标是让读者快速熟悉该语言的基础知识，特别是了解本书中的示例代码。

本教程并非详尽无遗。在此并未讨论 Python 语言的许多方面，尤其是忽略了它的大多数内置库。当它变得相关时，部分内容将在本书后面讨论。

下面将介绍 Python 的技术库，从而将其从可靠的脚本语言提升到数据科学的一站式服务。

3.3.1　版本注解

Python 语言有很多版本。在撰写本书时，Python 2.7 系列是数据科学家最受欢迎的。这样做的主要原因是所有数值库都可以使用它。

2008 年，Python 3.0 发布了，它打破了与 Python 2.7 的落后的兼容性。这是一件大事，因为 Python 团队在保持事物相互一致方面往往非常谨慎。

本书是以 Python 2.7 为基础编写的，但我所论述的大部分内容同样适用于

Python 3.x。Python 3.x 不同的关键地方如下：

- print 是作为一个函数来处理的。所以用

```
>>> print("hello world")
```

代替

```
>>> print "hello world"
```

- 算术运算即使在整数完成时也被视为十进制运算。这种方式将使得 3/2 等于 1.5 而不是 1。如果想做整数除法，那就用 //。
- 字符串和 Unicode 作为单独的类被删除。现在全部是 Unicode，如果想直接操作字节，则可以使用 ByteArray 类型。

3.3.2 "hello world" 脚本

学习一种新的编程语言的一种常见方式是首先编写一个 "hello world！" 程序：这是一个只在屏幕上输出文本 "hello world！" 的程序。如果可以编写并运行它，那么便可以确定软件环境设置正确，并且知道如何使用它。在那之后，就可以使用严谨的代码了。

有两种方法可以运行 Python 代码，本书将用这两种方法带读者浏览 hello world。读者可以打开 Python 解释器并逐个输入命令，这对于探索数据并试验想要执行的操作非常有用，或者可以将代码放入一个文件并一次全部运行。

要在 Mac 系统或 Linux 系统上的解释器中运行代码，请执行以下操作：

1）转到命令终端。

2）输入 "python" 并按回车键。这将显示命令提示符 >>>。

3）输入 "print 'hello world'"，然后按回车键。应该在屏幕上打印 "hello world" 这个短语。

4）整个过程应该显示如下：

```
>>> print "hello world!"
hello world!
```

5）恭喜！刚才运行了一行 Python 代码。

6）按 Ctrl-d 键关闭解释器。

如果是在 Windows 系统中工作，则这个过程非常相似。可能使用 PowerShell 代替命令终端，它相当于 bash 终端。用于编辑源代码，Visual Studio 是一个在 Windows 系统程序中无处不在的强大的 IDE（集成开发环境）。作者个人倾向于用纯文本编辑器编写程序脚本，如果它是可行的。但对更大的代码库，一个好的 IDE 变得非常宝贵。

3.3.3 更为复杂的脚本

好了，现在已经运行了 Python 代码，下面跳入深层，这是一个更复杂的 Python 脚本，它具有描述公司员工的数据结构。它通过员工记录，给每个员工加薪 5%，并用他们所居住州的名字更新记录，然后输出描述最新员工数据的信息。如果现在无法读懂所有内容，请不要担心，后面会解释所有部分。在完成这个脚本之后，将更全面地介绍 Python 语言的数据类型以及如何使用它们。该脚本没有全部显示出来。

```python
SALARY_RAISE_FACTOR = 0.05
STATE_CODE_MAP = {'WA': 'Washington', 'TX': 'Texas'}
def update_employee_record(rec):
    old_sal = rec['salary']
    new_sal = old_sal * (1 + SALARY_RAISE_FACTOR)
    rec['salary'] = new_sal


    state_code = rec['state_code']
    rec['state_name'] = STATE_CODE_MAP[state_code]
input_data = [
    {'employee_name': 'Susan', 'salary': 100000.0,
     'state_code': 'WA'},
    {'employee_name': 'Ellen', 'salary': 75000.0,
     'state_code': 'TX'},
]
for rec in input_data:
    update_employee_record(rec)
    name = rec['employee_name']
    salary = rec['salary']
    state = rec['state_name']
    print name + ' now lives in ' + state
    print '   and makes $' + str(salary)
```

如果运行此脚本，将看到以下输出：

```
Susan now lives in Washington
   and makes $110250.0
Ellen now lives in Texas
   and makes $78750.0
```

该脚本的第一行将变量 SALARY_RAISE_FACTOR 定义为十进制数字 0.05。

下一行定义了所谓的 dict（字典简称），称为 STATE_CODE_MAP，它将几个州的邮政缩写映射到其全名。字典将"键"映射到"值"，并将它们括在花括号内。每个键/值对之间都有逗号，而键和值由冒号分隔。字典中的键通常是字符串，但它们也可以是数字或除 Nonetype 之外的其他数据类型（马上就会看到）。这些值可以是任何 Python 对象，不同的值可以有不同的类型。但在本例中，值都是字符串。字典是 Python 语言的 3 个主要"容器"数据类型之一（即它包含其他数据），另外两个是列表和元组。

接下来，下一行语句

```
def update_employee_record(rec):
```

说明正在定义一个名为 update_employee_record 的函数，它接受一个参数，并且在该函数的范围内将参数称为 rec。在此代码中，rec 总是一个字典，但没有在函数声明中指定。可以将整数、字符串或其他任何内容传递给 update_employee_record。如果 rec 不是一个字典 (或者一些类似于字典的东西)，稍后会对它执行操作，但是 Python 语言在操作失败之前不会知道哪里出了问题。

在这里，来看看 Python 语言最著名的问题。函数体的其余部分都以同样的方式缩进：正好 4 个空格。它可能是两个空格，或一个制表符或任何其他空白组合，但它必须一致。像这样的一致性在任何编程语言中都是很好的做法，因为它使代码更易于阅读，但 Python 语言需要这种缩进。这是关于 Python 语言的唯一最有争议的事情，并且如果处于制表符和空格混合的情况，它可能会变得很困惑。

在函数体中，当

```
old_sal = rec['salary']
```

时，表示正在从 rec 中提取 "salary" 字段。这就是如何从一个数据库中获取数据的方法。通过这样做，也默认有一个 "salary" 字段：如果没有，代码会抛出一个错误：

```
rec['salary'] = new_sal
```

赋值给 "salary" 字段。如果没有字段，则创建字段；如果已经有字段，则覆盖该字段。

input_data 变量是一个列表。列表可以包含任何类型的元素，但在这种情况下，它们都是字典。请注意，在这种情况下，字典中的值并不都是相同的类型。

在脚本的最后部分，该行语句

```
for rec in input_data:
```

表示将按照顺序循环 input_data 的所有元素，为每个元素执行循环体。与函数声明类似，循环体必须一致缩进。

这里的输出语句值得特别提及：

```
print '   and makes $' + str(salary)
```

表示有 3 件事情正在进行：

- str(salary) 计算薪水，这是一个像 75000.0 这样的浮点数，并返回一个字符串"75,000"。str() 是一个接收许多 Python 对象并返回它们的字符串表示的函数。
- 使用 + 添加两个字符串只是连接它们。将字符串添加到浮点数中会出现错误，这就是为什么不得不说 str(salary)。
- Python 语言中的 print 语句有点奇怪。Python 语言中的大多数内置函数都用括号调用，但 print 不使用它们。这种罕见的不一致在 Python 3.0 中得到了纠正。

3.3.4 数据类型

Python 语言有 5 个必须注意的主要的数据类型。如果过去使用过编程语言，那么它们应该听起来很熟悉：

- int：数学整数。
- float：浮点数。
- bool：真 / 假标志。
- string：任意多个字符的文本（可能为 0 或 1）。
- NoneType：这是一种只有一个值 None 的特殊类型。当数据丢失或某个进程失败时，它通常用作占位符。

声明一个 int 或 float 的变量非常简单：

```
my_integer = 2
my_other_integer = 2 + 3
my_float = 2.0
```

布尔值同样不复杂：

```
my_true_bool = True
my_false_bool = False
this_is_true = (0 < 100)
this_is_false = (0 > 100)
```

NoneType 是特殊的。它唯一可以使用的值叫做 None，当变量应该存在时，它通常用作占位符，但不希望它具有意义。以某种方式失败的函数通常也会返回 None 来表示存在问题。

3.4 字符串

到目前为止，最复杂的数据类型是字符串。一个字符串是一段任意长度的文本。

通过将文本括在引号中来声明一个字符串。可以使用单引号或双引号，它们相互等价。但是，如果字符串包含单引号字符，则可能需要用双引号将字符串括

起来, 反之亦然:

```
a_string = "hello"
same_as_previous = 'hello'
an_empty_string = ""
w_a_single_quote = "hello's"
```

代替单引号字符, 还可以将字符串括入三重引号中。与普通字符串不同, 用三重引号括起来的字符串可以扩展到多行:

```
multi_line_string = """line 1
line 2"""
```

通常使用三重引号字符串来处理诸如嵌入代码中的大段文本 (比如, 因为脚本正在编写 HTML 文档而使用一些 HTML 标记)。

如果要将特殊字符例如制表符、换行符或奇怪的十六进制代码放入字符串中, 可以通过名为 "escaping" 的过程来实现。当字符串中写入 "\" 字符时, 它和下一个字符一起组合成一个非标准字符。其中最常见的是换行 "\ n"、制表符 "\ t" 和斜杠字符本身 "\\"。

要在 Python 语言中获取字符串的子字符串, 可以使用括号表示法, 如下:

```
>>> "ABCD"[0]
'A'
>>> "ABCD"[0:2]
'AB'
>>> "ABCD"[1:3]
'BC'
```

如果想从一个字符串中取出一个单独的字符, 那么可以用括号括起来, 输入所需字符的索引:

```
>>> "ABCD"[0]
'A'
```

请注意, 索引从 0 开始, 而不是 1。如果想要一个长度大于 1 的子字符串, 可以将开始和结束索引放入括号里:

```
>>> "ABCD"[0:2]
'AB'
>>> "ABCD"[1:3]
'BC'
```

第一个数字表示从哪个索引开始, 第二个数字表示要停止的索引。如果第一个数字被省略, 那么将从头开始。如果第二个被省略, 将继续到最后。所以可以认为

```
>>> "ABCD"[1:]
'BCD'
```

也可以使用负索引。-1 表示列表中的最后一个元素，-2 表示前面的元素。这样就可以在字符串中删除最后一个字符，如下：

```
>>> "ABCD"[:-1]
'ABC'
```

第 4 章将详细介绍 Python 语言用于处理字符串的各种工具。

3.4.1　注释与文档注释

Python 语言中有两种注释：

- 用 # 字符表示的内容，例如：

```
# 这行是一个注释
a = 5 # 这行的最后一部分也是
```

- 代码中占用一行（或多行）但未赋值给变量的字符串。

通常的做法是在 Python 文件的开始处有一个字符串，用于描述文件的作用以及如何使用它。这样的字符串被称为文档注释。如果将该文件作为库导入，那么该库将有一个名为 doc 的字段，作为内置文档。这些都会派上用场！一个函数也可以有一个 doc 字符串，例如：

```
def sqr(x):
    "This function just squares its input "
    return x * x
```

3.4.2　复杂数据类型

Python 语言有 3 个主要的数据容器：列表、元组和字典。还有一个叫做集合，会少用一些。它们每个都包含不同的数据结构，也因此得到了名称。

首先要了解 Python 语言中的容器，与其他许多语言不同，可以混合使用这些类型。列表可以完全由整数组成。但它也可以包含元组、字典、用户定义的类型，甚至包含其他列表。

所有 Python 语言的容器类型都是类，是面向对象的。然而它们也都充当函数，试图将它们的参数强制转换为适当的类型。例如：

```
my_list = ["a ", "b ", "c "]
my_set = set(my_list)
my_tuple = tuple(my_list)
```

将创建一个列表，然后创建一个包含相同数据的集合和元组。

3.4.3 列表

列表就是变量的有序序列。以下代码显示了基本用法：

```
my_list = ["a ", "b ", "c "]
print my_list[0]  # 显示 "a "
my_list[0] = "A "  # 改变列表中的元素
my_list.append("d ")  # 在末端增加新的元素
# 列表元素可为任何类型
mixed_list = ["A ", 5.7, "B ", [1,2,3]]
```

有一种称为列表理解的特殊操作，它允许人们通过对其所有元素应用相同的操作来创建一个列表（可能会过滤掉其中的一些元素）：

```
original_list = [1,2,3,4,5,6,7,8]
squares = [x*x for x in original_list]
squares_of_evens = [x*x for x in original list]
if x%2==0]
```

如果以前没见过，列表索引有一个非常重要的约定，一开始可能会让人困惑：列表中的第一个元素是元素号 0，第二个元素是元素号 1，依此类推。这个约定有些原因（其中一些是历史的），如果它让读者感到困惑，并不奇怪，但是读者必须习惯于 Python 语言。如果想选择一个列表的子集，那么可以用冒号来做到这一点：

```
my_list = ["a", "b", "c"]
first_two_elements = my_list[0:3]
```

第一个数字表示从哪个索引开始，第二个数字表示要停止的索引。如果第一个数字被省略，那么将从头开始。如果第二个数字被省略，将继续到最后。因此有：

```
my_list = ["a", "b", "c"]
first_two_elements = my_list[:3]
last_two_elements = my_list[1:]
```

也可以使用负索引：–1 表示列表中的最后一个元素、–2 表示前面的元素等。因此有：

```
my_list = ["a", "b", "c"]
all_but_last_element = my_list[:-1]
```

3.4.4 字符串与列表

对于复杂的字符串操作，可以调用字符串的最灵活方法之一是 split()。它会在空格处拆分一个字符串，并将其作为列表返回。或者，可以将另一个字符串作为参数传递，这会对该字符串进行拆分。其工作原理如下：

```
>>> "ABC DEF".split()
['ABC', 'DEF']
>>> "ABC \tDEF".split()
['ABC', 'DEF']
>>> "ABC \tDEF".split(' ')
['ABC', '\tDEF']
>>> "ABCABD".split("AB")
['', 'C', 'D']
```

split() 的逆函数是 join() 函数。它在一个字符串上被调用，并且传入其他字符串的列表。然后将所有字符串连接成一个字符串，并使用字符串作为分隔符。例如，

```
>>> ",".join(["A", "B", "C"])
'A,B,C'
```

读者可能已经注意到，用于选择字符串中的字符的语法与用于选择列表中的元素的语法相同。通常，它被称为"切片符号"，并且可以创建使用相同符号的其他 Python 语言对象。大多数情况下，一个切片需要一个起始索引、一个结束索引以及该间距应该有多大。例如：

```
>>> start, end, count_by = 1, 7, 2
>>> "ABCDEFG"[start: end: count_by]
'BDF'
```

3.4.5　元组

从概念上讲，元组是一个无法修改的列表（不改变元素、不添加 / 移除元素）。拥有它们似乎是多余的，但是在某些情况下，元组比列表更有效，并且它们在 Python 语言的操作中起着核心作用。出于技术原因，有些事情可以用元组来处理，但却不能用列表。其中最明显的是字典中的键不能是列表，但它们可以是元组：

```
my_tuple = (1, 2, "hello world")
print my_tuple[0] # 打印 1
my_tuple[1] = 5 # 这会出错！
```

有一个重要的语法模块，它经常与元组一起使用。通常，人们希望在一个元组中为不同的字段命名，并且为每个字段显式定义一个新变量是很麻烦的。在这些情况下，可以按如下方式进行多项分配：

```
my_tuple = (1, 2)
zeroth_field, first_field = my_tuple
```

3.4.6 字典

字典是一个接收键并返回值的结构。字典的键通常是字符串，但它们也可以是任何其他的数据类型或元组（但它们不能是列表或字典）。值可以是任何数据——整数、其他字典、外部库等。在定义字典时，使用大括号，用冒号分隔键和值：

```
my_dict = {"January": 1, "February":2}
print my_dict["January"]  # 打印 1
my_dict["March"] = 3 # 添加新元素
my_dict["January"] = "Start of the year" # 覆盖旧值
```

有趣的是，Python 语言本身很大程度上是由字典 (或它们的细微变化) 构建的。例如，存储所有变量的命名空间是一个将变量名称映射到对象本身的字典。

还可以通过向 dict() 函数传入元组列表来创建一个字典，并且可以通过调用字典上的 items() 函数来创建元组列表：

```
pairs = [("one",1), ("two",2)]
as_dict = dict(pairs)
same_as_pairs = as_dict.items()
```

3.4.7 集合

一个集合有点类似于只有键而没有值的字典。它存储了一些类型独特的对象集合。可以将新值添加到一个集合，如果该值已经在其中，它将不会执行任何操作。还可以查询该集合，以查看其中是否有值。一个简单的 shell 脚本显示了它的工作原理：

```
>>> s = set()
>>> 5 in s
False
>>> s.add(5)
>>> 5 in s
True
>>> s.add(5)  # 什么也没做
```

3.5 定义函数

Python 语言中的函数被定义和调用如下：

```
def my_function(x):
 y = x+1
 x_sqrd = x*x
 return x_sqrd

five_plus_one_sqrd = my_function(5)
```

这是一个所谓的"纯函数",这意味着它需要一些输入,返回一个输出,并且什么也不做。函数也可能具有副作用,例如将某些内容输出 / 显示到屏幕上或对文件进行操作。在前面的示例脚本中,修改输入字典是一个副作用。如果没有指定返回值,则该函数将返回 None。

还可以使用以下语法在函数中定义可选参数:

```
def raise(x, n=2):
 return pow(x,n)
two_sqrd = raise(2)
two_cubed = raise(2, n=3)
```

如果定义的函数只包含一行,并且没有副作用,还可以使用所谓的 lambda 表达式来定义它:

```
sqr = lambda x : x*x
five_sqrd = sqr(5)
```

将 lambda 表达式赋值给"sqr"相当于函数定义的常规语法。术语"lambda"是对 Lisp 编程语言的引用,它以类似的方式使用"lambda"关键字定义函数。

如果将一次性函数作为参数传递给另一个函数,则通常会使用 lambda 函数,并且不需要使用新的函数名称来破坏命名空间。例如:

```
def apply_to_evens(a_list, a_func):
 return [a_func(x) for x in a_list if x%2==0]
my_list = [1,2,3,4,5]
sqrs_of_evens = apply_to_evens(my_list, lambda x:x*x)
```

诸如此类的函数在运行中定义并且从未给出实际名称,这些函数被称为"匿名函数"。它们在数据科学中可能非常方便,特别是在大数据中。

3.5.1 循环与控制结构

在实践中执行的主要控制结构是循环一个列表,如下:

```
my_list = [1, 2, 3]
for x in my_list:
 print "the number is ", x
```

如果正在迭代一个元组列表(就像使用字典一样),可以使用前面提到的简写元组符号:

```
for key, value in my_dict.items():
 print "the value for ", key, " is ", value
```

更一般地说,允许像这样的循环的任何数据结构都称为"可迭代"。列表是最突出的可迭代数据类型，但它们绝不是唯一的。

如果以这种方式处理语句：

```
if i < 3:
 print "i is less than three"
elif i < 5: print "i is between 3 and 5"
else: print "i is greater than 5"
```

在实践中不会经常看到它，但是 Python 语言允许 while 循环，这与如下类似：

```
i = 0
while i < 5:
 print "i is still less than five"
 i = i+1
```

3.5.2　一些关键函数

Python 语言有一些读者应该知道的内置函数，见表 3.1。

表 3.1

函数名称	功能	举例

int	转化为整数	int(5.7) # roundsdown
		int("5")

float	转化为浮点数	float(5) float("5.7")
bool	转化为布尔值	bool("") # 错误 bool("asdf") # 正确
str	转化为字符串	
dict	将键 / 值元组的列表转换为字典	dict([("January", 1),("February", 2)])
range	Range(n) 给出 0 ~ n − 1 的整数列表。也就是说，它从 0 开始并具有长度 n	range(5) # 0~4 range(4,18) # 4~17
zip	取两个列表并将元素配对到一个元组列表中	zip(["Sunday","Monday","Tuesday"], range(3))
open	打开一个文本文件进行读写。第二个参数是读取文件的 "r" 和写入文件的 "w"。也可以使用 "a" 来追加到文件末尾	# 获取文件内容 # 作为一个大字符串 open（"file.txt"，"r"）.read() # 获取文件内容 # 作为字符串列表 open（"file.txt", "r").readlines() # 写入 open("file.txt", "w"). write("Hello world!")
len	计算数据的长度。对于列表或元组，它将是长度。对于一个字符串，它将是字符的数量	len("sdf") # 3 len([1,2,3,4]) # 4

（续）

函数名称	功能	举例
enumerate	传入一些可索引对象（通常是一个列表）。获取索引 / 值元组，这些元组给出对象中的索引及其相应的值。如果正在循环查看列表，但还需要跟踪索引，这很有用	for ind, val in mylist: print "At %i" % i print val

3.5.3　异常处理

如果 Python 代码失败了，想让脚本为此作好准备并采取相应的行动（而不仅仅是死亡）。这里说明了这一点：

```
try:
    lines = input_text.split("\n")
    print "tenth line was: ", lines[9]
except:
    print "There were < 10 lines"
```

3.5.4　导入库

要从现有的库中导入功能，可以使用以下任何一种语法：

```
from my_lib import f1, f2 # f1 和 f2 为函数名
import other_lib as ol # ol.f1 是 f1 函数
from other_lib import * # f1 为函数名
```

一般来说，导入库的第一种和第二种方法可以获得最易读的代码。

如果从多个库中导入，然后在代码中调用 f1，这样并不清楚 f1 来自哪个库？

要编写自己的库，只需编写一个 .py 文件，其中定义了函数、类或其他对象。然后可以使用上述语法导入它。只要确保库位于正在运行代码的目录中，或者位于 Python 语言可以找到它的其他位置。

3.5.5　类及对象

严格地说，Python 语言中的所有东西（作者指的是一切：整数、函数、类、导入的库等）就是所谓的对象。但是大多数语言都是围绕几个高性能类（如列表和字典）构建的，这些类完成了大部分繁重的工作，所以通常只使用 Python 语言作为脚本语言。

然而，如果想定义自己的类，可以这样做：

```
class Dog:
 def __init__(self, name):
   self.name = name
 def respond_to_command(self, command):
```

```
    if command == self.name: self.speak()
 def speak(self):
   print "bark bark!!"
fido = Dog("fido")
fido.respond_to_command("spot")  # 不做什么
fido.respond_to_command("fido")  # 打印 bark bark
```

这里 _init_ 是一个特殊的函数，只要创建了一个类的实例就会被调用。它完成对象所需的所有初始设置。

引发很多人关注的一件事就是作为类中每个函数的第一个参数传入的"self"关键字。当调用 fido.respond_to_Command 时，respond_to_Command 中的"self"参数指的是 fido 本身，也就是调用其方法的 Dog 对象。这使人们能够专门引用 fido 的数据元素，例如 self.name。对于许多面向对象的语言，只要在 resond_to_command 中给出"name"就会隐式引用 fido 的名字，但是 Python 语言要求它是明确的。它类似于将在 C++ 等语言中看到的关键字"this"。

3.5.6　可哈希与不可哈希类型

当刚开始学习 Python 语言时，会遇到一个大问题。在试图弄清楚为什么代码失败时，它让作者感到非常痛苦，作者想让读者免受这份痛苦。Python 语言的数据类型分为两类：

• 可哈希类型。包括整数、浮点数、字符串、元组以及一些更隐蔽的元素。这些通常是低级数据类型，它们的实例是不可变的。

• 不可哈希类型。包括列表、字典和库。一般来说，不可更改的类型适用于更大、更复杂的对象，其内部结构可以修改。

这个 shell 会话中说明了可哈希和不可哈希类型之间的最大区别：

```
>>> a = 5   # a 是一个可哈希 int
>>> b = a   # b 指向 a 的 COPY
>>> a = a + 1
>>> print b  # b 没有增加
5
>>> A = []   # A 是不可干预的列表
>>> B = A    # B 指向 SAME 列表为 A
>>> A.append(5)
>>> B
[5]
```

当说 b = a 时，在内存中创建可哈希 int 的副本，并将变量名称 b 设置为指向它。但是当使用不可哈希的列表并且说 B = A 时，变量 B 被设置为指向完全相同的列表！

如果真的想创建 A 的副本，那么追加到 A 并不影响 B，可以按照下面这样的内容：

```
>>> B = [x for x in A]
```

这将在内存中构建一个新的列表。如果 A 是一个整数列表，那么 A 和 B 将无法同时进行：它们将拥有各自的数字副本。

但是，如果 A 的元素本身是不可哈希的类型，那么 B 将与 A 不同，但它们将指向相同的对象。例如：

```
>>> A = [{}, {}]   # dicts 列表
>>> B = [x for x in A]
>>> A[0]["name"] = "bob"
>>> B[0]["name"]
"bob"
```

关于可哈希类型的另一件事是字典中的键必须是可哈希的。

3.6　Python 语言技术库

Python 语言主要是作为软件工程师的工具设计的，但是有一套优秀的库可以使它成为一个一流的技术计算环境，与 MATLAB® 和 R 语言等竞争。本书将讨论的主要内容如下：

• Pandas：这是需要知道的最重要的一个，它可以非常高效地存储和操作数据帧中的数据，并且具有流畅、直观的 API。

• NumPy：这是一个处理数值数组的库，其方法既快速又节省内存。但对于用户来说，它是笨拙和低级的。在后台，Pandas 使用 NumPy 阵列。

• scikit-learn：这是主要的机器学习库，它在 NumPy 阵列上运行。可以将 Pandas 对象转换为 NumPy 数组，然后将其插入 scikit-learn 中。

• Matplotlib：这是大型绘图和可视化库。与 NumPy 类似，它的级别较低，直接使用有点笨拙。Pandas 提供人性化的包装，称为 Matplotlib 例程。

• SciPy:它提供了一套函数，可以在 NumPy 阵列上执行异常复杂的数字操作。

这些并不是 Python 语言中唯一可用的技术计算库，但它们是迄今最受欢迎的技术计算库，它们一起形成了一个有凝聚力的强大工具套件。

NumPy 是最基本的库，它定义了其他所有操作的核心数值数组。但是，大多数实际代码（特别是数据管理和特征提取）将在 Pandas 中工作，只根据需要切换到其他库。本章的其余部分将是关于 Pandas 基本数据结构的快速课程。

3.6.1　数据帧

Pandas 中的中心对象称为数据帧（Data Frames），它类似于 SQL 表或 R 语言数据帧。Data Frames 是一个包含行和列的表，其中每列包含特定类型的数据（如整数、字符串或浮点数）。数据帧使得将一个函数应用于列中的每个元素或计算总和（如列的总和）变得简单而高效。以下代码显示了数据帧的一些基本操作：

```
import pandas as pd
# 从字典制作数据帧
# 将列名称映射为它们的值
df = pd.DataFrame({
    "name": ["Bob", "Alex", "Janice"],
    "age": [60, 25, 33]
    })
# 从文件中读取数据帧
other_df = pd.read_csv("myfile.csv")

# 从旧的列中创建新列
# 真的很容易
df["age_plus_one"] = df["age"] + 1
df["age_times_two"] = 2 * df["age"]
df["age_squared"] = df["age"] * df["age"]
df["over_30"] = (df["age"] > 30)  # 这列是布尔值

# 列出具有各种内置聚合函数
total_age = df["age"].sum()
median_age = df["age"].quantile(0.5)

# 可以选择数据帧的多行
# 并从中创建一个新的数据帧
df_below50 = df[df["age"] < 50]
# 将自定义函数应用于列
df["age_squared"] = df["age"].apply(lambda x: x*x)
```

数据帧的一个重要内容是索引的概念，这基本上是给予数据帧的每一行的名称（不一定是唯一的）。默认情况下，索引只是行号（从 0 开始），但如果读者喜欢，可以将索引设置为其他列：

```
df = pd.DataFrame({
    "name": ["Bob", "Alex", "Jane"],
    "age": [60, 25, 33]
    })
print df.index  # 打印 0~2, 行号

# 创建包含相同数据的数据帧,
# 但其中 name 是索引
df_w_name_as_ind = df.set_index("name")
print df_w_name_as_ind.index  # 打印它们的名称

# 获取 Bob 的行
bobs_row = df_w_name_as_ind.ix["Bob"]
print bobs_row["age"]  # 打印 60
```

3.6.2 序列

除了 Data Frames 外，Pandas 中的另一个大数据结构就是序列。已经向读者展示了它们：Data Frames 中的一列是一个序列。从概念上讲，一个序列只是一个数据

对象的数组，所有类型都相同，都有一个相关联的索引。Data Frames 的列是一系列
对象，它们都是用相同的索引。

以下代码显示了一些基本的序列操作，与数据帧中的功能无关：

```
>>> # 引入 Pandas，总是把它命名为 pd
>>> import pandas as pd
>>> s = pd.Series([1,2,3])  # 从列表中制作序列
>>>
>>> # 在 s 中显示值
>>> # 注意索引是最左边的
>>> s
0    1
1    2
2    3
dtype: int64
>>> s+2  # 为 s 的每个元素添加一个数字
0    3
1    4
2    5
dtype: int64
>>> s.index  # 可以直接访问索引
Int64Index([0, 1, 2], dtype='int64')
>>> # 添加两个序列将相互添加相应的元素
>>> s + pd.Series([4,4,5])
0    5
1    6
2    8
dtype: int64
```

从技术上讲，作者一分钟前对读者撒了谎，作者说一个序列对象的元素都必
须是相同的类型。如果想要 Pandas 的所有性能优势，它们必须是相同的类型，但
实际上已经看到了一个混合了其他类型的序列对象：

```
>>> bobs_row = df_w_name_as_ind.ix["Bob"]
>>> type(bobs_row)
<class 'pandas.core.series.Series'>
>>> bobs_row
age               60
age_plus_one      61
age_times_two    120
age_squared     3600
over_30         True
Name: Tom, dtype: object
```

所以可以看到这一行数据帧实际上是一个序列对象，但是不是 int64 或类似的
东西，它的 dtype 是 "object"。这意味着在底层，它不存储低级整数表示或类似的

东西，它存储对任意 Python 语言对象的引用。

3.6.3 连接与分组

到目前为止，专注于以下数据帧操作：
- 创建数据帧；
- 添加从现有列上的基本操作派生的新列；
- 使用简单条件选择 Data Frames 中的行；
- 聚合列；
- 将列设置为索引，并使用索引提取数据的行。

本节讨论两个更高级的操作：连接和分组。这些可能与您使用 SQL 时很熟悉。

如果要将两个单独的数据帧合并到包含所有数据的单个帧中，则使用连接。采用两个数据帧，将具有共同索引的行进行匹配，并将它们合并到一个帧中。这个 shell 会话显示如下：

```
>>> df_w_age = pd.DataFrame({
  "name": ["Tom", "Tyrell", "Claire"],
  "age": [60, 25, 33]
  })
>>> df_w_height = pd.DataFrame({
  "name": ["Tom", "Tyrell", "Claire"],
  "height": [6.2, 4.0, 5.5]
  })
>>> joined = df_w_age.set_index("name").join(
          df_w_height.set_index("name"))
>>> print joined
        age   height
name
Tom      60     6.2
Tyrell   25     4.0
Claire   33     5.5
>>> print joined.reset_index()
     name  age   height
0    Tom    60     6.2
1    Tyrell 25     4.0
2    Claire 33     5.5
```

通常要做的另一件事是根据某些属性对行进行分组，并分别对每个组进行聚合。这是通过 groupby() 函数完成的，其用法如下：

```
>>> df = pd.DataFrame({
  "name": ["Tom", "Tyrell", "Claire"],
  "age": [60, 25, 33],
    "height": [6.2, 4.0, 5.5],
```

```
        "gender": ["M", "M", "F"]
    })
>>> # 使用内置聚合
>>> print df.groupby("gender").mean()
        age   height
gender
F       33.0    5.5
M       42.5    5.1
>>> medians = df.groupby("gender").quantile(0.5)
>>> # 使用自定义聚合功能
>>> def agg(ddf):
        return pd.Series({
            "name": max(ddf["name"]),
            "oldest": max(ddf["age"]),
            "mean_height": ddf["height"].mean()
                })
>>> print df.groupby("gender").apply(agg)
        mean_height     name  oldest
gender
F               5.5  Claire      33
M               5.1     Tom      60
```

3.7 其他 Python 语言资源

使用 Python 语言的好处之一是网上有大量非常清晰的文档可供使用，只要搜索并找到正确的语法或库就可以完成任何需要做的事情。除了搜索之外，推荐以下资源：

- https://docs.python.org/2/。这是 Python 语言版本 2 语法文档的主要资源。
- http://pandas.pydata.org/。这是 Pandas 库的官方文档。
- http://scikit-learn.org/stable/index.html。这是作者见过的关于软件的最好的文档。大部分是示例脚本，展示了您可以用它做的所有事情 - 学习。

3.8 延伸阅读

学习 Python 语言（或任何编程语言）的好处之一是网上有大量非常清晰的文档可供使用。只需搜索并找到合适的语法或库就可以完成任何需要完成的工作。

除了一般浏览外，推荐 4 个特别的资源，这些资源非常适合快速浏览：

1）Pilgrim,M,2004,Dive into Python:Python from Novice to Pro,viewed 7 August 2016,http://www.diveintopython.net/。

2）Pandas:Python Data Analysis Library,viewed 7 August 2016, http://pandas.pydata.org/。

3）https://www.python.org/, viewed 7 August 2016,The Python Software Foundation。

4）Scott,M,Programming Language Pragmatics,4th edn,2015,Morgan Kaufmann, Burlington,MA。

3.9 术语

匿名函数 一个永远不会被命名的函数。

数据帧 主要的 Pandas 数据结构，它将数据集存储为包含行和列的表格。

字典 一个 Python 语言对象，它将键（必须是可哈希类型）映射为值（可以是任何类型）。

可哈希类型 整数、浮点数、字符串和其他一些低级 Python 语言数据类型。

索引 Data Frame 中的每一行或序列中的元素的标识符。

连接 获取两个 Data Frame 并将匹配的行连接成一个大 Data Frame 的操作。如果在要加入的列中具有相同的条目，则进行匹配。

列表 一个存储有序对象列表的 Python 语言对象。这是一种不可干扰的类型，所以可以做一些事情，比如添加现有的元素。

NumPy 用于高效处理数值数组的低级 Python 语言库。

Pandas 用于处理数据的高级 Python 语言库。它定义了数据帧和序列类型，并使用 NumPy 实现。

纯函数 无副作用的函数。

序列 用于存储一系列对象的 Pandas 数据类型。Data Frame 的列实际上是序列对象。

集合 充当数学集的 Python 语言容器类型。

副作用 对存储器中的现有对象进行修改，而不是在保留现有对象的同时创建新对象。诸如打印到屏幕和文件交互等操作也是副作用。

元组 一个存储有序对象序列的 Python 语言对象。与列表不同，元组是不可变的、可哈希的。

不可哈希类型 任何不可哈希的 Python 语言类型。示例包括列表、字典和用户定义的类。当将不可哈希对象赋给变量名时，将获得指向原始对象的指针，而不是指向它的副本。

插曲：作者的个人工具包

每个数据科学家都有自己的一套首选编程语言、库和其他工具。读者必须决定什么最适合。为了给读者一个数据点，这里是作者在进行数据分析时的工作方式：

• 作者的主要数据科学编程语言是 Python 语言。作者喜欢它，知道可以用它做任何事情。每当选择工具时，作者也会将它用于编码，没有什么理由不这样做。

• 使用 Pandas 作为主要数据分析库，并使用 scikit-learn 机器学习库来补充它。

• 通常使用 Matplotlib 进行可视化，作者期望得到扩展。特别是，bokeh 是

一种非常有前途的可视化场景。它是专门为制作交互式图像而设计的，可以通过
Web 浏览器访问它。

• 很多人使用 Python 语言的集成开发环境（IDE），例如 Spyder 或 PyCharm。
就个人而言，作者是一个守旧派：从命令行打开 Python 软件，然后在纯文本编辑
器中编辑脚本，如 Sublime 或 TextWrangler。作者正在考虑改用基于浏览器的编辑
器，比如 Jupyter。

• 作者大部分的工作都是在 Mac 系统上完成的，但这只是因为这是作者的雇
主喜欢使用它。作者通常使用 Linux 系统做喜爱的项目，希望将来能在 Windows
系统上做更多工作，因为它们有一套非常棒的开发工具。

• 当在做大数据时，使用 PySpark，将在大数据相关章中讨论。

作者过去常常使用 R 语言，但如果可以避免，就不再使用了。R 语言的语法
一直让作者烦恼，转折点出现在几年前。有一个 R 语言脚本在大量数据集上运行，
运行和调试了好几次，由于一些内存问题，它总是会失败几小时。这非常令人沮
丧，快接近最后期限了。所以，最后，作者放弃了 R 语言并用 Python 语言重写了
整个内容；第一次运行它在 45min 内完成的。公平地说，作者编写的 Python 语言
代码在内存使用方面非常有效，而 R 语言代码使用了臭名昭著的低效 plyr 库，它
留下了持久的印象。

当读者读到本书时，作者的工具包可能已经改变了。新的工具包不断出现，
与它们保持同步非常重要。有些人永远在尝试最新的库，总是渴望找到更好的做
事方式。就个人而言，作者更倾向于等到一个新的工具更好，然后再加入潮流，
以免花费大量时间学习过时的东西。但无论如何做，数据科学最酷的部分之一就
是不断学习新技术。

第4章
数据预处理：字符串操作、正则表达式和数据清理

本章将介绍在实际数据中看到的一些问题。它讨论了一些最常见（甚至臭名昭著）的问题：它们来自哪里以及如何解决。

数据病态大致有两种类型。首先是格式问题，这包括大小写的不一致、额外的空格以及这种性质的事情。通常对数据进行适当的预处理就可以解决，这些都很简单。第二类涉及数据的实际内容。重复条目，主要有异常值和 NULL 值。它往往需要做一些工作来弄清楚这些问题在特定情况下的含义，从而解决这些问题。

本章的目标是双重的。首先，作者想让读者对现实世界数据中存在的问题的广度有所了解，并帮助读者快速识别和诊断问题。

其次，教读者一些可以用来解决问题的工具。具体来说，本章将讨论各种类型的字符串操作。

字符串操作乍一看似乎很无聊，但它是数据科学家能拥有的最强大的工具之一。作者会把它与机器学习本身相提并论。字符串操作可用于解决任何数据格式问题，并且在许多情况下，这是唯一适合的解决方案，但是创建脚本信息从原始数据中提取信息也是非常有用的。有时候，当遇到一个新的数据集时，有一个"正确"的方式来处理它，这需要学习一个新的组织范式和处理它的复杂工具。或者，以一种应急的方法，花 1h 拼凑一个脚本，从中提取需要的具体数据。如果明天需要初步结果，请猜测哪些方法通常会更加方便。

本章首先将讨论一些常见的数据问题。将从涉及数据内容的问题开始，包括它们经常出现的一些原因，然后将着手格式化问题并讨论如何使用字符串来解决这些问题，最后将讨论字符串操作中的"大炮"：通过正则表达式进行模式匹配。

4.1 世界上最糟糕的数据集

作者曾经使用过的最差的数据集是第一次使用的工业数据集。这是一组服务器日志，描述了用户拥有的大量服务器收到的查询结果。一个给定的服务器可以被许多不同的名称引用，日志的大部分行都是无用的图案。一些关键字段用奇怪的十六进制编码，没有行或列，相反，每条线都有自己的结构，这太可怕了。

然后，作者研究了第二个工业数据集，发现它们都是这样的。读者最糟糕的数据集可能也是读者的第一个数据集。只要有一个大的组织、一个复杂的数据，收集过程或多个合并的数据问题往往堆积如山。它们很少有文档记录，并且通常只有当数据科学家负责分析它们时才会变得清晰。要当心。

4.2　如何识别问题

在数据科学中发生的最令人尴尬的事情之一是不得不收回提交的结果，因为意识到错误地处理了数据。鉴于数据集经常是复杂的，应该对这种情况有一个执着的坚持。

为了尽早发现这些问题，提 4 条建议：

• 如果数据是文本，请直接查看原始文件，而不是将其读入脚本。

• 如果可用，请阅读支持的文档。通常数据很难理解，因为它使用了奇怪的代码或约定，其含义在一些附带的 PDF 文件或其他文件中有记录。在其他情况下，这些数据似乎不言自明，但是当阅读详细信息时，就会出现一些不明显的问题。

• 询问有关数据的一系列标准问题时，该列是否包含 NULL？表 A 中的所有标识符是否都出现在表 B 中，反之亦然？

• 进行健全性检查，使用数据来推导出已知的事物。如果计算数据集中的用户数量，知道公司的用户数量不相等，那么很可能无法正确识别用户。

4.3　数据内容问题

4.3.1　重复条目

应该始终检查数据集中的重复条目，有时候它们在某些现实世界中很重要。通常要将它们压缩成一个条目，并添加一个额外的列，指出有多少个唯一条目。

在其他情况下，重复是数据生成的结果。例如，可以通过从较大的数据集中选择多个列来获得它，并且如果计算其他列，则不会有重复项。

4.3.2　单实体的多个条目

这种情况比重复的条目更有趣。通常，每个真实世界的实体在逻辑上对应于数据集中的一行，但是一些实体会在不同的数据中重复多次。最常见的原因是有些条目已过期，目前只有一行是正确的。

在其他情况下，实际上应该有重复的条目。例如，每个"实体"可能是一个发电机，其中有几个相同的发电机。每台发电机都可以提供自己的状态报告，并且所有报告都将出现在具有相同序列号的数据中。数据中的另一个字段可能会告诉人们这个发电机实际上是哪个发电机。在数据字段中未指定发电机的情况下，不同的行通常会按照固定的顺序出现。

另一个可能有多个条目的情况是，由于某种原因，同一个实体偶尔会被收集的数据处理两次。这在很多制造环境中都会发生，因为它们会重新加工损坏的组件，并多次将它们通过组装流水线发送出去，而不是直接将其报废。

4.3.3　丢失缺失值

大多数情况下，当数据集中没有描述某些实体时，它们有一些共同的特征使它们无法使用。例如，假设有过去一年的所有交易记录，按用户交易进行分组，并将每个用户的交易规模加起来。此数据集每个用户只有一行，但过去一年中没有交易的用户将被完全忽略。在这种情况下，可以将衍生数据与已知的所有用户进行连接，并为缺失的人员填写适当的值。

在其他情况下，由于某些实体第一次没有收集到数据，因此缺少数据。例如，也许两家工厂生产一个特定产品，但其中只有一家收集关于它们的特定数据。

4.3.4　NULL

NULL（空值）通常意味着不知道关于某个实体的特定信息。为什么？

大多数情况下，可能会出现NULL，因为数据收集过程在某种程度上被破坏了。这意味着它取决于上下文的影响。

当需要做分析时，NULL不能被许多算法处理。在这些情况下，通常需要用一些合理的值代替缺失的值。最常看到的是，它是从其他数据字段中猜到的，或者只是简单插入所有非空值的平均值。

在其他情况下，由于从未收集数据，所以产生NULL。例如，可能会在一个生产小部件的工厂进行一些测量，但不会在另一个工厂进行测量。然后只要小部件的工厂未收集该数据，所有收集的所有小部件的数据表都将包含NULL。由于这个原因，变量是否为NULL有时可能是一个非常强大的功能。无论想要预测的是什么，生成该小部件的工厂毕竟都可能是一个非常重要的决定因素，与收集的其他数据无关。

4.3.5　巨大异常值

有时候，数据中存在大量异常值，因为这确实是一个异常事件。如何进行处理取决于上下文环境。

有时，应将异常值从数据集中过滤掉。例如，在网络流量中，通常对预测人的页面浏览感兴趣。记录的流量可能来自机器人攻击，而不是人类的任何活动。

在其他情况下，异常值意味着缺少数据。某些存储系统不允许有NULL值的显式概念，因此有一些预定义的值表示丢失的数据。如果很多条目具有相同任意的值，那么这意味着可能发生了什么。

4.3.6　过期数据

在许多数据库中，每行都有一个输入时间戳。当条目更新时，它不会在数据集中被替换，相反一个新的行存入其中有一个最新的时间戳。出于这个原因，许多数据集不再包含准确的条目，只有在尝试重建数据库的历史记录时才有用。

4.3.7　人造数据

许多工业数据集都有故意插入到真实数据中的人为条目，这通常是为了测试数据处理的软件系统。

4.3.8　非正规空格

许多数据集包括以规则的间距进行的测量。例如，每小时都可以访问一个网站的流量，或者每英寸 ⊖ 测量一个物理对象的温度。处理诸如此类的数据的大多数算法假定数据点是等间隔的，当它们不规则时，这是一个主要问题。

如果数据来自测量诸如温度的传感器，那么通常必须使用插值技术（将在后面讨论）在一组等间隔点处生成新值。

当两个条目具有相同的时间戳但数字不同时，会发生不规则间距的特殊情况。通常发生这种情况是因为时间戳只能记录有限的精度。如果在同 1min 内发生两次测量，并且时间仅记录到分钟，则其时间戳将相同。

4.4　格式化问题

4.4.1　不同行列之间的不规则格式化

这样的情况经常发生，通常是因为数据存储在第一位。当可连接 / 可分组键在不同数据集之间不规则地格式化时，这是一个特别大的问题。

4.4.2　额外的空白

对于这样一个小问题，当人们尝试将两个不同数据集的标识符"ABC"与"ABC"结合起来时，随机的空白会使分析变得非常滑稽。空格是特别隐晦的，因为当将数据显示到屏幕上来检查它时，空格可能是无法被识别的。

在 Python 语言中，每个字符串对象都有一个 strip() 方法，用于从字符串的前端和尾端删除空格。lstrip() 和 rstrip() 方法将从前面和后面分别删除空白。如果将一个字符作为参数传递给 strip 函数，则只会删除该字符。例如：

```
>>> "ABC\t".strip()
'ABC'
>>> "  ABC\t".lstrip()
```

⊖　1 英寸（in）= 0.0254m。——译者注

```
'ABC\t'
>>> "   ABC\t".rstrip()
'   ABC'
>>> "ABC".strip("C")
'AB'
```

4.4.3 不规则大小写

Python 语言字符串具有 lower() 和 upper() 方法，它们将返回原始字符串的一个副本，并将所有字母设置为大写或小写。

4.4.4 不一致分隔符

通常，数据集将有一个分隔符，但有时，不同的表将使用不同的分隔符。最常见的分隔符如下：

- 逗号；
- 标签；
- 管道（垂直线"|"）。

4.4.5 不规则 NULL 格式

有多种不同的方式将缺失的条目编码为 CSV 文件，并且在读入数据时将它们全部解释为 NULL。一些常见的示例是空字符串""NA"和"NULL"。有时候，会看到其他解释，如"不可用"或"未知"。

4.4.6 非法字符

一些数据文件在它们中间会随机地出现无效字节。如果尝试打开的不是有效文本的内容，某些程序会抛出错误。在这些情况下，可能需要过滤掉无效字节。

以下 Python 语言代码将创建一个名为 s 的字符串，该字符串不是有效格式化的文本。decode() 方法需要两个参数：第一个是字符串应该被强制转换的文本格式（有几项将在后面讨论文件格式）；第二个是这种情况不可能发生时应该做什么，说"忽略"意味着无效字符只会被丢弃。

```
>>> s = "abc\xFF"
>>> print s # 注意最后一个字符不是字母 abc□
>>> s.decode("ascii", "ignore")
u'abc'
```

4.4.7 奇怪或不兼容的时间类型

时间类型（Datetimes）是数据字段中最常见被破坏类型之一。一些日期格式如下：

- August 1，2013；
- AUG 1，'13；
- 2013-08-13。

这里有一个重要的方法，日期和时间不同于其他格式问题。大多数情况下，有两种不同的方式表达同一信息，并且从一个到另一个可能更方便、有效。但随着日期和时间的推移，信息内容本身可能会有所不同。例如，可能只有日期，或者也可能有一个与它相关的时间。如果有一段时间，它会出现到分、小时、秒还是别的什么地方，或者其他什么时区。

大多数脚本语言都包含某种内置日期时间数据结构，它允许指定这些不同参数中的任何一个（如果不指定，则使用合理的默认值）。一般而言，处理 Datetimes 数据的最佳方法是尽快将其转换为内置数据类型，以便不必担心字符串格式。

在 Python 语言中解析日期的最简单方法是使用名为 dateutil 的包，其工作方式如下：

```
>>> import dateutil.parser as p
>>> p.parse("August 13, 1985")
datetime.datetime(1985, 8, 13, 0, 0)
>>> p.parse("2013-8-13")
datetime.datetime(2013, 8, 13, 0, 0)
>>> p.parse("2013-8-13 4:15am")
datetime.datetime(2013, 8, 13, 4, 15)
```

它接受一个字符串并使用一些合理的规则来确定该字符串如何编码日期和时间，并将其强制转换为 Datetimes 数据类型。请注意，它会改变 - 8 月 13 日为 8 月 13 日中午 12:00，依此类推。

4.4.8　操作系统不兼容

不同的操作系统具有不同的文件约定，有时在打开运行在另一个操作系统生成的文件时会出现问题。

若有可能，发生这种情况最值得注意的地方是文本文件中的换行符。在 Mac 系统和 Linux 系统中，换行符通常用单个字符"\ n"表示。在 Windows 系统中，它通常是两个字符"\ r \ n"。许多数据处理工具检查它们运行的操作系统，以便它们知道使用哪种约定。

4.4.9　错误的软件版本

有时候，将得到一个格式的文件，该格式被设计为由特定的软件包处理。但是当尝试打开它时，会引发一个非常神秘的错误。例如，这种情况会发生在数据压缩格式中。

通常情况下，罪魁祸首是文件最初是由软件的一个版本生成的。但是软件在此期间发生了变化，而试图用不同的版本打开该文件。

4.5 格式化脚本实例

以下脚本说明了如何使用 hacked-together 字符串格式来清理令人厌恶的数据并将其加载到 Pandas DataFrame 中。假设在一个文件中有以下数据：

```
Name|Age|Birthdate
Ms. Janice Joplin|65|January 19, 1943
  Bob Dylan |74 Years| may 24 1941
Billy Ray Joel|66yo|Feb. 9, 1941
```

对于一个正在查看数据的人来说，很明显知道是什么意思，但如果用一个 CSV 文件阅读器打开它会很糟糕。下面的代码将处理问题，并使事情更加明确。它不完全工整或有效，但它完成了工作、很容易理解，并且如果需要更改，它也很容易修改：

```python
def get_first_last_name(s):
    INVALID_NAME_PARTS = ["mr", "ms", "mrs",
        "dr", "jr", "sir"]
    parts = s.lower().replace(".","").strip().split()
    parts = [p for p in parts
        if p not in INVALID_NAME_PARTS]
    if len(parts)==0:
        raise ValueError(
            "Name %s is formatted wrong" % s)
    first, last = parts[0], parts[-1]
    first = first[0].upper() + first[1:]
    last = last[0].upper() + last[1:]
    return first, last

def format_age(s):
    chars = list(s) # 字符列表
    digit_chars = [c for c in chars if c.isdigit()]
    return int("".join(digit_chars))

def format_date(s):
    MONTH_MAP = {
        "jan": "01", "feb": "02", "may": "03"}
    s = s.strip().lower().replace(",", "")
    m, d, y = s.split()
    if len(y) == 2: y = "19" + y
    if len(d) == 1: d = "0" + d
    return y + "-" + MONTH_MAP[m[:3]] + "-" + d

import pandas as pd
df = pd.read_csv("file.tsv", sep="|")
df["First Name"] = df["Name"].apply(
    lambda s: get_first_last_name(s)[0])
df["Last Name"] = df["Name"].apply(
```

```
    lambda s: get_first_last_name(s)[1])
df["Age"] = df["Age"].apply(format_age)
df["Birthdate"] = df["Birthdate"].apply(
    format_date).astype(pd.datetime)
print df
```

4.6　正则表达式

正则表达式是数据处理中的"大枪（Big Guns）"标准工具之一。它们采取了刚刚讨论过的许多操作（拆分、索引等），它们将特定的字符串作为参数，并将它们推广应用于模式。例如，假设需要从文档中提取出来与（XXX）XXX-XXXX 模式匹配的所有电话号码。这对于普通字符串来说非常繁重，但与正则表达式同步。"正则表达式"是一个字符串，用于对要查找的模式进行编码。

在深入学习之前，应该让读者知道，正则表达式由于对使用和调试非常挑剔而臭名昭著。这是因为在正则表达式中虽然可以表达大量的模式，但表达式本身很快就会变得复杂起来，以至于人类很难把它们包裹到头脑里去。这是一个相当基本的问题："理解"想要的模型比详尽说明构成模式的每一个细节都要容易得多。作者想起了那句话"该死的计算机：做我想做的事，而不是我说的。"

解决这个问题的方法是避免过于复杂的正则表达式。所以只要保持写得足够短以便它们易于理解，它们就非常强大。

关于正则表达式的另一个警告是它们的计算成本很高。一段文本可能有很多不同的方式可以匹配一个复杂的模式，并且需要一段时间来检查它们。实际上，甚至将正则表达式本身编译为可用计算的数据结构的过程也需要一段时间。

4.6.1　正则表达式语法

从一个非常简单的正则表达式开始："ab*"。这意味着该模式恰好是字母"a"的出现，后面是一些数字（可能是 0）"b"，"*"意味着任何字母在其之前的重复出现。在字符串"abcd abb"中，该模式出现两次：有初始的"ab"和最后的"abb"。

这里遇到了正则表达式的第一个微妙点：如何选择要找到的匹配项？开始时的"ab"是匹配的，因为它是一个"a"，然后是一个"b"。但从技术上来说，这个"a"本身就是一个匹配，它只是一个零"b"，而不是一个匹配。在这种情况下，是否能找到所有可能的匹配，即使它们重叠？如果只想要不重叠的情况，如何选择？一般的答案是从文本的最左侧开始，找到最大可能的匹配。然后从文本中删除，并从剩余的文本中找到最大可能的匹配项等。这被称为"贪婪"方法，有时想重写它，但它们通常并不常见。

从性能的角度来看，贪婪的解析是非常棒的，因为它需要一次传递一段文本，并且通常只需要将它的一小部分保存在存储器中。正则表达式效率低下，但这对解决问题很重要。在许多应用程序中，匹配将在找到结果时返回，整个解析器作为一个巨大的迭代器。特别是对于预计会有很多情况产生的大片文本，这是最有效的方式。迭代器返回的匹配对象包含多条信息，例如匹配字符串本身及其开始 / 结束索引。但是，在作者自己的工作中，通常最终使用的是简单的方法，只是将所有匹配返回为字符串列表，而不是 Match 对象的迭代器。

现在看看可以指定的一些更复杂的模式类型（见表 4.1）。

表　4.1

模式类型匹配	正则表达式	举例	说明
固定的字符串	abc123	abc123	"abc123" 不包含特殊字符，所以它只是一个要匹配的字符串
任意重复	a*b	b ab aaab	"*" 表示可以拥有前一个字符的任意数字
至少重复一次字符	a+b	ab aaaab	
至多重复一次字符	a+b	b ab	
重复一个固定字符的次数	a{5}	aaaaa	
重复一个固定模式的次数	(a*b){3}	baabab Ababaaaab	
重复一个字符或模式的次数	a{2,4}	aa aaa aaaa	请注意，范围是包容性的
几个字符的选择	[ab]c	ac bc	括号表示可以在括号内有任何单个字符
几个字符的任意混合	[ab]*c	c aac abbac	在这种情况下，* 应用于整个 [ab] 表达式
角色的范围	[A-H][a-z]*	Aasdfalsd Hb G	[A-H] 是从 A 到 H 的字符的简写。可以用数字做同样的事情
其他字符不是特定的字符	[^AB]	C D	^ 作为 [] 中的第一个参数意味着匹配任何不在该组中的字符。如果 ^ 不是第一个字符，那么它没有特别的意义
几个表达式的选择	Dr|Mr|Ms|Mrs	Dr Mr Ms Mrs	这里可以选择
套表达式	([A-Z][a-z][0-9])*	A AzSDFcvfg	匹配任何字母数字字符串。在 Python 语言中，\w 是这个的简写
开始行	^ab		匹配在文本开头或换行符后出现的任何 "ab"

（续）

模式类型匹配	正则表达式	举例	说明
结束行	ab$		匹配文档末尾或换行符后面的 "ab"
特殊字符	\[	[	如果想在自己的模式中包括一个特殊字符，可以用 \ 来转义它
任何字符，除了换行符	.	A * _	
非贪婪评估	<.*>?	\<h1> </h2> name="foo">	这表明它找到最短的路径，而不是最长的路径
空白	\s		匹配任何空格字符，如空格、制表符或换行符

还有其他的，正则表达式语法在语言和库之间可能会有所不同，但是这些应该足以让读者开始。

不同的情况值得需要一些特别的解释。假设有以下 XML 数据：

<name>Jane</name><name>Bob</name>

人们希望找到名称字段，可能会尝试使用正则表达式：

<name>.*</name>

但是最终会匹配整个字符串。这是因为中间的 "</ name><name" 与 ".*" 相匹配。而正则表达式是尽量匹配尽可能多的文本。如果说

<name>.*?</name>

那么会得到这两个匹配，因为它试图匹配 ".*" 的尽可能少的文本。

Python 语言的实现需要一个称为 re 的相对轻量级的库。以下 Python 语言代码显示了如何读取文件并使用正则表达式来查找街道地址。这并不是最完美的解决方案，但它会流畅地完成这项任务：

```
import re
# 它匹配 "1600 Pennsylvania Ave."
# 它不匹配 "5 Stony Brook St"
# 因为 "Stony Brook" 中有一个空间
street_pattern = r"^[0-9]\s[A-Z][a-z]*" + \
    r"(Street|St|Rd|Road|Ave|Avenue|Blvd|Way|Wy)\.?$"
# 如上所述，它假设镇名没有空间
city_pattern = r"^[A-Z][a-z]*,\s[A-Z]{2},[0-9]{5}$"
address_pattern = street_pattern + r"\n" \
    + city_pattern
```

```
# 将字符串编译为正则表达式对象
address_re = re.compile(address_pattern)
text = open("some_file.txt", "r").read()
matches = re.findall(address_re, text)
# 匹配的所有字符串的列表
open("addresses_w_space_between.txt",
    "w").write("\n\n".join(matches))
```

应该注意以下关于该段代码的内容：

1）它非常强大！这只是几行，但它正在做一个非常复杂的任务。

2）它是有局限性的。人眼可以发现的地址有很多特征，这些特征会避开这个正则表达式。它不会处理公寓号码、多字街道名称，甚至是"第 32 街道"。可以在发现这些问题时修补这些问题，但会使代码变得笨拙。

3）通过在开头引语前面加上 r 来声明字符串是"raw strings"。

最后一件事情是在 Python 语言中使用正则表达式时的一个实际措施，因为使用转义字符 \ 会造成很多问题。如果说

```
pattern = "\n"
my_re = re.compile(pattern)  # 试图匹配一个新行
```

并没有做想做的事。名为 pattern 的字符串是一个单字符字符串，由换行符组成。但是 re.compile 需要两个字符的字符串：第一个字符是斜杠；第二个字符是 n。相反，可以说

```
# 区分另一个斜杠
slash_pattern = "\\n"
# 这符合换行符
newline_re = re.compile(pattern)
```

但是，如果想要在人们正在寻找的模式中加入斜杠字符，这就会变得非常难以处理。匹配单斜杠的模式将是"\\\\"。

将 r 放在 Python 语言引号之前会创建一个"raw strings"，这意味着引号的确切内容就是字符串。实际上就这么简单。

4.7 数据科学战壕中的生活

这是一个相当短的章，因为关于数据清理并没有太多的说明能很好地概括。从很多方面来说，这是数据科学中无聊的部分，必须付出代价才能将事物转化为可以提出真实问题的格式。

与此同时，这是一项智力挑战和解决问题的活动，通常比分析本身更重要。在许多数据科学项目中，只需大量的侦测工作和编码才能将数据转化为干净的表格形式，但在此之后，所做的只是一条线或一些同样微不足道的东西。

数据清理代码是数据科学模糊生产编码的领域之一。如何从数据中提取特征或运行哪些分析，有很多创造性和实验的空间。一般来说，清理数据只有一种"正确"方式，代码往往会被写入一次，然后在不同分析中迭代和在特征提取之间重复使用。

一旦理解了数据本身并编写了清洁脚本，就开始理解它所描述的世界了。这是可视化和探索性分析的世界。

4.8　术语

正则表达式　一种特定的字符串可匹配的一般模式的方法。正则表达式的使用可能会很繁琐，但它们非常强大。

字符串格式　在 Python 语言和许多其他语言中将内容插入到模板字符串中的一种很好的方式。

第 5 章
可视化与简单度量

    数据科学可交付成果的经验法则是，如果没有图像，那么做错了。通常，一个好的分析项目开始（在清理和理解数据之后）是以探索性可视化来帮助人们进行假设并获得对数据的感受，并精心修饰图形，从而使最终结果在视觉上显而易见。真正的数字运算隐藏在中间，有时几乎作为旁白。作者有很多项目，甚至没有任何实际的机器学习：人们需要知道数据中是否存在信号，以及哪些方向最有希望用于进一步的工作（这可能包括机器学习），图形显示得比数字更清晰。

    这个事实在数据分析社区之外是被低估的。许多人认为数据科学家是一个数字化的坏蛋，在命令行中使用黑色魔法。但这并不是人类大脑处理数据、产生假设或开发对某个区域的熟悉程度的方式。除了统计验证结果的最后阶段，图像是计划 A-C 的一切。作者经常开玩笑说，如果人类能够在 1000 个维度上让事物可视化，那么一个数据科学家的工作将完全由生成和查看散点图组成。

    本章将带读者了解几个最重要的可视化方法。读者之前可能已经看过大部分内容，但重新审视基本内容总是很好的。本章还将介绍一些探索性指标（如相关性），这些指标以粗略的数字形式捕捉一些清晰的视觉模式。本章未涉及许多技术，读者将很好地学习它们。不过，作者的经验是，这些核心部分将涵盖读者的大部分需求。强烈建议读者选择的编程语言中记忆基本可视化的语法。特别是在探索性分析中，能够通过各种方式查看数据而不需要查阅语法的参考资料，这一点很有用。

    但是仍然需要数字，有两个原因：

- 眼睛可能会欺骗大家，所以有一个冷硬的统计数据也很重要。
- 通常，没有时间去筛选所有可能的图像，需要一些方法来给它加上一个数字，这样计算机就可以自动做某种决定（即使这个决定只是那些值得花时间去看的图像）。

    除了可视化技术，本章还将介绍一些标准的统计指标，这些指标试图以数字形式捕捉可以从图像中获得的某些含义。

5.1　关于 Python 语言可视化工具的说明

Python 语言的主要可视化工具是一个名为 matplotlib 的库。虽然 matplotlib 功能强大且灵活，但它可能是 Python 语言技术堆栈中最薄弱的一环。这些图片可能有些卡通，在某些方面，语法不直观而且交互性（放大等）存在一些未被解决的问题。大多数外观问题可以通过调整图形的配置来解决，但默认设置并不好。

作者坚持使用 matplotlib 来配合本书，是因为它是迄今最标准的工具，对大多数数据科学家来说已经足够了（尤其是如果学习了一些可以使绘图看起来更漂亮的方法），并且它与其他库集成得很好。但还有其他的库正在不断取得进展，尤其是基于浏览器的库，如 Bokeh 和 Plot.ly。

本章中的示例代码将尽可能使用 Pandas 库，然而 Pandas 库的可视化是一个 matplotlib 的包装，有时必须直接使用 matplotlib。通常情况下，通过调用 Pandas 对象上的 plot() 方法来制作图像，并且 Pandas 将所有图像格式设置为底层，然后可以用 matplotlib 下的 pyplot 模块来设置标题以及显示图像或将其保存到文件中的最终行为。

5.2　示例代码

为了说明本章讨论的可视化技术，将它们应用到著名的 Iris 数据集中，读者可能会在统计学教科书中看到这些数据集。它描述了从 3 种不同种类的鸢尾花中提取花卉标本的物理测量结果。有 150 个数据点，每个物种有 50 个数据点，每个数据点给出花瓣和萼片的长度和宽度。

以下代码为本章中的所有示例代码设置了阶段。它导入相关的库并创建一个 DataFrame，其中包含样本数据集（内置 scikit-learn）：

```
import pandas as pd
from matplotlib import pyplot as plt
import sklearn.datasets
def get_iris_df():
  ds = sklearn.datasets.load_iris()
  df = pd.DataFrame(ds['data'],
    columns = ds['feature_names'])
  code_species_map = dict(zip(
    range(3), ds['target_names']))
  df['species'] = [code_species_map[c]
    for c in ds['target']]
  return df
df = get_iris_df()
```

5.3　饼图

"可怜的饼图"，作者觉得从来没有看到它用在"严肃"的应用程序中，就好像是它被认为得太简单一样。但饼图实际上是展示数据最清晰的方式之一，建议在适当的情况下使用它们。从技术上讲，从饼图中得到的所有东西都可以通过查看数字列表来获得同样的数据，但是理解数字就需要认知和关注力。另一方面，较低级别的神经网络会直接理解饼图，这也许是所有可视化背后的指导原则最清晰的例证：它不是传递信息，而是传达人类大脑理解和关心的方式。

在作者自己的工作中，从饼图中获得的最多的好处是在对数据集进行探索性分析时（有多少用户是老年人？有多少网页浏览量来自美国？）或是在传达二元分类器的结果时。

使用 Pandas 生成基本饼图的代码非常简单：

```
sums_by_species = df.groupby('species').sum()
var = 'sepal width (cm)'
sums_by_species[var].plot(kind='pie', fontsize=20)
plt.ylabel(var, horizontalalignment='left')
plt.title('Breakdown for ' + var, fontsize=25)
plt.savefig('iris_pie_for_one_variable.jpg')
plt.close()
```

它会产生如图 5.1 所示的图。

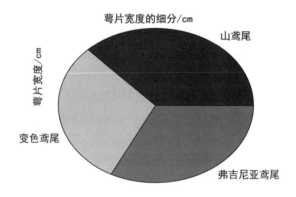

图　5.1

请注意，一些文字重叠。如果使用默认设置，这样的小事情可能发生在 matplotlib 中，并且如果希望图像看起来更直观，通常需要调整图像的配置。

图 5.1 是通过在 Pandas Series 对象上调用 plot() 方法创建的，该对象的索引提供了花朵种类。如果在多列 DataFrame 上调用它，可以在同一个图中为每列生成不同的图像：

```
sums_by_species = df.groupby('species').sum()
sums_by_species.plot(kind='pie', subplots=True,
layout=(2,2), legend=False)
plt.title('Total Measurements, by Species')
plt.savefig('iris_pie_for_each_variable.jpg')
plt.close()
```

这段代码将给出如图 5.2 所示内容。

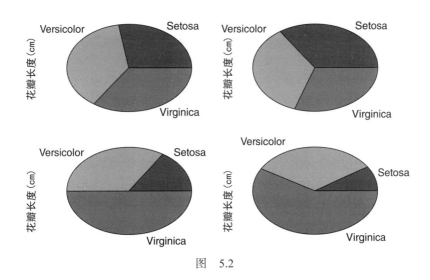

图　5.2

5.4　柱状图

饼图中的相同信息同样可以在柱状图中传达。在这个特殊情况下，这实际上是一个更明智的可视化，因为人们感兴趣的是不同花朵的相对大小，而不是它们每个花朵的大小。下面的代码

```
sums_by_species = df.groupby('species').sum()
var = 'sepal width (cm)'
sums_by_species[var].plot(kind='bar', fontsize=15,
rot=30)
plt.title('Breakdown for ' + var, fontsize=20)
plt.savefig('iris_bar_for_one_variable.jpg')
plt.close()
sums_by_species = df.groupby('species').sum()
sums_by_species.plot(
    kind='bar', subplots=True, fontsize=12)
plt.suptitle('Total Measurements, by Species')
plt.savefig('iris_bar_for_each_variable.jpg')
plt.close()
```

将产生以下可视化效果图（见图 5.3 和图 5.4）。

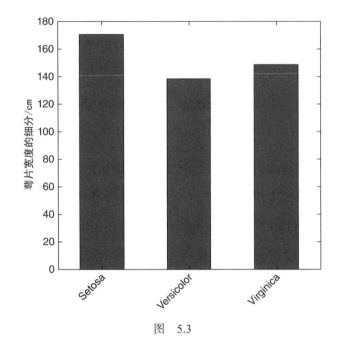

图 5.3

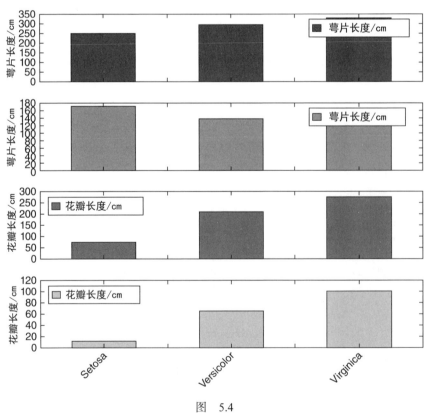

图 5.4

请注意以下 Python 语言的绘图语法，调整一下图形的外观：

· "font size"可选参数控制一段字体的大小。默认情况下它通常很小。

· "rot"可选参数允许旋转文本。

· 使用 suptitle() 给出整个图的标题，Pandas 库将通过默认标记每个子图与其在 DataFrame 中被绘制的相应列。

如果想让这些图看起来非常直观，还有其他可用的方法。

5.5　直方图

直方图可能是作者个人最喜欢的可视化工具，部分原因是它通常包含一些有趣的东西。直方图中通常有不同的起伏，这可能对应于几个不同类别的现实世界实体。读者可以了解是否存在少数几个明显的离群值、人口中有多少变化等。直方图几乎总是一件有意义的事情，它适用于浮点值或整数，与散点图不同，只需要一个数字域即可。

以下代码将为所有列生成直方图，并将它们放在一个图中：

```
df.plot(kind='hist', subplots=True, layout=(2,2))
plt.suptitle('Iris Histograms', fontsize=20)
plt.show()
```

最终直方图如图 5.5 所示。

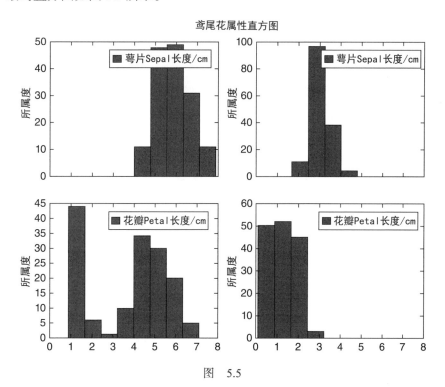

图　5.5

这里看到的是花瓣的长度有明显的双峰分布，这表明这一物种几乎拥有更长的花瓣。可以通过单独绘制每个物种的图来确认这一点，但是在相同的坐标轴和不同的颜色上：

```
for spec in df['species'].unique():
  forspec = df[df['species']==spec]
  forspec['petal length (cm)'].plot(
    kind='hist', alpha=0.4, label=spec)
plt.legend(loc='upper right')
plt.suptitle('Petal Length by Species')
plt.savefig('iris_hist_by_spec.jpg')
```

它产生如图 5.6 所示的图。作者知道读者看不到拿着的书的颜色，但可以确定的是左边的高峰只是鸢尾花的种类。

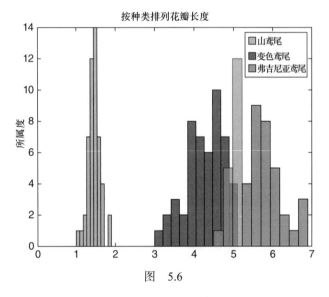

图　5.6

直方图有两个大问题。第一个是使用的数据集的数量和大小。如果数据集太大，那么可以忽略单个存储区内出现的杂乱图案。如果它们太小，那么许多纵向条形将不包含任何点，钟形曲线将变成一堆单位高的条形框。

第二个问题是有时数据可能会损害图像。例如，可能有一个纵向条形包含这么多点，每个其他纵向条形都压扁到看起来像噪声。例如，在 0.00 时可能会有一个巨大的峰值，必须在绘制直方图之前过滤掉这些点。

另一个视觉问题是离群值，它可以将绝大多数点落到图的最左侧。在某些情况下，处理起来非常简单：有一些极端异常点，需要做的就是过滤掉这些点。这些点是畸变，在绘制出图形之前删除它们是有意义的。

但根据作者的经验，通常并不那么简单。不是为数不多的异常值，通常会有较多的异常值，代表数据中非常真实的现象。可以将数据集中的部分尾部切掉，以便更清晰地显示可视化对象，而且可能必须这样做，但这样做会切断非常真实有意义的信号。并没有抛出几个明显的畸变点；选择了一个更少的任意阈值，并且只能看到低于它的那部分数据集。

5.6 均值、标准差、中位数和分位数

当然，有时候，必须将一个分布总结为几个数字。通常，这些总结是基于假设数据分布是钟形的，而目标是了解钟的顶点在哪里以及它的分布范围。在这种情况下，有两个主要选择：

1）给出均值和标准差。这些是历史上比较流行的指标，而且它们更容易计算。

2）给出中位数，第 25 百分位数和第 75 百分位数。这些指标在数据中根据有鲁棒性，但它们在计算时成本更高（因为必须对列表进行排序）。

它们的计算方法如下：

```
col = df['petal length (cm)']
Average = col.mean()
Std = col.std()
Median = col.quantile(0.5)
Percentile25 = col.quantile(0.25)
Percentile75 = col.quantile(0.75)
```

即使数据在分布中有多个峰值，这些数字仍然存在，但它们通常的直观解释会失效。

值得讨论的另一个异常状态是数据中的异常离群点。这对于中位数和分位数不是一个大问题，但它会影响均值和标准差。如图 5.7 所示，其中用对数正态分布模拟数据（对数正态分布容易出现异常值），制作直方图，并将平均值绘制为竖直虚线。少数非常大的异常值已将平均值拉到了分布中实际峰值的右侧。

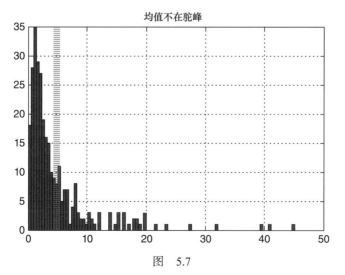

图 5.7

异常值使得对平均值的直观解释变得非常困难，但事实上，情况甚至更糟。对于现实世界的分布，总是存在一个平均值（严格地说，可以定义没有均值的分布，但它们不现实），当取数据点的平均值时，试图估计平均值。但是，当存在大量的异常值时，仅仅一个数据点可能支配平均值和标准偏差的值，因此甚至需要更多的数据来估计均值，更不用说理解了。

一个常见的解决方案是，在计算均值之前，抛出被认为是异常值的所有数据点：一个通用标准是低于第 25 百分位或高于第 75 百分位。可以这样做，如下：

```
col = df['petal length (cm)']
Perc25 = col.quantile(0.25)
Perc75 = col.quantile(0.75)
Clean_Avg = col[(col>Perc25)&(col<Perc75)].mean()
```

这种解决方法对应于这些异常值是问题数据点的观点，如果试图了解潜在的现象，这些数据点应该被丢弃。例如，如果正在处理来自物理传感器的测量结果，它们可能是由硬件故障引起的。但在其他情况下，例如交易中的金钱数量，异常值是非常重要的数据点，不能被丢弃。

中位数也不完美。在存在异常数据的情况下，或者甚至只是一个不平衡的钟形曲线，它会从钟形曲线中的驼峰移开。如果扰乱了异常值，中位数也完全不会改变，然而它仍然保持其用户友好的含义：一半的价值更大，一半更小。

就个人而言，如果想知道什么是"典型"，通常会使用中位数，但如果从商业角度来看，真正关心的是平均行为，那么会使用平均值。

5.7 箱式图

箱式图是一种通过显示每个变量的中位数、分位数和最小 / 最大值来总结数据集的简便方法。以下代码片段为鸢尾花数据集中的每个物种制作了萼片长度的箱式图，箱式图明显地表明 3 种物种彼此不同（见图 5.8）：

```
col = 'sepal length (cm)'
df['ind'] = pd.Series(df.index).apply(lambda i: i% 50)
df.pivot('ind','species')[col].plot(kind='box')
plt.show()
```

箱式图的一个优点是主要离群值在视觉上非常明显。图 5.9 所示是在 5.6 节中将直方图放入数据的箱式图。

请注意，与低分位数相比，上位分位数离中位数要远得多，对于最小值和最大值，效果更加明显。如果只是使用直方图，则异常值可能会显示为尾部厚度的略微增加。

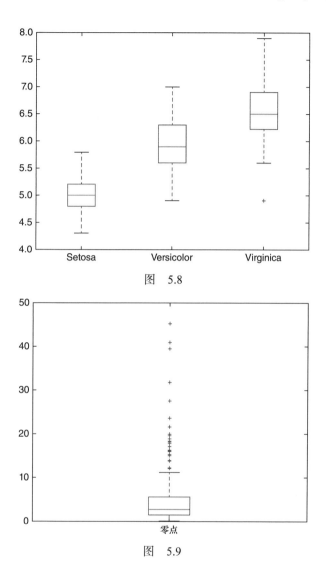

图　5.8

图　5.9

5.8　散点图

作者经常开玩笑说，如果人类可以在任意维度上看到事物，那么所有的数据科学工作都将包括制作和解释散点图。根据作者的经验，它们是将数据集中的关系进行可视化的最简单却最强大的方法之一，所以当在寻找新项目中寻找自己的立足点时，它们是很好的第一步。

一个简单的散点图很容易在 Python 语言中生成：

```
df.plot(kind="scatter",
    x="sepal length (cm)", y="sepal width (cm)")
plt.title("Length vs Width")
plt.show()
```

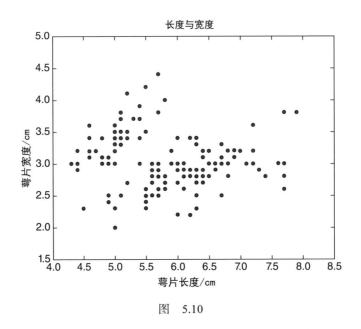

图 5.10

除了基本的绘图外，散点图还可以包含其他一些附加的功能，这不仅允许填充两个维度，还包括以下内容：

• 颜色编码。通常情况下，属于不同类别的数据点会被赋予不同的颜色。也可以连续使用颜色，例如红色和蓝色的不同混合。

• 大小。与颜色编码类似，更改数据点的大小传达另一维度的信息。它也有一种可取的能力，将注意力集中在某些点上而不是其他点上。

• 不透明度。在散点图和其他可视化中，如果事物与可视化的其他部分重叠，使事物变得部分透明通常很有用。

在对数据集进行探索性分析时，这些参数通常很有用，但当将最终可视化放在一起用于最终报告和演示文稿时，这些参数尤其具有吸引力。

如果要用 Python 语言控制图的格式，可以通过将可选参数传递给 scatter() 函数来完成。人们最感兴趣的如下：

• c：指示用于制作点的颜色的字符串。如果点的颜色不同，也可以传递一系列这样的字符串。

• s：每个点的大小应以像素为单位，或者可以传递一系列尺寸。

• marker：一个字符串，指示应该在图中使用哪个标记。

• alpha：透明度。

```
plt.close()
colors = ["r", "g", "b"]
markers= [".", "*", "^"]
```

```
fig, ax = plt.subplots(1, 1)
for i, spec in enumerate(df['species'].unique() ):
  ddf = df[df['species']==spec]
  ddf.plot(kind="scatter",
    x="sepal width (cm)", y="sepal length (cm)",
    alpha=0.5, s=10*(i+1), ax=ax,
    color=colors[i], marker=markers[i], label=spec)
plt.legend()
plt.show()
```

从图 5.11 中可以很清楚地看到，鸢尾花的不同之处是明显较长和较窄的萼片。

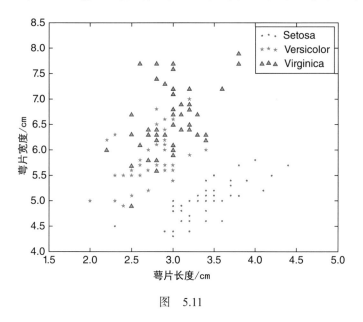

图　5.11

5.9　对数轴线散点图

散点图的一个关键变化是使用对数轴。在许多应用中，被绘制的数字都是正数（或者至少是非负数），但是它们可以按数量级变化。如果正在查看一系列网站的流量，可能会发生这种情况，其中一些网站会比其他网站或个人收入获得更多的浏览量。在诸如此类的数据散点图中，除了最大的数据点，所有数据点都将被压缩到一边，使得该图基本上不可读。

下面是使用 scikit-learn 数据集的一个很好的例子。作者正在制作一个社区犯罪率的散点图，并将其与房价中值进行比较：

```
import pandas as pd
import sklearn.datasets as ds
import matplotlib.pyplot as plt
# 制作 Pandas 数据帧
```

```
bs = ds.load_boston()
df = pd.DataFrame(bs.data, columns=bs.feature_names)
df['MEDV'] = bs.target
# 正常散点图
df.plot(x='CRIM',y='MEDV',kind='scatter')
plt.title('Crime rate on normal axis')
plt.show()
```

请注意，几乎所有的数据点都被压缩到左边，这使得除了最高犯罪率的街区外的所有图形都难以读取。相反，可以做出 x 轴对数，如下：

```
df.plot(x='CRIM',y='MEDV',kind='scatter',logx=True)
plt.title('Crime rate on logarithmic axis')
plt.show()
```

这两个代码片段将创建如图 5.12 和图 5.13 所示散点图。

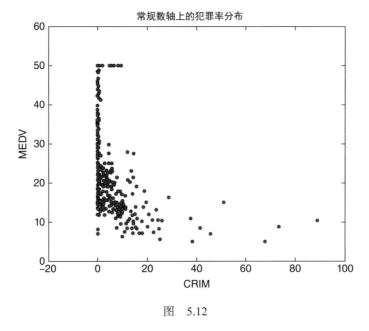

图 5.12

在图 5.13 中，x 轴上的刻度线是不规则的。它们在图中均匀分布，但是它们对应于左侧数字的微小变化，右侧是大数字。这样做的效果就是当缩小右边部分时，就把原来的图形扩大到左边，通过这种重新调整，可以看到犯罪率与各级犯罪中存在的房屋中值之间存在明显的反向关系。

在数学上，通过获取原始数据的日志并使用它来确定放置点的位置来制作对数图。需要注意的是，对数图只在所有值大于 0 时才起作用。例如，在许多情况下，如果要计数事件，则数据可以为 0，但保证不会为负。在这种情况下，通常只需将数据和图加 1 即可。但在数据可以任意为负的情况下，对数图不适用。

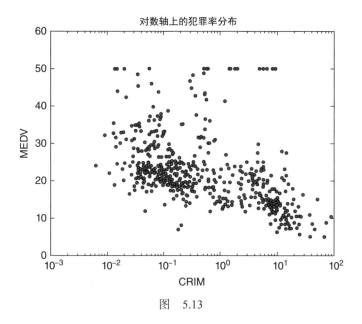

图 5.13

5.10 散点阵列图

散点图最大的问题是经常有许多不同的变量进行比较，并且人类可视化能力在 3 个维度上达到极限。对此的部分解决方案是作一个散点图，比较每对特征，将它们排列在所谓的"散点矩阵"中，如图 5.14 所示。

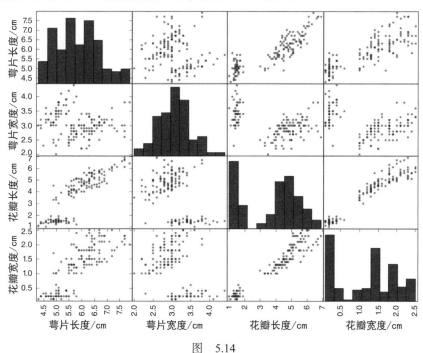

图 5.14

请注意，沿着对角线，有每个特征的直方图，而不是该特征相对于其本身的散点图（这只是一条直线）。

生成该视觉的代码如下：

```
plt.close()
from pandas.tools.plotting import scatter_matrix
scatter_matrix(df)
plt.show()
```

5.11　热力图

散点图的另一个问题是，如果有大量的数据点，它们可能会变得杂乱无章。可以通过减少数据点的大小来改善问题（无论如何，这可能是一个好主意，默认点的大小通常很烦人），但这只是迄今为止。如果许多数据点相互重叠，这是一种特别无用的解决方法，如果数据是整数而不是浮点数，就很容易发生这种情况。最终，散点图变成只是大量的重叠点而没有可见的背景，而且没有办法分辨哪个区域的点多或少。可以使用 alpha 参数来调整点的透明度，以便在有更多重叠时变暗，但这会变得非常笨重。

在这种情况下，实际上并不关心实际点本身。关心的是不同区域中点的密度，正确的可视化方法是热力图（Heatmaps），热力图用颜色表示不同区域的点的相对密度。在一些应用程序（包括 Pandas）中，这些区域是小六边形，它们被称为"六边形"热力图。

用于生成的图如图 5.15 所示，生成热力图的代码如下：

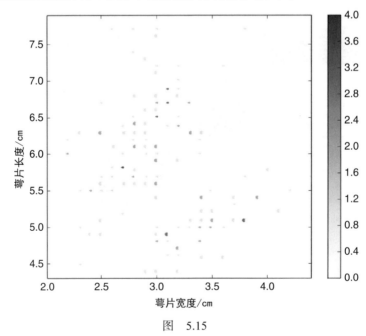

图　5.15

```
plt.close()
df.plot(kind="hexbin",
    x="sepal width (cm)", y="sepal length (cm)")
plt.show()
```

5.12 相关性

如果经常听到"相关性"这个词，则可能是所谓的"皮尔森"（Pearson）相关性。更一般地说，相关性是衡量两个变量 X 和 Y 紧密联系的度量标准，将看到两种主要类型：

1）皮尔森相关。这是正常的，它衡量的是如何准确说出这一点：

$Y = mx + b$

相关系数接近 1 意味着对于某些 b 和某些 m > 0，这个方程是一个很好的拟合。如果相关性接近 –1，那么它意味着同样的事情，除了 m 是负数。请注意，假设线性关系非常严格。如果 Y = Sqrt [X]，它们仍然一起上下移动，但它们的相关性小于 1。

2）序列相关性。这不会假设 X 和 Y 具有线性关系，它只是将它们的关系建模为单调：如果用 X 值（比如某人的身高）对数据点进行排序，那么按照 Y 值（比如某人的体重）对它们进行排序就可以得到相同的顺序吗？高个子往往是较重的人？这里会看到两种主要的序数相关类型：Spearman 和 Kendall。

Pandas 的相关性可以简单地计算如下：

```
>>> df["sepal width (cm)"].corr(
    df["sepal length (cm)"])  # Pearson corr
-0.10936924995064937
>>> df["sepal width (cm)"].corr(
    df["sepal length (cm)"], method="pearson")
-0.10936924995064937
>>> df["sepal width (cm)"].corr(
    df["sepal length (cm)"], method="spearman")
-0.15945651848582867
>>> df["sepal width (cm)"].corr(
    df["sepal length (cm)"], method="spearman")
-0.072111919839430924
```

没有一个相关性衡量两个变量的相关程度。例如，如果 Y = sin (X)，并且 X 覆盖的范围很宽，那么在某些情况下，它们会一起上升，而在其他情况下它们会下降，并且在 0 附近具有相关性。尝试和更正的最好的方式是绘制它们的关系。

两个序列的相关性彼此相似，并且通常都可以工作。一般来说，Kendall 相关性对于异常数据点更强大，例如如果房间中最高的人也是最轻的。相反，Kendall 对排序中的微小变化非常敏感，这对实际应用往往是无关紧要的：如果房间里最高的人体重只是第二，与 Spearman 相比，Kendall 对这种偏差更为敏感。如果必须选择，作者通常使用 Spearman。

作者经常被问到相关性是否需要"足够强大"的强度。对此的回答完全取决于上下文，不能给出任何绝对的规则。就作者个人而言，当相关性的绝对值达到 0.4 以上时，开始关心。在 0.7 左右，开始谈论如何使用一个变量来可靠地估计另一个变量：有一个严格的意义，这种程度的相关性其中一个变量的"一半变化"可以由另一个变量来解释。任何超过 0.95 的变量，作者认为一个变量基本上是另一个变量的同义词，数据中可能有一些奇怪的地方导致了这种情况。

最后，读者可能听说过很多关于"相关关系不是因果关系"的问题。科学中的黄金标准是受控实验，强行改变一个（而且只有一个）实验参数，然后看看其他参数是如何改变的。严格来说，可靠的授控实验是唯一可以断定一件事情导致另一件事情的安全方法。但特别是在社会学或经济学领域，这通常是不可能的，如果只知道现实世界中有两件事情是相关的，那么就不能严格地得出任何有关因果关系的结论。

如果事物 A 和事物 B 高度相关，那么人类几乎需要说 A 引起 B（反之亦然，无论哪个似乎听起来更合理）。通常情况下，这两者都不是真的，作者希望他对统计学知识的个人贡献如下：

Cady 的经验法则：如果 A 和 B 是相关的，那么没有一个引起另一个。相反，有一些因素 C 导致它们两者。

如果事物 A 和事物 B 相关，那么试图找出 C 可能是什么。这是在进行探索性分析时产生假设的好方法。

当然，有时还存在因果关系，只需要非常小心地推断它。一个有点敏感的例子是吸烟和肺癌。人们真正知道的是吸烟与患癌有关。从纯粹的统计学角度来看，一些人有可能患有潜在的肺部疾病，使他们容易患上癌症，并且还容易患上尼古丁成瘾。在这种情况下，必须充分利用生物学和医学知识，这就为因果关系如何运作提供了令人信服的机制。这不是严格的统计确定性，但仍然可以得出一个科学结论。这是作者最喜欢的例子之一，关于如何将严谨的数学与常识和领域专业知识相吻合。

5.13 Anscombe 四重奏与数字极限

作者已经多次提到过汇总指标的局限性以及数据集的重要特征可以被它们掩盖的事实。有一个名为 Anscombe 的四重奏的著名的数据集，可以说明这一事实。

图 5.16 显示了 Anscombe 的 4 个数据集作为散点图，以及它们的最佳拟合线。在这 4 个数据集中，x 和 y 具有完全相同的平均值和标准偏差。此外，x 和 y 之间也有相同的相关性，最佳拟合线相同。

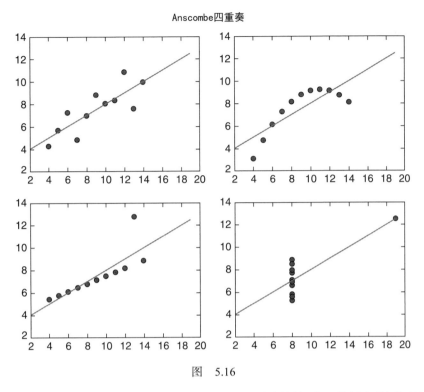

图　5.16

图 5.16 的前两个图显示了 x 和 y 之间很不相同的关系：线性却混乱以及非常清晰的非线性。其他图显示了异常值可能产生的巨大影响，要么放弃最合适的参数，要么当真的没有一个合适的参数时，就选择一个相对合适的参数。

5.14　时间序列

时间序列数据是世界上最重要的数据类型之一，涵盖从股票价格、网站流量到血糖水平的所有信息。随着传感器的使用越来越普遍，这种重要性只会增加。也许令人惊讶的是，时间序列分析是数据科学家们往往不擅长的事情之一：有大量的时间序列技术应用于工程，这很常见，但这（大部分是出于历史原因，作者认为）并没有真正渗透到数据科学界。作者会在后面详细讨论时间序列数据的分析，但现在只想谈谈关于可视化技术的几点。

第一点也是最重要的事情就是可视化的重要性。Anscombe 四重奏表明，依靠汇总统计可能是危险的，但合理的钟形曲线在现实世界中已经足够普遍，以至于经常可以摆脱它，但是对于时间序列来说，没有什么可以替代绘图。相关的模式可能最终是一个尖尖的尖峰，然后是一个平缓的锥形下降，或者也许有奇怪的高原。可能需要过滤掉噪声峰值，一个很好的方法如下：均值和标准偏差是基于这样的假设，即数据遵循漂亮的钟形曲线，但对于时间序列数据没有相应的"默认"假设（至少不适用于任何频率），因此必须始终查看数据以了解什么是正常的。

下面是 Python 语言中时间序列图的一个简单示例。不幸的是，没有一个内置 scikit-learn 的时间序列数据的好例子，所以从另一个名为 statsmodels 的库中抽取了一个数据库，它描述了多年来大气中 CO_2 浓度的测量结果，如图 5.17 所示。

```python
import statsmodels.api as sm
dta = sm.datasets.co2.load_pandas().data
dta.plot()
plt.title("CO2 Levels")
plt.ylabel("Parts per million")
plt.show()
```

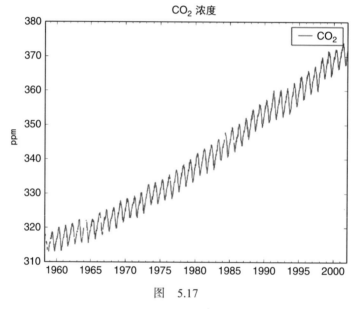

图　5.17

注：1ppm=1×10^{-6}。——译者注

在此数据集中，DataFrame 的索引设置为 datetime 类型。在这种情况下，Pandas 足够聪明，可以在 x 轴上进行一些非常用户友好的格式化。

可以从图 5.17 中看到 CO_2 在一年的周期内波动，并随着时间的推移而整体上升。但是除非已经熟悉有关 CO_2 的科学，否则无法预知这种先验性。图像数据是也是一样的，有大量的信息，并且没有关于如何从中提取特征的先验知识，但这些模式对人眼来说显而易见。

当探析时间序列数据，在找出要预期的模式时，能够放大和缩小非常有用。作者经常放大一个尖峰，但发现它实际上是一个短暂的高原。或者，在当定睛观看时，看起来立即下降变成了指数衰减。

在某些情况下，可能不仅要绘制数据本身，还要绘制数据的日志（或者也可以绘制对数坐标）。这很有意义，例如长期股票价格的行为：价格上涨 10％看起来同样令人印象深刻，这很好，因为它与投资回报同等相关，不管起始价格是 1 美元还是 20 美元。

如下代码就是一个很好的例子，这段代码将 2000 年以来谷歌公司股票的价格绘制在正常和对数坐标轴上：

```
import urllib
import matplotlib.pyplot as plt
import pandas as pd
import numpy as np
# 从 Web 获取原始 CSV 数据
URL = ("http://ichart.finance.yahoo.com/" +
    "table.csv?s=GOOG&c=2000")
dat = urllib.urlopen(URL).read()
open('foo.csv','w').write(dat)
# 将 DataFrame、w 时间戳作为索引
df = pd.read_csv('foo.csv')
df.index = df['Date'].astype('datetime64')
df['LogClose'] = np.log(df['Close'])
df['Close'].plot()
plt.title("Normal Axis")
plt.show()
df['Close'].plot(logy=True)
plt.title("Logarithmic Axis")
plt.show()
```

从正常情况来看，谷歌公司的股票价格在 2005 年和 2013 年都出现了大幅增长。事实上，这是按美元绝对值计算的。但是对数图显示，2005 年的涨幅更显著，因为涨幅相当大。

另一个常见的情况是，有很多不同的时间序列，正在寻找某种共享模式。将它们全部绘制在同一个图上（因为可能在对它们进行标准化后，它们都处于相似的规模）是实现此目的的有效方法。如果有太多，这会变得混乱，可以做的是绘制中位数和分位数。这使得很难看到单个序列的正常情况，但能很好地了解它们如何整体运动，或者可以绘制分位数并将它们与实时序列的一个小样本的图叠加起来。

而且在许多应用中，不仅要考虑时间序列数据本身，还要考虑将其转换到频域中。如果正在测量心率、温度或任何有合理期望的周期性的东西，那么进行傅里叶变换（如果读者不熟悉这些变化，请参阅后面的内容），将信号分解成分量频率，这些对人们来说都是非常有帮助的。

另外，还应该记住直方图等工具。特别是在噪声很大的数据中，很难直观地理解，并且这些直方图的值可以提供有关时间周期的总结（见图 5.18）。请记住，对于许多应用程序来说，可视化只是达到目的的一种手段，这也是如何提取有意义的特性以插入机器学习模型的灵感。一些如时间周期中的中值是非常合理的特征。

图　5.18

5.15　延伸阅读

1）Janert, P, Data Analysis with Open Source Tools, 2010, O'Reilly Media, Newton,MA。

2）Pandas:Python Data Analysis Library,viewed 7 August 2016,http://pandas.pydata.org/。

3）Matplotlib 1.5.1 Documentation,viewed 7 August 2016,http://matplotlib.org/。

5.16　术语

Kendall 相关性　一种序数相关性度量，对总体异常值具有相当的鲁棒性，但对等级中的微小变化高度敏感。

对数图示　一个或两个坐标轴缩放到它们描绘的值的对数的变量，这使得在单个轴上显示非常小和非常大的数字变得更加容易。

非参数相关性　相关性度量不会默认地为两个变量之间的关系假定特定的形式。Kendall 和 Spearman 的相关性就是例子，因为它们只假定关系是单调的。

Pearson 相关性　相关性的通常定义。从技术上讲，$Corr[X,Y] = Cov[X,Y]/(Std[X] * Std[Y])$。

分位数　第 X 个分位数是值 v，使得数据点的一个分数 X 是 $\leq v$，分位数（$1-X$）等于 v。

Spearman 相关性　一种序列相关性的度量，对于排序中的微小变化很有效，但可能会被异常值严重破坏。

第 6 章
机器学习概要

在作者看来，机器学习在技术上是统计学的一个子集。然而从外部看，情况可能并非如此。出于历史原因，机器学习在很大程度上独立于统计学发展，在某些情况下，重新发明相同的技术并给予它们不同的名称，并且在没有统计学家参与的其他情况下创造全新的想法。古典统计数据很大程度上取决于政府处理人口普查数据和农业方面的需求。机器学习在后来发展起来，主要是计算机科学的产物。早期的计算机科学家是由物理学家和工程师组成的。所以 DNA 是完全不同的，这些工具有很大的差异，但最终它们正在解决同样的问题。

"机器学习"已经成为一个涵盖很多不同领域的综合术语，从分类到聚类。因此，作者无法提供一个清晰的定义。然而，几乎所有的机器学习算法都适用于如下共同点：

- 这一切都是使用计算机完成的，利用它们来进行人工难以计算的计算。
- 它将数据作为输入。如果正在模拟一个基于某种理想化模型的系统，那么并没有进行机器学习。
- 数据点被认为是来自某些潜在的"现实世界"概率分布的样本。
- 数据是表格（或者至少可以这样想）。每个数据点有一行，每个特性有一列。这些特性都是数值的、二进制的或分类的。

最后这些属性是真正的亮点。大多数机器学习算法设计为处理几乎所有的表格数据集，但它们只处理表格数据。

表格数据适用于各种数学分析，因为具有 n 行和 d 列的表格可以被视为 d 维空间中的位置。这就是为什么机器学习很容易成为数据科学家可能要做的最复杂的事情。

在大多数机器学习应用中，数据点被认为是从一些潜在的分布中提取的，目标是找到样本中的模式，这些模式告诉人们关于整体分布的一些信息，或者让人们处理其他样本。

第 7 章和后面几章将讨论机器学习的几个主要领域。本章的目的是为读者提供一些关于机器学习的背景知识，以及一些涉及机器学习各个部分的技术。

6.1　历史背景

机器学习部分源于人工智能（AI）运动的最初失败。长久以来，人们非常关注计算机可以用来思考的想法，人们普遍认为，有思想的机器离我们只有几年的时间了。有一个轶事，人工智能的创始人之一 Marvin Minsky 曾指定研究生在暑假期间完成计算机视觉工作。人们正在将人脑想象成一个大的逻辑引擎，并且很多关注点是让计算机模仿人类的逻辑处理。

人工智能失败了（至少相对于它产生的炒作），这在一定程度上是出于对它们学科的尴尬，即"人工智能"这个词在计算机科学界很少被使用（尽管它会重新受到青睐，没有过度炒作）。距离模仿人类的智能还很遥远，部分原因是人类的大脑比单纯的逻辑引擎更复杂。

现在重点已经从创造真正的智能转移到使用计算机来完成历史上人类必须完成的任务了。这包括诸如识别照片中是否有鸟、辨别电子邮件是否是垃圾邮件，还有在时间序列中识别出"有趣的事件"。机器学习建立在使用计算机作为特定的有限情况下人类判断的代理。当然，这样开发的技术可以应用到许多领域，甚至是人类永远无法做出判断的领域，所以机器学习已经发展成为任何数据科学家的标准工具集。

正在使用的工具种类也发生了变化。人工智能传统上采用基于规则的方法，使用逻辑推理来得出结论。机器学习在模型和推理方面更具概率性。

作为最后一点，有些人可能会批评本书的内容不够深入，特别是在深度学习等前沿发展领域。原因很简单：根据作者的经验，数据科学家很少深入研究这些问题。机器学习专家花费大量时间用所有最新技巧改进他们的分类器，但数据科学家倾向于使用现成的分类器，而不是倾力寻找插入它们的好功能。

6.2　监督与无监督学习

有两种主要类型的机器学习，称为监督式和无监督式。

在监督式学习中，训练数据由一些点和与其相关的标签或目标值组成。算法的目标是找出一些方法来估计目标值。例如，可能有几个医疗病人的数据说明他们的血液中有什么，然后他们是否被发现患有癌症。如果想用未来患者的血液样本来评估他们的癌症风险，这是一个监督学习问题。

在无监督学习中，只有原始数据，没有任何特定的东西应该被预测。无监督算法通常用于查找数据中的模式，从而区分其基础结构。尝试将数据集分解成"自然"集群的聚类算法是无监督学习的典型例子。

监督式学习在实际应用中更常见。业务情况通常决定正试图预测的具体事情，而不是广泛的"看看有什么可看的"方法。然而，无监督学习算法经常被用作从数据点中提取有意义特征的预处理步骤，这些特征最终被用于监督式学习。

6.3 训练数据、测试数据和过拟合

迄今为止，机器学习最令人头痛的问题是过拟合问题。这意味着结果对于训练的数据来说看起来很棒，但是在将来不会推广到其他数据上。作为一种极端情况，想象一下医疗病人数据集包含了他们的姓名，而训练过的分类器只记住了每个癌症患者的名字，并据此做出预测。它可以对所有被训练的人进行完美的预测，但对于评估其他人的癌症风险无济于事。

解决方案是训练一些数据并评估其他数据的性能。这可以通过多种方式完成：

• 基本上，随机划分训练和测试之间的数据点。随机性非常重要，以避免无意的偏差源（例如将数据文件的前半部分作为训练数据，而这些数据行可能早已收集）。说实话，这种简单的方法在实践中通常已经足够好了。

• 专门为监督式学习而工作的更奇特的方法称为 k 折叠交叉验证。这里的目标不是测量特定分类器的性能，而是衡量一系列分类器的性能。交叉验证是这样完成的：

– 将数据随机分成 k 个数据子集。

– 在除一个数据集外的所有数据集上训练分类器，然后在没有被训练的数据集上对性能进行测试。

– 重复，选择一个不同的数据集，不进行训练，用于性能的测试。继续执行所有分区，以便为它们分配 k 个不同的训练分类器和 k 个性能指标。

– 取所有指标的平均值。在对这类数据进行训练时，这是对这类分类器"真实"性能的最佳估计。

• 如果对统计数据非常严格，通常会将数据分为一组训练集、一组测试集和一组验证集。只需在最后检查验证集以测试假设和模型的性能。这样做是为了避免一些非常微妙的统计偏差。假设只有测试/训练数据，并且有几种机器学习模型供选择。在这种情况下，当在一个数据集上训练并在另一个数据集上进行测试时，会选择性能最好的一个。但这是对测试数据的一种较弱的训练形式，因为测试数据会影响对模型的选择。验证数据允许把训练过的模型进行真正的测试。

• 不知道它的名字，但用过的另一种方法在很多实际应用中都很棒。通常情况下，模型会定期进行再训练，例如每周都会纳入前一周收集的新数据。在这些情况下，对第 N 周和前几周的所有数据进行训练，然后在第 $N+1$ 周的所有数据上进行测试。人们点击广告的原因可能在那一周时间中发生了一些变化，使模型稍微过时，因此对同一时间段的数据进行测试可能会人为地夸大性能。

6.4 延伸阅读

1）Bishop, C, Pattern Recognition and Machine Learning, 2007, Springer, New York,NY。

2）Scikit-learn 0.171.1 documentation,http://scikit-learn.org/stable/index.html, viewed 7 August 2016,The Python Software Foundation。

6.5　术语

人工智能　试图在计算机程序中模仿人类推理和行为。当人工智能领域没能达到它的大肆宣传时，它就失宠了。机器学习解决了许多类似的问题，但是它使用统计技术而不是基于规则的方法，并且通常不会模仿人类的大脑。

机器学习　对表格数据进行操作的几种技术的一个通用术语。

过拟合　机器学习模型变得如此特别于精确的输入数据，以至于无法推广到其他类似的数据。

监督学习　机器学习，其中有一个特定的目标变量，试图根据每个数据点来预测。

表格数据　按行和数字列排列的数据集。每一行都与某个实体相关联，并且每一列都给出了关于所有实体的一些特征。

测试数据　用于评估机器学习模型表现如何的数据。它不应该参与创建该模型。

训练数据　用于训练机器学习模型的数据。通常不应该在训练数据上测试模型的性能。

无监督学习　机器学习不存在正在尝试预测的特定目标变量。聚类就是一个例子。

第7章
插曲：特征提取思路

在开始具体的机器学习技术之前，首先回到特征提取。机器学习分析的好坏将取决于插入其中的特征。最好的特征是那些详细反映正在学习内容的特征，所以可能需要为问题学习大量的专业知识。然而这里可以提供一些"常见的疑点"：从上下文中提取特征数据的经典方法。这段插曲将回顾其中的几个，并引发一些关于在真实环境中应用它们的讨论。

7.1 标准特征

以下是一些真正经典的特征提取类型，以及它们在现实世界中使用时需要考虑的事项：

· Is_null：最简单、有效的特征之一就是原始数据条目是否丢失，这通常是因为输入为空。例如，也许某些数据不是针对特定工厂生产的小部件收集的。对于人类来说，因为一些人口群体不太可能报告这一数据，所以人口数据可能是缺失的。

· Dummy variables：分类变量是可以采用有限数量值的变量。例如，美国州的一列有50个可能的值。虚拟变量是一个二进制变量，表示分类列是否为特定值。那么可能会有一个二进制列，说明一个州是否是华盛顿州，另一个州是否说是得克萨斯州等。这也称为独热编码，因为数据集中的每一行都有一个状态的虚拟变量只有一个。使用虚拟变量时需要考虑两个重要问题：

1）可能有很多类别，其中一些类别非常少见。在这种情况下，通常选择一些阈值，并且只为更常见的值使用虚拟变量，对于其他值使用另一个虚拟变量，它将是1。

2）通常，只通过查看训练数据来了解可能的值，然后将不得不从其他数据（也许是测试数据）中提取相同的虚拟特征。在这种情况下，必须有一些协议来处理训练数据中不存在的条目。

· Ranks：在一列数据中纠正异常值的直接方法是对值进行排序，而不是使用它们的序号。这有两个大问题：

1）这是一个成本很高的计算，因为整个列表必须进行排序，并且如果数据分布在集群中，则不能并行执行。

2）当涉及测试 / 训练数据时，排名是一个巨大的问题。如果在划分训练 / 测试之前排列所有数据点，那么关于测试数据的信息将隐含在训练数据中：一个巨大的禁止否定。解决方法是给每个测试数据点提供它在训练数据中的排名，但这在计算上代价高昂。

• Binning：与等级相关的两个问题都可以通过选择几个大小相同的直方图仓来解决，这些仓可以放入数据。可能有一个存放低于第 25 个百分点的东西，另一个存放第 25 个百分点到第 50 个百分点的东西等。然后不要按百分比排列数据点，只要说出它们落入哪个位置即可。不足之处在于，这会消除以百分位数级别获得的高分辨率。

• Logarithms：采用原始数字的对数并将其用作特征是很常见的。它抑制了大量的异常值并增加了小值的显著性。如果数据包含任何 0，一般在记录日志之前添加 1 是很常见的。

7.2　有关分组的特征

通常情况下，数据集将包含正在描述的单个实体的多行。例如，数据集可能每个事务都有一行，并且有一列表示已经与之交易的用户，但正在尝试提取有关用户的特征。在这些情况下，必须以某种方式为给定用户汇总各行。这里使用的几个强力聚集指标可能包括以下内容：

• 行数；
• 特定列的平均值、最小值、最大值、均值、中位数等；
• 如果列是非数字的，则它包含的不同条目的数量；
• 如果列是非数字的，则是与最常用条目相同的条目数量；
• 两个不同列之间的相关性。

7.3　预览更复杂的特征

本书中许多更高级的内容将讨论特征提取的奇特方法，以下是一些非常有趣的列表：

• 如果数据点是图像，则可以提取某些与其他图像相似程度的度量。经典的做法是主成分分析（PCA）。它也适用于时间序列数据或传感器测量的数值阵列。

• 可以对数据进行聚类，并将每个点的聚类用作分类特征。

• 如果数据是文本，则可以提取每个单词的频率。这样做的问题在于，它经常提供很多特征，并且可能需要一些其他方法来压缩它们。

7.4　定义待预测功能

最后，值得注意的是，读者可能会发现自己正在提取最重要的特征：正在使用机器学习进行尝试和预测的特征。为了向读者展示这是如何工作的，下面是作者自己职业生涯中的例子：

· 作者必须预测一组网站的流量，然而流量日志被病毒污染，并且过滤掉病毒流量成为一个独立的问题，然后估计清理流量与血肉相连的人类相对应的程度。通过将流量估算值与谷歌公司的流量估算值进行比较，有时候已经结束了，有时候还没有完成，但认为这是与该项目向前推进的良好匹配。

· 作者研究过用户"流失"，即用户在其他地方开展业务。直觉上，"基础事实"是用户心中存在的忠诚感，必须根据他们的购买行为来弄清楚如何衡量。很难区分流失和用户在一段时间内不需要服务。

· 当尝试基于时间序列数据预测事件时，经常需要预测某个事件是否即将发生。这要求决定事件在将来被认为是"即将发生"之前的将来会有多远。或者可以获得一个连续数值的数字，表明在下一个事件之前多长时间，可能会以某个最大值超出以避免异常值（或者可以取对数的时间直到下一个事件，这也会抑制异常值）。

第 8 章
机器学习分类

机器学习分类器是数据科学工具包中至关重要的一部分，然而它们并不像人们理解得那么重要。数据科学大部分的神秘之处来自于这样的想法：将数据倒入一个神奇的黑盒子中（通过一些只有足够聪明的数据科学家才能理解的数学方法）才能了解数据的所有信息并解决业务问题。

现实是更世俗的。正如前面所讨论的那样，要将数据转化为可以输入到黑匣子中的表单，将黑匣子指向正确的问题需要很多精力，还需要更多事情才能得到结果。通常，机器学习黑匣子本身只是一个被调用的库。当然，最好有一些关于分类器如何工作的想法，可以选择更好的分类器来使用，避免常见的陷阱，更好地理解它们的输出，并且理解如何根据需要及时调整。但是训练一个普通的分类器，通常被认为是一件复杂的事情。

本章分为两节：在初步解释之后，8.1 节是一系列关于一些最有用的分类器的快速教程；8.2 节将讨论对它们的准确性进行评分的各种方法。

8.1 什么是分类器，用它可以做什么

机器学习分类器是一个计算对象，它有两个阶段：

• 首先是"训练"。通过训练集进行训练，这是一组数据点和与它们相关的正确标签，并试图了解点如何映射到标签的一些模式。

• 一旦它被训练完毕，分类器就起到一个函数的作用，它接收额外的数据点并输出它们的预测分类。有时，预测将是一个特定的标签，其他时候，它会给出一个连续值的数字，可以被视为特定标签的置信度。分类器有两大用例。第一个是显而易见的，人们有需要分类的东西。在编写代码时，这种情况经常发生，即计算机必须决定向用户展示哪个广告。当计算机没有自主决策时，也会发生这种情况，例如标记一些有血有肉的人去看待：标记潜在的信用卡欺诈事件。

分类器的另一个用例是提供有关底层数据的见解。在作者自己的职业生涯中，这实际上是更常见的用例。作者的用户对于预测某台特定的机器是否会失败并不感兴趣，他们真正想知道的是数据中预测故障的模式，因为这些模式可以帮助他们诊断和修复流水线上出现问题的部分。在这样的情况下，希望在事实之后剖析分类器，提取业务洞察力。这对数据科学家来说是一个有趣的平衡行为，有时候

最精确的分类器是最难让真实世界理解的。

8.2 一些实用的关注点

机器学习分类的整个概念的前提是具有正确标记的训练数据和足够数量来训练分类器的想法，然而这是现实世界经常无法承受的奢侈品。例如，在欺诈检测中，可能会有一套规模适中的手工标记欺诈案件的数据集和大量未标注的数据，只是假设那些没有标签的点是非欺诈性的，这意味着训练数据中的有一个未知部分被错误标记。这不像手工标记的欺诈案件是所有欺诈案件中一个很好的随机抽样，他们代表了迄今为止人们一直在寻找的任何类型欺诈行为。可能很容易出现全新的欺诈类别，在训练数据中，每个类别都被标记为非欺诈。

无论如何甚至是"欺诈"？在很多情况下，必须自己提供训练数据，并且事先不清楚应如何标注。一封关于尼日利亚王子的电子邮件几乎可以肯定是欺诈行为，但如果有人出售"discont Vi@gra"呢？

如果在寻找很酷的模式，而不是分类器本身，经常会做的是从训练数据中删除边缘案例。例如，曾经有一位用户想要了解"用户忠诚度"，并且作者正在撰写一个分类，以确定他们是否会在明年失去一位用户。问题是用户不会宣布他们要离开，他们只是停止使用用户服务，而大多数用户并不是经常使用这些服务。作者所做的就是为用户制定"绝对忠诚"的标准，另一个标准是"绝对不忠诚"。每个"灰色地带"的用户在没有进入这些类别之列的情况下，在进行训练之前就被抛弃了：约占 1/3 的用户。由此产生的分类器工作得非常好。但真正令人兴奋的是，当将其应用于灰色地带用户时，那些被标记为风险较高的用户确实已经接近满足"忠诚度"标准而不是忠诚标准。这表明（不出所料，但让人放心）灰色地带的用户或多或少是其他用户所做事情的极端版本，而不是一些全新类别的人。

这个定义基本事实的问题与数据科学这个长期存在的问题（特征提取）相悖。与多数人的看法相反，如果所给的特征里不包含信息或信号被深深隐藏在特殊而又错综复杂的依赖关系中，任何机器学习分类器都将很糟糕。大部分数据科学归结为充分地理解数据集和应用领域，以便提取有意义的特征。

8.3 二分类与多分类

大多数分类问题具有二元分类：1 或 0，是或否。然而标签通常是一个分类变量，能够取得多个值。有一些分类器算法可以在本地处理这种情况，但其他许多算法都是严格二元的。当使用的是二元分类器，但解决了可能有 k 个标签的问题时，标准解决方案实际上是训练 k 个不同的分类器：每个标签 X 个，将点分类为 X 或其他。

大多数情况下，这些区别都包含在机器学习库中，对于使用这些库的数据科学家来说是不可见的。本章的解释假设分类器都是二元的。

8.4 实例脚本

以下脚本使用之前的鸢尾花数据集，演示了本章将在实际现实环境中讨论的许多主题。它需要几个重要的分类器，训练每个分类器来区分鸢尾花和其他物种，然后在 ROC 曲线上绘制结果（下面马上解释一下，它们是可视化分类器工作原理的工具，见图 8.1）。这里的每一个分类器以及用来评估它们的度量标准都将在本章的后面进行解释。

```python
from matplotlib import pyplot as plt
import sklearn
from sklearn.metrics import roc_curve, auc
from sklearn.cross_validation import train_test_split
from sklearn.linear_model import LogisticRegression
from sklearn.tree import DecisionTreeClassifier
from sklearn.ensemble import RandomForestClassifier
from sklearn.naive_bayes import GaussianNB

# 名称 - > (行格式，分类器)
CLASS_MAP = {
    'LogisticRegression':
        ('-', LogisticRegression()),
    'Naive Bayes': ('--', GaussianNB()),
    'Decision Tree':
        ('.-', DecisionTreeClassifier(max_depth=5)),
    'Random Forest':
        (':', RandomForestClassifier(
            max_depth=5, n_estimators=10,
            max_features=1)),
    }

# 通过测试/训练将 cols 除以独立/相关的行
X, Y = df[df.columns[:3]], (df['species']=='virginica')
X_train, X_test, Y_train, Y_test = \
    train_test_split(X, Y, test_size=.8)

for name, (line_fmt, model) in CLASS_MAP.items():
    model.fit(X_train, Y_train)
    # 数组 w 个 col 每个标签
    preds = model.predict_proba(X_test)
    pred = pd.Series(preds[:,1])
    fpr, tpr, thresholds = roc_curve(Y_test, pred)
    auc_score = auc(fpr, tpr)
    label='%s: auc=%f' % (name, auc_score)
    plt.plot(fpr, tpr, line_fmt,
        linewidth=5, label=label)

plt.legend(loc="lower right")
plt.title('Comparing Classifiers')
```

```
plt.plot([0, 1], [0, 1], 'k--') # x = y线。视觉辅助
plt.xlim([0.0, 1.0])
plt.ylim([0.0, 1.05])
plt.xlabel('False Positive Rate')
plt.ylabel('True Positive Rate')
plt.show()
```

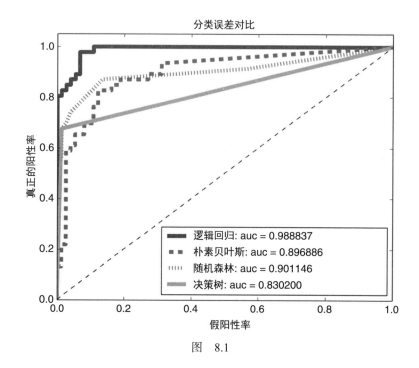

图 8.1

8.5 特定分类器

世界上有很多不同的分类算法，本节将介绍一些最有用和最重要的算法。

8.5.1 决策树

概念上，决策树是最简单的分类器之一。使用决策树对数据点进行分类相当于遵循基本流程。它由一个树结构组成，如图 8.2 所示。

树中的每个节点都会询问有关数据点某个特征的问题。如果特征为数字，则节点询问它是高于阈值还是低于阈值，并且"是"和"否"有子节点。如果该功能是分类的，通常会为每个可能需要的值添加一个不同的子节点。树中的叶节点将成为分配给被分类点的分数（或者几个分数，该分数可能被标记为每个可能的事物的分数），它并没有比这更简单。

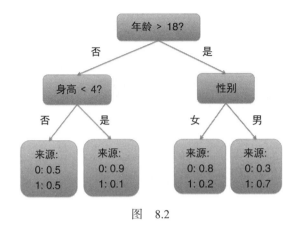

图   8.2

使用决策树在概念上非常简单,但是训练一个决策树完全是另一回事。一般来说,为训练数据找到最佳决策是计算过程中最难以处理的部分,因此在实践中,需要用一系列启发式方法训练树,并希望结果接近最佳树。一般来说,算法是这样的:

1)给出训练数据 X,找到最好的将数据分成类的单一特征(如果它是数字,可以将阈值当作特征)。

2)有多种方法可以量化分类的效果。最常见的是"信息获取"和"基尼(Gini)不纯度"。在这里不会深究它们的确切含义。

3)这个单一的最佳特征/阈值成为决策树的根源,根据此节点划分 X。

4)递归地在数据集上训练每个子节点。

5)当分区中的所有数据点都具有相同的标签或递归已达到预定的最大深度时,递归停止。此时,存储在此节点中的分数将只是分区中标签的细分。

读者可能永远不需要担心如何训练决策树的细节,但了解基本过程有助于理解此分类器的一个最大问题:过度拟合。例如,如果将最大深度设置得太远,则每个叶节点最终将只有一个包含几个点的分区,所有这些点都具有相同的标签。这将导致决策树一直给出非常自信的分数,实际上,这只是小数目的一个意外。可以在决策树上设置参数,以便在节点上的最佳分区太小时强制终止它。但是在许多库中,默认设置会让决策树大大超出自己,所以读者应该意识到这一点,并相应地调整树。

决策树很容易理解,所以很难从现实世界中挖掘出真知灼见,这可能有点令人惊讶。看最上面的几层肯定是有趣的,并提出了一些更重要的特征。但是除非想在训练阶段深入解剖基尼不纯度,否则它并不总是清楚这些特征及其临界点对现实世界意味着什么。即使这样做,仍然存在一个非常现实的风险,即相同的特征将会影响树的一个节点处的命中和另一个节点处的非命中。这是什么意思?

就作者个人而言,不会将决策树用于严肃的工作。但是它们对于人们的可读性非常有用,如果与不了解机器学习并且对黑匣子保持警惕的人一起工作,而且他们可以快速进行分类，这是非常方便的。最重要的是，决策树作为构建随机森林分类器的构建块很有用，将在 8.5.2 节讨论它。

以下代码显示了如何在 Python 语言中训练和使用决策树：

```
from sklearn.tree import DecisionTreeClassifier
clf = DecisionTreeClassifier(max_depth=5)
clf.fit(train[indep_cols], train.breed)
predictions = clf.predict(test[indep_cols])
```

8.5.2 随机森林

如果被困在一个荒岛上，只能拿一个分类器，那就是随机森林。它们一直是最精确、最具有鲁棒性的分类器之一，传说中的数据集具有令人眼花缭乱的特征，其中没有一个是非常有用的信息，并且没有一个已经被清除，不知怎么地产生了超出其他任何东西的结果。

基本想法太简单了。随机森林是决策树的集合，每个决策树都根据训练数据的随机子集进行训练，并且只允许使用某些随机子集的特征。在随机化过程中没有协调，一个特定的数据点或特征可以随机地插入到所有的树，没有树或其中的任何东西。某个点的最终分类得分是所有树得分的平均值（或者有时，将决策树视为二元分类器，并报告以某种方式投票的所有人的分数）。

期望结果是不同的树在不同的模式中获得的，而每一个树只会在它的模式出现时给出确定的猜想。这样，当需要对一个点进行分类时，有几棵树会正确而坚定地对其进行分类，而其他树会保持中立，这意味着整体分类器会倾向于正确的答案。

随机森林中的单个树会过度拟合，但它们往往以不同方式随机过度拟合。这些很大程度上相互抵消，产生了一个强大的分类器。

随机森林的问题在于它们不可能具有真正的商业意义。这样的分类器的重点在于它对于人类的理解能力来说太复杂，并且其性能是很普通的。

可以使用随机森林为数据集中的任何特征获取"特征重要性"分数。这些分数是不透明的，不可能将具体的真实世界的含义归于其中。第 k 个特征的重要性是通过在训练数据中的点之间随机交换第 k 个特征来计算，然后再看看这个特征对性能的影响有多大（有一些额外的逻辑来确保没有随机的数据点被输入到一个经过非随机化训练的树上）。在实践中，可以经常使用这些特征列表，并通过一些老式的数据分析，找出引人注目的真实世界的解释。但随机森林本身并没有告诉人们什么。

以下代码显示了如何在 Python 语言中训练和使用随机森林：

```
from sklearn.tree import RandomForestClassifier
clf = RandomForestClassifier(
            max_depth=5, n_estimators=10,
            max_features=1))
clf.fit(train[indep_cols], train.breed)
predictions = clf.predict(test[indep_cols])
```

8.5.3　集成分类器

随机森林是所谓的"集成分类器"最著名的例子，其中大量的分类器（在这种情况下是决策树）在随机不同的条件下训练（在这里的例子中，随机选择数据点和特征），并且汇总结果。直观地说，这个想法是，如果每个分类器都稍好一些，而且不同的分类器之间没有很强的相关性，那么整个集合将非常可靠地向正确分类的方向发展。基本上，它依靠大数定律的力量，用原始计算能力而不是领域知识或复杂的数学。

8.5.4　支持向量机

说实话，作者本人讨厌支持向量机（SVM）。它是最著名的机器学习分类器之一，所以熟悉它们对读者很重要的，但作者要抱怨几点：首先，它对线性可分性数据做出了非常有力的假设。通常情况下，这种假设是错误的，偶尔在数学上是正确的。有时候在这个假设中含有一些技巧，但背后没有任何原则，没有一种先验的方法知道，在特定的情况下（如果有）技巧会起作用。SVM 也是少数的二元的分类器之一，它不会给出可用于评估分类器有多确定的连续值的"分数"。如果需要商业洞察力，并且如果需要了解"灰色地带"的概念，这会让它很烦恼。

也就是说，它很受欢迎是有原因的：它直观简单、数学上优雅，并且使用起来很细致。如果选择了对的算法，那么前面提到的那些无原则的技巧会非常强大。

图 8.3 说明了 SVM 的主要思想。

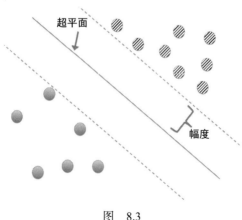

图　8.3

本质上，将每个数据点视为 d 维空间中的一个点，然后查找将这两个类分开的超平面。实际上这种在超平面上的假设称为线性可分性。训练 SVM 涉及找到①分离数据集的超平面和②处于两个类之间间隙的"中间"。具体来说，超平面的"边界"是最小值（它到 A 类中最近点的距离，它到 B 类中最近点的距离），选择最大化边界的超平面。

在数学上，超平面由方程式指定：

$$f(x) = \omega \cdot x + b = 0$$

式中，ω 是垂直于超平面的矢量；b 表示距离原点的距离。

要分类点 x，只需计算 $f(x)$ 并查看它是正数还是负数。训练分类器包括找到分离数据集的 ω 和 b，同时保留最大的余量。

这个版本被称为"硬边界"SVM。然而在实践中，通常没有可以将训练数据中的两个类完全分开的超平面。直觉上，想要做的是通过惩罚超平面错误一侧的任何点，找到能够分离数据的最好的超平面。这是使用"软边界"SVM 完成的。

SVM 另一个致命的问题是，如果拥有与数据点一样多的特征，在这种情况下，不管点如何标记，都保证有一个分离超平面。这是在高维空间工作的难点之一。可以将维度降低（将在后面的章节中讨论）作为预处理步骤，但是如果只是将高维数据插入 SVM，则可以确定一定会过拟合。

一个普通的 SVM 最臭名昭著的问题是线性可分性假设。SVM 在数据集上的分类完全失败，如图 8.4 所示。

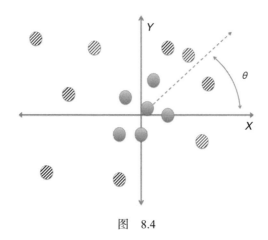

图　8.4

两类点之间没有界限。如果只看一点，模式就很清楚了：一类靠近原点；另一类离它很远，但 SVM 无法说明这一点。这个问题的解决方案是一个非常强大的称为"核 SVM"的 SVM 泛化。核 SVM 的想法是首先将数据点映射到决策边界线性的其他空间，然后在那个空间中构造一个 SVM。对于前面的图，如果绘制 x 轴上的原点距离和 y 轴上的角度 θ，将得到图 8.5。

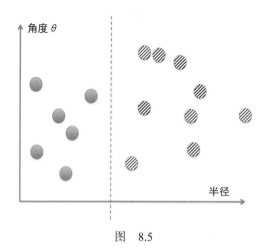

图　8.5

这里的数据是线性可分的。一般来说，核 SVM 需要找到一些函数 ϕ，它将 d 维空间中的点映射到某些 n 维空间中。在这里给出的例子中，n 和 d 都是 2，但实际上，通常希望 n 大于 d，这样可以增加线性可分性的机会。如果能找到 ϕ，那么就成功了。

这是计算的关键点：永远不需要找到 ϕ 本身。当通过数学计算时，会发现无论何时计算 $\phi(x)$，它都是称为核函数的较大表达式的一部分：

$$k(x, y) = \phi(x) \cdot \phi(y)$$

内核函数在原始空间中占用两个点，并在映射空间中提供它们的点积。这意味着映射函数 ϕ 只是一个抽象，不需要直接计算它，而只需关注 k。在很多情况下，直接计算 k 比计算任何 $\phi(x)$ 中间体要容易得多。通常情况下，ϕ 是复杂的，可以映射到大规模高维空间，甚至是无限维空间，但是 k 的表达式简化为一个非线性的简单易处理函数。这种仅使用内核函数的方式称为"内核技巧"，并且它最终应用于 SVM 之外的区域。

并不是每个接受两个向量的函数都是有效的内核，但它们中有很多是有效的。一些最流行的内核通常内置于库中，如下：
- 多项式内核：$k(x,y)=(x \cdot y + c)^n$
- 高斯内核：$k(x,y)=\exp[-\gamma|x-y|^2]$。
- sigmoid：$k(x,y)=\tanh(x \cdot y + r))$。

大多数内核 SVM 框架允许用户定义自己的功能。如果采取这种方法，应该意识到确保 k 是一个有效的核函数是有点技术性的，也就是说它有一个相应的映射 ϕ。最简单的 k 必须是对称的：对于任何 x 和 y，$k(x, y) = k(y, x)$。但主要的限制是它是"肯定的"。这是一个高度技术性的限制，这里不会讲到。

8.5.5　逻辑回归

逻辑回归是一个伟大的通用分类器，在准确分类和真实世界的可解释性之间达到了极好的平衡。作者认为它是一种非二进制 SVM，它根据离超平面有多远而得出概率，而不是将超平面用作明确的截断点。如果训练数据几乎是线性可分的，那么不在超平面附近的所有点将在 0 或 1 附近得到一个有把握的预测。但是，如果这两类在超平面上有很多缺失，预测将更加平稳，远离超平面的点将获得确定的分数。

在逻辑回归中，一个点的得分是

$$p(x) = \frac{1}{1 + \exp[w \cdot x + b]}$$

请注意，$\exp[w \cdot x + b]$ 与在 SVM 中看到的 $f(x)$ 相同，其中 w 是赋予每个特征权重的向量，b 是实值偏移量。有了 SVM，看看 $f(x)$ 是正数还是负数，但在这种情况下，将其插入所谓的"sigmoid 函数"中：

$$\sigma(z) = \frac{1}{1 + \exp[z]}$$

与 SVM 一样，有一个由 $w \cdot x + b = 0$ 定义的划分超平面。在 SVM 中，超平面是二元决策边界，但在这种情况下，它是超平面 $p(x) = \frac{1}{2}$。

sigmoid 函数在机器学习中显示了一些地方，因此稍加说明就很有意义。如果绘制出 $\sigma(x)$，如图 8.6 所示。

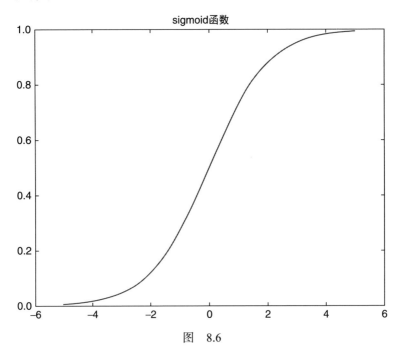

图 8.6

可以看到 σ（0）是 0.5。随着论证发展到无穷大，它接近 1.0，并且随着趋势变为负无穷大，它变为 0.0。直观地说，这使得它成为采用"置信度权重"并将它们压缩到区间（0,1.0）中的一种很好的方式，在这里它们可以被视为概率。sigmoid 函数还具有许多方便的数学属性，使其易于使用。本书将在神经网络部分再次讲述它。

从训练的逻辑回归模型中抽取真实世界的含义非常简单：

- 如果 w 的第 k 个分量很大且为正数，则第 k 个特征很大意味着正确的标签为 1。

- 如果 w 的第 k 个分量很大且为负数，那么第 k 个特征很大意味着正确的标签为 0。

- 一般来说，w 的元素越大，决策边界越紧密，就越接近 SVM。

请注意，为了使其具有意义，必须确保数据在训练之前都设置为相同的比例；如果最重要的特征也是最大的特征，那么它的系数就会误导性地变小。

逻辑回归的另一个好处是它存储和使用的效率非常高。对于权重向量和偏移量 b 的 d 分量，整个模型仅包含 $d+1$ 个浮点数。执行分类只需要乘法运算、d 加法运算和一个 sigmoid 函数的计算。

此代码将训练并使用逻辑回归模型：

```
from sklearn import linear_model
clf = linear_model.LogisticRegression()
clf.fit(train_data, train_labels)
predictions = clf.predict(test_data)
```

8.5.6　回归

Lasso 回归是逻辑回归的变体。逻辑回归的一个问题是，可以拥有许多不同的特征，要有适度的权重，而不是一些具有大权重的明确有意义的特征。这使得从模型中提取实际意义变得更加困难。这也是一种潜在的过度拟合形式，它会降低模型的泛化能力。

在 Lasso 回归中，$p(x)$ 与 $\sigma(w \cdot x+b)$ 具有相同的函数形式，但是通过减少适度的权重的方式进行训练。找到最佳权重的数值算法通常不使用启发式或其他方法，这只是单纯的数字运算。然而作为对人类直觉的帮助，作者喜欢想一些可以实际应用的启发式例子：

- 如果特征 i 和 j 具有较大的权重，但通常在分类点时彼此抵消，请将它们的权重都设置为 0。

- 如果特征 i 和 j 高度相关，则可以减少一个特征的权重，同时增加另一个特征的权重并保持预测大致相同。

往往大多数最终结果的特征权重都为 0，而只有少数最重要的特征具有非零权重。

8.5.7 朴素贝叶斯分类器

贝叶斯统计是机器学习中最大、最有趣和最具数学精确性的领域之一。然而，大多数情况下是以贝叶斯网络为背景，贝叶斯网络是一个深刻的、高度复杂的模型家族，通常不会在正常的数据科学中看到（尽管将在后面的内容中对它们进行讨论）。数据科学家更倾向于使用简化版本：朴素贝叶斯。

在关于统计的内容中，更详细地讨论了贝叶斯统计。简言之，贝叶斯分类器按照以下直觉进行操作：首先在标签 0 和 1 中初始置信度（假设它是二元分类问题）。当新信息变得可用时，可以根据每个标签上信息的可能性有多大来调整置信度。当查看完所有可用信息后，最终置信度就是标签为 0 和 1 的概率。

现在来了解更多的技术。在训练阶段，一个朴素贝叶斯分类器从训练数据中学习如下事情：

- 每个标签在整个训练数据中的普遍程度如何；
- 对于每个特征 X_i，其标签为 0 时的概率分布；
- 对于每个特征 X_i，其标签为 1 时的概率分布。

最后两个被称为条件概率，它们被写为

$$Pr((X_i = x_i | Y = 0))$$
$$Pr((X_i = x_i | Y = 1))$$

当需要对一个点 $X = (X_1, X_2, \cdots, X_d)$ 进行分类时，分类器开始时会有 confidences：

$$Pr(Y = 0) = 当 Y=0 时，训练数据的占比$$
$$Pr(Y = 1) = 当 Y = 1 时，训练数据的占比$$

然后对于数据中的每个特征 X_i，让 X_i 为它实际具有的值。然后更新 confidences：

$$Pr(Y = 0) \leftarrow Pr(Y = 0) * Pr(X_i = x_i | Y = 0) * \gamma$$
$$Pr(Y = 1) \leftarrow Pr(Y = 1) * Pr(X_i = x_i | Y = 1) * \gamma$$

在这里设置 γ，使得置信度加起来为 1。

如果正在实现一个朴素贝叶斯分类器，这里有很多东西需要补充。例如，需要为 $Pr(X_i = x_i | Y = 0)$ 假设一些函数形式，比如正态分布等，以便在训练阶段适合它。还需要准备好应对那里的过度拟合。但最大的问题是将 X_i 视为独立于其他 X_j。例如，数据 X_5 可能只是 X_4 的一个副本。在那种情况下，当得到 X_5 时，确实不应该调整 confidences，因为 X_4 已经占了它。朴素贝叶斯分类器完全忽略了这种可能性，所以它们往往是非常强大的分类器也许令人惊讶。作者想到的方式是这样的：想象这里描述的情况，其中 X_4 和 X_5 是相同的，所以实际上是对 X_4 进行了重复计数。如果 X_4 是一个强大的预测变量，那么这可能会让人们过于自信，但它通常不会让人们出错。

以下代码使用 scikit-learn 来训练和使用高斯朴素贝叶斯分类器，其中 $\Pr(x_i/y)$ 被假定为正态分布：

```
from sklearn.naive_bayes import GaussianNB
clf = GaussianNB()
clf.fit(train[indep_cols], train.breed)
predictions = clf.predict(test[indep_cols])
```

8.5.8　神经网络

神经网曾经是分类器的另类，但近年来它们一直在复兴，特别是被称为"深度学习"的复杂变体。神经网络和贝叶斯网络一样是一个巨大的区域，很多人都是通过它们开始对分类器的研究。但是基本神经网络是机器学习中的标准工具，它们使用简单，作为分类器非常有效，可用于从数据集中挖掘有趣的特征。

神经网络受到人类大脑工作原理的启发，但现在人们了解了更多关于生物电路是如何工作的，很明显，这种类比是错误的。真正复杂的深度学习可以与真正的大脑的某些部分进行比较（或者对大脑的了解还不够多，但还没有看到它们有多少不足），但是应该考虑到作为另一个分类器的这些不足之处。

最简单的神经网络是感知器。感知器是"神经元"的网络，每个神经元接受多个输入并产生单个输出。图 8.7 显示了一个示例。

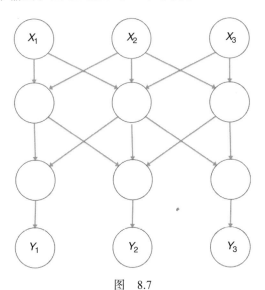

图　8.7

带标签的节点对应于分类的输入变量或输出变量的范围，其他节点是神经元。第一层中的神经元将所有原始特征作为输入，它们的输出作为第二层的输入等。最终，最后一层的输出构成程序的输出。最后一层之前的所有神经元层都被称为"隐层"（图 8.7 中有一个是作者绘制它的方式）。与其他分类器不同，神经网络非常有组织地产生任意数量的不同输出，对于最后一层中的每个神经元都有一个输出。在这种情况下，有3个输出。一般而言，可以将神经网络用于分类以外的任务，并将输出视为通用数值向量。尽管如此，在分类任务中，通常将第i个输出看作第i个类别的分数。

神经网络的关键部分是每个神经元如何从各种输入中确定其输出，这被称为"激活函数"，并且可以从中选择很多选项。作者见过最多的是人们的老朋友：sigmoid函数。如果指出一些特定的神经元，并且j在其输入的范围内，那么

$$激活_i = \sigma \left[b_i + \sum_j w_{ij} \times 输入_j \right]$$

实际上，系统中的每个神经元都有自己的逻辑回归函数，作用于神经元的输入。没有隐藏层的神经网络只是逻辑回归器的集合。

神经网络使用一种叫做反向传播的迭代算法进行训练。不需要太多细节，只需将输入向量序列与相应的正确输出向量一起提供给它（在分类中，每个正确的输出向量将全部为0，除了单个输入向量）。这样做时，最后一层中的参数会被调整以适应新的信息。这些更改会发送回前一层，并对参数进行调整，依此类推。sigmoid函数的美妙之处在于它使反向传播在数学上更易处理。

许多分类器对于识别单一特征非常有用。另一方面，神经网络以识别集合特征而闻名，集合特征通常比任何原始输入更有趣。假设有一个神经网络，它只有一个隐层，隐层中的神经元通过对所有原始输入进行加权组合并在sigmoid函数中插入该组合来工作。那么加权组合就是数据的一个集合特征，它通常是非常有用的特征。如果拿一堆手写字母的图像并在它们上面训练一个神经网络，输入图层将是原始像素，26个输出将对应字母表中的字母。但中间的神经元会发出信号，这些信号与直线段、曲线和其他字母的关键组成部分相关。回想一下，让神经网络的内部特征具有真实世界的意义非常有启发性。

对作者自己而言，神经网络并不是经常使用的工具。像感知器这样的简单工具，并不能表现得特别好，使用更复杂的感知器，是一个非常专业的领域。作者更像一个集成分类器，相信大数定律而不是深度学习的算法，但那只是作者。神经网络是一个热门领域，它们正在解决一些非常令人印象深刻的问题。它们很可能成为数据科学工具包中更大、更标准的工具。

8.6 评价分类器

在大多数分类业务应用程序中，需要寻找一个比另一个更重要的类。例如，正在寻找潜力巨大的潜在股票和前景看好的股票，或者正在寻找患有癌症的患者。分类器的工作是标记所感兴趣的。

分类器表现得如何有两个方面：想标记正在寻找的东西，但是也不想标记不想要的东西。如果积极地标记，会得到很多误报。如果正在寻找有前途的股票进行投

资，这可能是非常危险的。如果保守地标记，会忽略许多应该被标记的事情。如果正在筛查癌症患者，会有遗漏。如何在假阳性和假阴性之间取得平衡是一个无法通过分析回答的业务问题。

在本章中，将重点关注两个性能指标，它们共同给出分类器执行情况：

• 真正率（TPR）。在分类器应该标记的所有事情中，这是实际得到标记的分数。人们希望它很高：1.0 是完美的。

• 假正率（FPR）。在所有不应该被标记的事情中，这是最终被标记的部分。人们希望它很低：0.0 是完美的。

作者会提供一个很好的图形方式来思考 TPR 和 FPR，这也是在工作中考虑分类器的主要方式。

但是也可以选择其他指标，它们都是等价的。最有可能看到的其他选项是"精确率"和"召回率"。"精确率"与"TRR"的阳性率相同——所有被标记的结果的分数实际上应该被标记。"召回率"测量分类器的覆盖范围——所有应该被标记的东西中，它是实际被标记的分数。

8.6.1　混淆矩阵

显示二元分类器性能指标的常见方法是使用"混淆矩阵"。它是一个 2×2 矩阵，显示测试数据中的多少个点放在哪个类别中，以及它们应该放置在哪个类别中。例如，在给定的混淆矩阵中（见表 8.1），TPR 为 $10 / (10 + 1) \approx 0.91$，FPR 为 $4 / (4 + 35) \approx 0.10$。

表　8.1

正确的标签	预测值 = 0	预测值 = 1
0	35	4
1	1	10

8.6.2　ROC 曲线

如 FPR 为 x 坐标，TPR 为 y 坐标，则可以将分类器的性能可视化为二维框中的位置，如图 8.8 所示。

左上角（0.0,1.0）对应一个完美的分类器，标记每个相关项目，没有误报。左下角表示没有标记，右上角表示标记所有内容。如果分类器低于 $y = x$ 线，那就更糟糕了，一个不相关的项目比实际相关的项目更可能被标记。

到目前为止，介绍的一直是关于二元分类器的讨论。它们会将（欺诈）或非欺诈行为标记为（say），但很少有分类器真的是二元的，它们中的大多数都会输出某种分数，而数据科学家们通常应该选择一个阈值作为选择标准。这意味着每一个阈值都对应于 dataframes 中的不同位置，对应于选择阈值的位置。这些截止点中的每一个点对应于二维框中的不同位置，并且它们一起描绘出所谓的 ROC 曲线，类似于本章开头所生成的曲线，如图 8.9 所示。

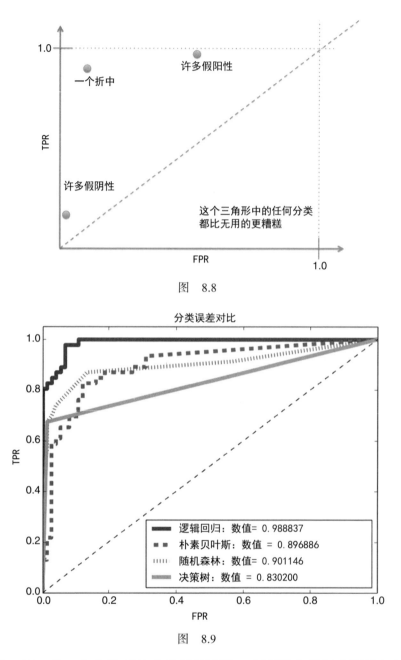

图 8.8

图 8.9

想象一下，从一个非常高的分类阈值开始，高到没有任何东西被标记出来。这意味着需要从（0，0）框的左下角开始。当降低标准并开始标记一些结果时，位置就会改变。如果开始标记的第一个结果都是正确的，得到的误报就会很少，也就是说，曲线从原点向上倾斜。当到达曲线的拐点时，已经标记了所有最低点，并且希望不会产生很多误报。如果继续降低标准，将开始正确地标记落后者，同时也会标记很多误报。最终，所有的事情都会被标记出来，这个位置在（1，1）。

如果试图理解基础分数分类器的质量，那么通过单个阈值来判断它是不公平的。想通过整个 ROC 曲线来判断它（突出到左上角的顶点）是强分类器的标志。

8.6.3　ROC 曲线之下的面积

这种整体 ROC 曲线的观点并不能免除人们有时不得不将性能降低到单个数字。有时候需要一个数字标准来声明分类器的一个配置比另一个更好。

评估整个 ROC 曲线的标准方法是计算曲线下的面积（AUC）。一个好的分类器将主要填补方形，并且 AUC 接近 1.0，但差的接近 0.5。AUC 是一种很好的来给基础分类器打分的方法，因为它没有提及将在哪里画一个分类阈值。当运行这些数字时，AUC 有一个非常明确的现实世界意义：随机选择的命中与随机选择的非命中相比具有更高的预测概率。

在作者自己的工作中，将使用 AUC 来决定想要使用哪个基础分类器和哪个配置。如果随机森林的 AUC 为 0.95，但逻辑回归只有 0.85，那么很清楚自己需要关注哪个部分。

在本章开头的脚本中，展示了代码，计算出了预测分数和正确的标签，并用它们来计算 FPR、TPR、分类阈值和 AUC。相关的路线如下：

```
from sklearn.metrics import roc_curve, auc
fpr, tpr, thresholds = roc_curve(Y_test, pred)
auc_score = auc(fpr, tpr
```

8.7　选择分类阈值

直觉上需要设定阈值，以便分类器接近曲线的"拐点"。也许商业上的考虑会使人们对拐点的某个部分或另一个部分产生兴趣，这取决于如何评估精确率与召回率，但也有数学上优雅的方法。将在本节中讨论两个最常见的问题。

首先是看 ROC 曲线与 $y = 1-x$ 线相交的位置。这意味着最终被标记的所有命中的部分等于所有未被标记的非命中的部分：命中和非命中具有相同的准确性。不同的阈值会使得在命中时做得更好，但在非命中时会更糟，反之亦然。在所有其他条件相同的情况下，这是作者使用的阈值，部分原因是可以真实地用一个数字回答"分类器精确率如何"的问题。

第二种方法是观察 ROC 曲线在 90% 斜率处的位置，即它与 $y = x$ 线平行的位置。这是一个"拐点"：在这个阈值以下，放松分类器可以提高击中概率的可能性。超过这个阈值，放松分类器会提高非命中的标记概率，而不是命中。这实际上就像是说 TPR 的增长值是 FPR 的增长的成本，但仅此而已。

第二种方法也是有用的，因为它可以推广。相反，可以决定 TPR 的小幅度增加值是 FPR 的 3 倍，因为对于读者来说，找到额外的点很重要。就作者本人而言，从来没有机会去那么远的位置，但是要知道，它在需要时是可能实现的。

8.7.1　其他性能测量

当试图测量一个分类器的整体性能时，AUC 是正确的衡量标准，它给出了连续的分数。但是如果使用分类器作为制定决策的基础，那么基础分类器分数的价值与可以从中获得的最佳单分类器一样多。所以需要做的是为分类器选择一个"合理的"阈值（通过选择的定义），然后评估那个真正的二元分类器的性能。

如果将分类阈值设置为 ROC 曲线与 $y = 1-x$ 线相交的点，那么分类器在对非命中的分类进行分类时具有相同的准确性。在这种情况下，可以使用单个数字作为分类器的精确率。这具有简单的优点，并且更容易向不习惯使用两个数字来评估分类器的想法的用户解释。

判断二元分类器的经典方法称为 F_1 分数。它是分类器精确率的调和平均值，其定义为

$$F_1 = \frac{1}{\left(\dfrac{1}{\text{精确率}} + \dfrac{1}{\text{召回率}}\right)/2} = \frac{2 \times \text{精确率} \times \text{召回率}}{\text{精确率} + \text{召回率}}$$

一个完美的分类器的 F_1 分数为 1.0，最坏的情况下为 0.0。值得注意的是，使用精确率的调和平均值和召回率没有什么不可思议的，有时候会看到用于计算 G 评分的几何平均值：

$$G = \sqrt{\text{精确率} \times \text{召回率}}$$

从技术上讲，甚至可以使用算术平均值（精确率 + 召回率）/ 2，但这会产生不好的效果，即标记所有内容（或者根本不标记任何内容）会得分高于 0。

8.7.2　升力曲线

有些人更喜欢所谓的升力（lift-reach）曲线，而不是 ROC 曲线。它捕获等效信息，即调整分类阈值时分类器的性能如何变化，但以不同方式显示。升力曲线基于以下概念：

- 覆盖面是所有被标记点的分数。
- 提升量是指命中的所有点的分数除以总人口中的命中率。1 的提升意味着只是随机标记，而任何高于此值的点是正面表现。

沿 x 轴绘制范围，沿 y 轴绘制升力。通常情况下，升力将从高处开始，然后在到达 1 时衰减到 1.0。

8.8　延伸阅读

1）Bishop, C, Pattern Recognition and Machine Learning, 2007, Springer, New York,NY。

2）Janert, P, Data Analysis with Open Source Tools, 2010, O'Reilly Media, Newton, MA。

8.9　术语

ROC 曲线下的面积　ROC 曲线下的面积测量分类器的工作情况，与分类阈值的设置无关。

混淆矩阵　一张 2×2 的表格，给出了分类器的真正（TP）、真负（TN）、假正（FT）和假负（FN)。

决策树　一种机器学习模型，它可以作为一个流程来工作，一次只考虑一个输入特征。

组合分类器　机器学习分类器，通过在训练数据行 / 列的随机子集上训练多个分类器来工作。在对点进行分类时，它会对不同分类器的结果进行平均。

假正率　所有未命中的部分被错误地归类为命中。

F_1 得分　分类器性能的度量。这是精确率和召回率的调和平均值。

逻辑回归　机器学习分类器，可以被认为是 SVM 的非二元版本。

神经网络　一种受人类神经元启发的机器学习模型。

精度　在由分类器标记的所有标记结果中，这是实际命中的分数。

随机森林　一个分类器中的决策树集合。

召回率　分类器标记的所有命中的分数。

ROC 曲线　对于输出连续分值的跨越所有可能分类阈值的分类器，用于测量 x 轴和 TPR 的一种图示方法。

sigmoid 函数　神经网络的常见激活函数，其输出始终在 0～1。

SVM（Support vector machine，支持向量机）　一种机器学习分类器，通过在 d 维空间中绘制超平面并通过点落在哪一侧来进行分类。

真正率　被正确分类为命中的所有命中的分数。

第 9 章
技术交流与文档化

作者曾犹豫是否在本书中加入本章。首先，它冒险进入通常尽量避免的"敏感"领域，本书主要是一本技术性、基本事实类的书。第二个问题是，作者不觉得自己在技术交流方面很出色。虽然能够很好地完成自己的工作（并且考虑到作者在咨询行业工作，这个标准对作者来说比大多数数据科学家要高），此外便不能声称自己拥有任何特殊的专业知识。

然而，作者自己缺乏天赋正是作者觉得本章很有必要的原因之一。作者已经看到，如果人们不能有效地传达它，那么一流的技术工作可能会被悲观地低估。作者也看到，仅仅一些基本的、易于学习的原则可以产生出难以理解和令人惊叹的演示之间的巨大差异。为自己的事业发展制定一些指导原则，使自己的公司能够开展后续的工作，并及早发现技术工作和业务目标之间的不匹配。

数据科学家处于独特的沟通密集型领域。软件工程师主要与其他软件工程师进行交流，业务分析师和业务分析师进行交流。数据科学家的工作是为商业、分析和软件世界搭建桥梁。所以坦率地说，大多数人并不擅长这一点，这真是一个令人想哭的耻辱。最终，本章的所有内容都是关于一个目标：以他们真正理解和容易理解的方式向观众传达想法。

在本章中，将从一些基本原则出发，这是最好的技术交流的基础。然后将继续讨论幻灯片、书面报告和口头演讲的具体技巧，还包括一段关于源代码的部分，它有时是最后的交流媒介。

9.1　指导原则

9.1.1　了解观众

了解观众是技术交流最基本的原则之一，但它也是最难掌握的技术之一。作为一名数据科学家，将与以下人员交谈：

• 比数据科学家更了解数据科学家正在研究的内容，但对软件和分析知之甚少的领域专家。数据科学家经常不得不握住他们的手解释自己做了什么。数据科学家分析中遗漏的各种现实世界的情景可能成为谈话的特定焦点。根据作者的经验，这些人在发现工作中的缺点或理解数据中的问题方面非常有用。

• 对数据科学家所做的细节事情非常感兴趣的分析人员。数据科学家可以花很多时间在这里讨论（也可能是证明）自己的统计方法和建模选择。

• 常常希望将数据科学家的代码视为一个奇妙的可以吐出答案的黑匣子的软件工程师，但他们会在现实情况下非常关注它的执行。软件工程师涵盖了从几乎不知道如何计算平均值到具有极强数学运算能力的所有人。

• 商界人士，一个多元化的群体，包括从之前将为数据科学家介绍细节的工程师到希望将一切都转化为商业语言的非技术型管理人员。他们的一个共同点是对数据科学家的工作，对公司不同部门所产生的意义有着强烈的好奇心。

了解观众的另一个重要部分是知道需要包含多少细节以及数据科学家的工作有多少内容。一位高级主管可能只想知道几个关键的重点。数据科学家的同事可能需要更多关于方法的细节，特别是如果数据科学家的发现特别重要或出人意料，或者因为初步发现而在项目中期改变了方向。深入研究一些尝试过的无效的事情可能很重要，因为没有得到很好的结果，需要证明这是数据的错而不是自身的错的有力结果。在其他情况下，这是很浪费时间的。

9.1.2　说明其重要性

始终确保在人们已经关心的事情，通常是业务问题的背景下进行分析，以使其具有吸引力。根据受众，可能还需要清楚地解释分析与问题之间的关系，以及分析如何影响结果。通常不需要反复强调这一点，但应该让人们有理由关心自己在说什么。

许多分析问题显然与公司业务有关，它可能不需要任何动机。例如，让用户点击广告显然是许多商业模式的核心。然而在其他情况下，联系却更加微弱。如果目前不打算定位广告，是否真的需要将用户细分？特别是在大型企业中，高层人士之间就分析项目的价值出现了分歧，机会就在于老板很可能不得不依靠数据科学家去解释为什么该项目是值得的。写本章时，作者正在参与一个项目，作者努力说服一位工厂经理，让他认为使用分析来研究如何减少测试平台的瓶颈是值得的。

这不仅仅是关于与其他人进行沟通，对读者来说也是一次很好的锻炼。如果不能简单地解释为什么一个分析项目是有价值的，那么也许应该去研究其他问题了。

9.1.3　使其具体化

人类大脑对抽象概念的理解并不是很好。不仅指非技术人员，即使有人具有遵循纯粹抽象讨论的背景，如果给他们的大脑提供一些具体的想法，他们的理解力也会得到无可比拟的帮助。

通常，手头的商业案例会提供需要的所有具体示例。然而其他时候，商业案例过于复杂以至于不能清楚地说明事情，其实需要的只是一个简单的游戏问题。

9.1.4　一张图片胜过千言万语

作者曾为撰写论文或进行技术会谈提供的最好建议之一是，展示的核心就是一张或几张关键图。本章的其余部分只是一个扩展说明，描述如何生成这些图以及如何解释它们。

似乎每年作者都认为视觉效果比以前意识到的更重要，且每年都是对的。无论是用图解来展示一个概念，绘制图表来展示数据，还是仅仅是在白板上绘制的简笔画，这都是将想法传达给另一个人并使其具有吸引力的最佳方式。

在作者看来，在一些论文和演示文稿中缺乏图往往是因为懒惰（当然，有时作者也是这样）。需要制定一些计划来确定哪些图效果最好，然后生成这些图需要做大量的搜集工作，无论是在 PowerPoint 中操作图表还是确保在一个图表上正确设置坐标轴。坐在键盘前制作幻灯片和文本页面（至少对作者来说）是很容易的，但这是错误的做法。

9.1.5　不要对自己的技术知识感到骄傲

这应该是不言而喻的，但这里不得不提出来，因为作者经常看到这种情况：数据科学家对那些不像他们那样了解数学的人会变得急躁。很明显，这对于重复业务来说是非常可怕的，而且它为清楚的交流设置了巨大的障碍。但是对于作者的浅见，本人想说这也是错的。作者曾见过那些同样的傲慢的数据科学家搞砸项目，因为他们知道数学公式，但却无法批判性地思考其背后的概念。

作者曾经在一个咨询项目上遇到过很多有意思的事情，用户方的经理没有数学背景可言。但是每当她问作者有关科技工作的问题时，她都会立即提出所有正确的问题。就好像作者坐下来列出了所有对这个问题很重要的统计概念，将每一个概念翻译成普通英语，然后在最后加上一个问号。她没有经过统计方面的培训，她只是非常聪明，头脑清醒，所以她把所有正确的观点都归纳出来，甚至比作者合作过的大多数数据科学家做得都要好。这是一个有趣的事情，它提醒作者数学不是清晰思维的代名词，它只是一种将清晰思维减少到计算，以便可以得到一个数字的方式。

9.1.6　使其看起来美观

作者曾经认为美学在清晰交流中居于次要地位，觉得人们应该根据它的技术优势来判断工作，而不是对使用哪种颜色的桃子感到痛苦。所以，当第一次读到平面设计时，作者感到非常震惊。作者发现，这不是试图将艺术情感硬塞进技术工作，而是用务实的方式来确保沟通的清晰和引人注目。读者应该在幻灯片上使用良好的设计原则，同样的理由，应该在绘制一些数据时使用对数轴：它有助于使自己的观点明确。

9.2 幻灯片

幻灯片是表达数据科学结果最常用的媒介，它们也是可以产生最大影响力的媒介，因为人们更倾向于听讲话或浏览幻灯片，而不是阅读书面报告。

作者在幻灯片上看到的最大缺陷是人们将它们视为书面报告。在某些情况下，他们甚至只是从他们所写的文字中进行复制粘贴，并将其称为幻灯片。这是错误的做法！幻灯片是一种根本不同的传播媒介，并受一套不同的规则管理。一方面，可以完全自由地控制幻灯片的外观。另一方面，人们希望能够比报告更快速地浏览幻灯片，因此保持幻灯片干脆、吸引人和重点突出是至关重要的。通常，这意味着尽可能用图形内容替换文本内容。

作者看到的第二个最常见的问题是人们过分使用幻灯片，应该尽量少地使用疯狂的图形、愚蠢的移动图像和猫的图片。

最终，人们将不得不考虑如何最好地围绕一个图形化表达来构造他们的想法。这是一个完全不同于在清晰的散文中写或说的技能。根据作者的经验，与好的散文相比，好的图片演示难以将内容放在一起，但更容易让观众理解。

没有什么灵丹妙药可以做出好的演示：它需要努力，并保持询问是否可以更清楚地解释某些事情的习惯。然而为了让读者开始，一个好的经验法则是，幻灯片 75% 的内容应该包含图片（数据图、流程等），以及最多两个短语 / 句子，以便为此图片提供解释信息。

9.2.1 C.R.A.P 设计原则

很多优秀设计的原则都在缩写 C.R.A.P 中得到了体现，它们代表对比、重复、对齐和接近：

- 对比：不同的事物应该看起来不一样。这使得人们能够无缝地注意到差异并将其内化。例如：

— 为代码、文本和图形标题使用不同的字体。

— 为确定的不同用户群使用不同的颜色。

— 在合理的范围内，在幻灯片上使用不同的字体大小来强调不同的点。

- 重复：重要的观点或设计图案应在整个作品中被重复。人们只看一次可能会漏掉它们，所以要用一种足够明显的方式来重复它们，以便使它们产生影响，如果人们已经抓住了要点，那就要用一种细微的方式确保这种重复不会让人厌烦。重复在部分程度上是双重性的对比：如果事物是相似或相关的，或者如果它们不同，那么这些模式应该一直贯彻始终。

- 对齐：在所有原则中，这一条是最接近纯粹美学的东西。确保视觉范围内的不同部分都自然地对齐，或者如果它们不应该对齐（可能是因为想对比它们），那么确保它们明显的没对齐。不能让别人在谈话中分心，想知道这两段文字是否真的有一点不一致。

• 接近：使用事物之间的距离来表示它们之间的关系。更一般地说，使用视野的布局会更有利。

为了向读者展示当设计的基本原则被肆无忌惮地炫耀时它会变得多么糟糕，作者谦卑地展示某一张作者的幻灯片，如图 9.1 所示。

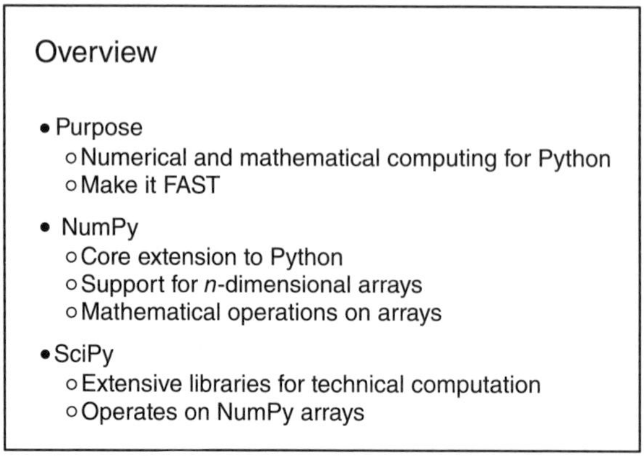

> **Overview**
>
> • Purpose
>   ○ Numerical and mathematical computing for Python
>   ○ Make it FAST
>
> • NumPy
>   ○ Core extension to Python
>   ○ Support for *n*-dimensional arrays
>   ○ Mathematical operations on arrays
>
> • SciPy
>   ○ Extensive libraries for technical computation
>   ○ Operates on NumPy arrays

图　9.1

在这张幻灯片中，作者以某种方式站在人们的面前展示了以下问题：

• 几乎所有内容都采用相同的字体；

• 这个演示的目的看起来只是另一个话题：SciPy 和 NumPy 相比较；

• 存在难看的空白区域；

• 所有都保持对齐。

如果可以收回演示文稿，作者会用图 9.2 所示的幻灯片替换图 9.1 所示的幻灯片。

作者希望能做的改变包括：

• [对比] 幻灯片的标题、目标、文本主题各不相同。

• [重复] 这些文本差异被标记一致。

• [对齐] NumPy 和 SciPy 两个部分彼此对齐，支撑图片也是一样的。

• [对齐] 演示的两个主题 NumPy 和 SciPy 各占一半空间，应用于整个幻灯片的内容的中间。

• [接近] 单词"NumPy"、对 NumPy 的描述以及支撑图片彼此相邻。SciPy 也是如此。目标行位于幻灯片标题旁边。

• 作者添加了一些支撑图片。实际上，很多人不会阅读作者对 NumPy 和 SciPy 的描述，但即便如此，他们仍然会明白 NumPy 是对阵列进行基本操作，而 SciPy 则是进行更加有趣的数学运算。

幻灯片的内容是相同的，平面设计是为了更好地沟通。这不是为了补充内容，而是想让读者注意到它。

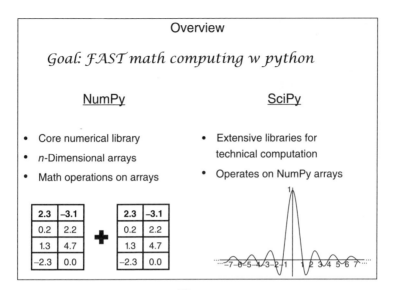

图　9.2

9.2.2　一些提示和经验法则

制作好的幻灯片是一项只有通过实践才能发展的技能。但为了帮助读者避免几个常见的陷阱，下面是几个有用的提示或经验法则

- 避免长句或短语。通常可以用一个更短的短语替换完整的句子。
- 任何给定部分中不得超过 4 个要点。
- 如果觉得一张幻灯片内容太多，可以将其分成两张。
- 如果可以使用别的东西来替换项目符号列表，例如用箭头指向图的不同部分的标注，那就进行替换。
- 如果连续两张幻灯片中的相同位置出现相同的图片或片段，请确保它位于完全相同的位置。当从一张幻灯片转到另一张幻灯片时，没有什么东西比一些像素移位更具视觉上的光栅。
- 除非十分了解观众，否则完全避免使用著名（臭名昭著）的 Comic Sans MS 字体。就个人而言，作者认为 Comic Sans MS 字体当被审慎地使用时是有用的，但很多人觉得它看起来不专业，因此不应该使用。应当了解观众。
- PNG 文件是朋友，因为它们可以具有透明背景。这可使得将图像放入幻灯片中，而不会使其白色背景损坏其他图像或幻灯片的背景。就个人而言，作者保留了一个幻灯片组，其中只包含带有透明背景的图像（不同编程语言的徽标等），以避免每次需要时都得在互联网上查找此类图像的麻烦。
- 应确保所有数字上都标有轴。作者曾经犯过一次没有标轴的错误，结果不好。
- 要有幻灯片背景。这很容易做，并使幻灯片看起来更好看。但是背景要保持简单，这样它就不会削弱内容的吸引力。
- 如果可能，确保数字是有颜色的。

• 如果想在配色方案中使用两种不同的颜色，请勿使用红色和绿色。有些人是色盲，看不出有什么不同。

• 幻灯片比书面报告更随意点好，但不要过头。

• 在规划演示时间表时，人们使用的经验法则是一张幻灯片大约需要 2min 演示时间。

• 在某些情况下，可能希望在每张幻灯片中都包含幻灯片编号、日期或公司徽标或其他内容，给人们具体的参考点是很好的。

9.3　书面报告

首先，请不要使用 LaTeX，除非计划在科学杂志上发表作品，或者故意看起来很学术，以便给某人留下印象。这是作者的一个小小的烦恼，因为很多数据科学家来自 LaTeX 标准的学术背景，所以作者经常看到令人沮丧的事情。如果还没有听说过它，LaTeX 是一种标记语言，可以编辑成格式精美的文档，并且在发表科学论文时非常受欢迎。不过，缺点就是需要了解 LaTeX 语法的特性才能编辑文档，从而禁止大多数人协同编辑文档。的确，LaTeX 能够非常精细地控制文档的外观，但这种功能不是很有必要，并且经常被滥用。通常建议使用 Microsoft Word、Google Docs 或其他可视化的编辑器。作者就正在用 Word 写本书。

现在言归正传，来谈谈内容和演示。书面报告的结构将根据目标受众、有关的人员（团队成员、外部顾问、其他团队成员等）以及要解决的问题而有所不同，但是大多数技术报告将包含以下部分的一些子集：

• 执行摘要。这最多 1 页，其中总结了正在解决什么问题、为什么、做了什么以及可以做什么。重点应该放在业务角度的关键点上，以及工作如何适应公司的大环境上。

• 背景和动机。显然，根据可能的受众，框定这个工作是如何适应更大的环境的，它可能是对如何适应公司业务的描述、它在软件中扮演的角色或者是它所建立的现有知识。

• 使用的数据集。简要描述正在使用哪些数据集、从哪里获取它们以及它们描述的内容，再加上从中提取了哪些特征以及应该指出的数据的缺陷。这部分应该简短而甜蜜，如果有很多血淋淋的细节，就把它们放在附录中。

• 分析概述。以高水平描述所执行的分析或正在研究的算法。重点放在抽象的数学模型上，而不是如何在软件中将其执行（除非它的一些关键方面是由软件需求驱动的，比如想要它是大规模并行的）。这部分应该有一个或两个图表来说明。

• 结果。描述从分析中得到的结果，并以图表形式呈现。这通常是报告中最重要的部分，因此要保持清晰和醒目，并确保将其与这些结果的背景联系起来。如果有很多包含类似信息的结果报告（如每个特征的结果），那么只包含本节中最有趣的那部分，把其余的放在附录中。

• 软件概述。这部分不是必须的，如果有，也应该很短。如果自己的代码被插入到其他人的代码或生产系统中，或者随着数据集更新，将来自己的代码可能会定期重新运行，那么这是最相关的。描述如何运行代码（这应该是最多的几行，如果不是，那么应该重构它并将它合并到一个主脚本中），如果它是一个独立的分析或插入到其他软件中，这就是它的工作原理。包含代码的高级架构作为图表，并描述它编写的语言以及它使用的工具。

• 未来的工作。讨论接下来的步骤。本部分在实践中通常被看作样板，有时候，如果它非常简短甚至完全省略，也没关系。然而它也可以为重要的新项目指明道路，并建议不应该追求的其他项目。数据科学通常用于"测试水域"，看看作为一个更大的项目是否值得追求，或者澄清这样一个项目应该具有的范围。

• 结论。

• 附有技术细节的附录。就个人而言，作者的报告多达一半可能是附录。

9.4 演示：有用的技巧

一个经典技巧说是要把观众想象成透明（就可以轻松地应对演示）但自己从未从中受益过（但作者并不以为然）。

而严肃点说就是，不同的人有不同的呈现方式。有些人将他们的演示文稿编写出来，并逐个单词地练习，以确保每个拐点都经过精心挑选，但仍然显得很自然。就个人而言，作者从未在这种方法上取得太大成功。最适合作者的方法如下：

• 确保有一个很棒的幻灯片。

• 多多练习，讨论每张幻灯片以及关键概念。不将它们编写出来，但是大声地做出清楚的解释。

• 到了进行实际演示时，把所有的练习都扔到窗口外并将其展开。时刻注意时间，但此外，只是以最自然的方式解释幻灯片。

这对作者来说很有用。作者倾向于自发地说话，最好的谈话很多都是即兴发挥，这些话题作者很了解，但原先并没有打算讨论。但是当对要说的事情有一个实际的计划时，立刻就会变得含糊其辞和无聊。

演示文稿的黄金标准是使其感觉像是与观众（一个精心组织、思路清晰、善于解释事物的人）对话，而不是任何形式的正式演讲。让它看起来很自然的东西有很多：声调、节奏、面部表情、移动身体，所有这些都与所说的实际内容保持独立。当专注于实际谈话时，很难注意到这些，所以唯一的解决办法就是练习，让这些事情成为第二天性。

作者建议训练自己拥有一个"演说性格"，一种可以随意戴上的游戏面孔。应该经常性地练习对工作中的事情做即兴的解释，这可以是解释缓存的工作原理、描述正在进行的项目的目标和状态或者给研究生院的研究提供电梯式的高谈阔论。可以在镜子前面、朋友面前，甚至在您自己的脑海中作为内部独白来完成。在解释过程中，不仅关注内容，同时也要时刻注意以下准则：

- 清晰明确。
- 语速比在正常谈话慢一点。人们既会注意幻灯片也会注意说的话，如果一个人漏掉了某一点，也不用重复。所以，给每个人多一点时间来吸收所说的话。另外，如果（像作者一样）在紧张时倾向于说得更快，这会有所帮助。
- 通过短小的个人轶事、笑话或观点，可以使得演说更具关联性和趣味性，为技术材料增添一种非常人性化的触感。但不要太过火。
- 短暂的停顿总是比"呃……"更好。
- 让自己变得生气勃勃，这样很显然对正在讨论的内容感到兴奋。增加自己的个性！
- 采用自然、轻松的节奏。即使有人不注意正在进行的谈话，他们也会立即注意到声音中的焦虑或紧张。
- 尽量保持良好的姿势：站直，头抬起来，然后轻轻地向后和向下拉肩膀。这一点点润色会让演示者看起来更自信。研究表明，采用自信的肢体语言会让演示者在实际中更加自信。
- 注意手部动作。有些人以一种非常分散注意力的方式紧张地动手。但适度使用手势可以增加重点和个性。

有了足够的练习，这些细节将成为第二天性。将能够轻松地进出"谈话模式"，类似于进出角色的演员。那时，它会非常自然，成为第二天性。

许多人对公开演说深感焦虑。如果读者处于这种情况，那么这个部分很可能不会给读者所需的一切。作者鼓励读者研究 Toast Masters 或者一个类似的小组，它们可以帮助人们练习公开演说并且学会放松。

9.5 代码文档

每当提供一段重要的代码作为可交付成果时，重要的是提供某些文档，说明它的作用以及如何使用它。这取决于可以采取多种形式的上下文，包括以下内容：

- 文件顶部的注解。
- 单独的操作手册或用户手册。对于非常大的软件或者要将它交给用户或其他团队时，这比较常见。
- 公司 Wiki 上的页面。
- 可以针对代码运行的单元测试。

无论文档的形式如何，关于文档最重要的事情就是解释某人如何运行代码并重现其功能。这可以让他们自己使用代码并验证它是否按照预期的方式工作。

解释它如何运行是次要的，过分详细可能会适得其反。如果要将源代码发送给某人，期望他们能够阅读和理解代码通常是合理的，用英语重述所有代码是多余的。告诉他们如何运行该软件、从哪里开始查看源代码，这样他们可以从那里跟踪线程。最好给出一个简要的架构概述，指出哪些模块做什么，但此外，作者不会做更多解释。

故障排除部分被包括在其中也是很好的。大多数软件都有一些可以分解的奇怪方法，或者是已知特别脆弱的部分，这些方式对于软件非常具体。如果是这种情况，通过告诉他们可能做错了什么，可以节省用户大约几小时的调试时间。

9.6　延伸阅读

1）Kolko, J, Exposing the Magic of Design, 2011, Oxford University Press, New York, NY。

2）Matplotlib 1.5.1 Documentation, viewed 7 August 2016, http://matplotlib.org/。

9.7　术语

Comic Sans MS　一种因非常随意而臭名昭著的字体，一些人对此存在争议。

C.R.A.P 设计　使用对比、重复、对齐和接近作为平面设计的基本原则的一种理念。

LaTeX　发布科学论文的一种非常流行的标记语言工具。它可以编辑成精美的格式化文件，但它不容易使用，而且学习曲线陡峭。

运行手册　解释一段代码的作用、如何使用它以及如何对其进行故障排除的文件。

第 II 部分
仍需要知道的事情

本书的第 II 部分将涵盖各种可能不会在给定的数据科学项目中出现的主题。这并不意味着对于专业的数据科学家来说,了解它们是可有可无的事情,但这确实意味着目前可能无关紧要,但在今后的职业生涯中肯定会关注这些内容。这部分的目标是提前填补这些空缺。

这些主题涵盖广泛,含有非常通用的分析工具,几乎可以将其纳入第 I 部分,例如聚类分析。除了基本脚本,大部分软件工程概念都适用于本部分内容。最后,还包括一些非常专业的领域,例如自然语言处理,一些数据科学家从来没有使用过它。

第 10 章
无监督学习：聚类与降维

本章研究的是在先验数据未知的情况下，挖掘数据中隐含结构的技术。与分类和回归不同，这些方法通常被称为"无监督"学习，因为在学习过程中并不知道"正确答案"是什么。对数据集结构的研究主要有两种主要方法：聚类和降维。

聚类试图将数据分为不同的"簇"，通常这是为了使不同的聚类对应于不同的基础现象。例如，如果在 x 轴上绘制了一些人的高度，并在 y 轴上绘制了他们的体重，则会看到两个或多或少明显的斑点，对应于男性和女性。对人类生物一无所知的外星人可能会假设人类来自两种截然不同的类型。

降维的目的并不是在数据中查找不同的类别，相反，数据在不同属性中存在大量的冗余信息，人们希望能从中抽取出真正可以表征数据的特征。对于一个 d 维数据，其所有数据点实际上分布于一个 k 维（$k < d$）子集空间中，外加一些 d 维噪声点。例如，在三维数据中，点可能大部分只是沿着一条线或者可能在一个曲线圆上。当然，真实情况通常不会分割得如此清晰。将 k 维数据看作从数据的主要变化中捕捉信息，以根据需要来设置 k 的大小。聚类和降维最本质的区别在于，聚类通常是为了揭示数据的隐藏结构，而降维主要用于问题的计算。例如，处理音频、图像或者视频数据时，维度可达成千上万。数据处理变成一个巨大的计算任务，并且存在与数据点相比具有更多维度的基本问题（即将讨论的"维数灾难"）。在这些情况下，无论是否真的对数据的隐含结构感兴趣，降维几乎是任何计算的先决条件。

10.1 维数灾难

人们很难理解高维空间中的几何体，但是高维度数据却非常重要（因为具有 d 个特征的机器学习算法对存在于 d 维空间中的特征向量进行操作。如果特征是图像中的所有像素值，那么 d 可能相当大！在这些情况下，这些算法的性能往往开始下降）。可以将其理解为高维几何结构的缺陷，即所谓的维数灾难。

所有这一切的实际解决方案是，如果希望自己的算法运行良好，通常需要一些方法将数据压缩到较低维空间中，没有必要过多地谈论维数灾难。

但是如果读者有兴趣，作者将简要介绍一些关于高维度的发展。基本问题在于高维度，不同的点彼此距离很远。为了详细说明，在下面的代码中设置 d 为参数，然后在单位立方体中生成 1000 个随机点，计算每个点到其他点的距离，并分

别显示当 $d=2$ 和 $d=500$ 时的距离直方图：

```
import numpy, scipy
d = 500
data = numpy.random.uniform(
    size=d*1000).reshape((1000,d))
distances = scipy.spatial.distance.cdist(data, data)
pd.Series(distances.reshape(1000000)).hist(bins=50)
plt.title("Dist. between points in R%i" % d)
plt.show()
```

可以看到，对于 $d=500$，立方体中的两个点几乎总是大约相同的距离。如果对球体进行类似的模拟，会发现高维球体几乎所有的质量都在壳中，如图 10.1 所示。

因此需要对原始数据进行降维。

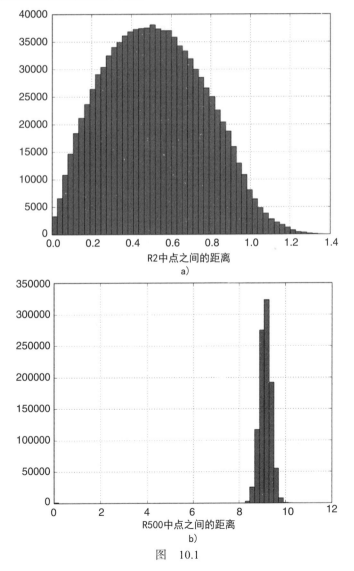

图　10.1

10.2 实例："特征脸"降维

以下脚本将深入到本章将要讨论的许多材料中。载入大小为 64×64 像素的脸部图像样本数据，包含 10 张图像，其中每张图像都有 40 个不同的人。维度是 $d=64 \times 64 = 4096$。然后对图像进行聚类，打印出各个簇之间的差异程度，然后打印出测量结果，确定所识别的簇与所绘各人身份的一致性。

然后利用"主成分分析（Principle Component Analysis，PCA）方法"（将在本章后面对此进行介绍），将 4096 维降维到更精确的 25 维并重新分析。由此发现所识别的簇略优于原始图像。

```
import sklearn
import sklearn.datasets as datasets
from sklearn.decomposition import PCA
from sklearn.cluster import KMeans
from sklearn.metrics import silhouette_score,
adjusted_rand_score
from sklearn import metrics

# 获取数据并格式化
faces_data = datasets.fetch_olivetti_faces()
person_ids, image_array = faces_data['target'], faces_
data.images
# 展开每个 64x64 图像 - >（64 * 64）元素向量
X = image_array.reshape((len(person_ids), 64*64))

# 集群原始数据并进行比较
print "** Results from raw data"
model = KMeans(n_clusters=40)
model.fit(X)
print "cluster goodness: ", silhouette_score(X, model.
labels_)
print "match to faces: ", metrics.adjusted_rand_score(
    model.labels_, person_ids)  # 0.15338

# 使用 PCA
print "** Now using PCA"
pca = PCA(25)    # 传递适合的组件数量
pca.fit(X)
X_reduced = pca.transform(X)
model_reduced = KMeans(n_clusters=40)
model_reduced.fit(X_reduced)
labels_reduced = model_reduced.labels_
print "cluster goodness: ", \
    silhouette_score(X_reduced, model_reduced.labels_)
print "match to faces: ", metrics.adjusted_rand_score(
    model_reduced.labels_, person_ids)
```

当运行此脚本时，输出的结果如下：

** 原始数据的结果
```
cluster goodness:  0.148591
match to faces:  0.454254676789
```
** 使用 PCA
```
cluster goodness:  0.230444
match to faces:  0.467292493785
```

　　为了使数据本身可视化，可以使用以下脚本继续分析，以便更好地了解 PCA 过程。它显示其中一张原始图像，然后显示已识别的前两个所谓的特征脸。PCA 尝试将数据集中的每张图片都模型化为最重要的特征脸的混合结果，因此可视化它们可以让人们了解在整个数据集中脸部是如何变化的。最后，它显示了名为 "Skree" 的图，绘制了不同特征脸的重要性。

```
# 显示随机脸，以了解数据
sample_face = image_array[0,:,:]
plt.imshow(sample_face)
plt.title("Sample face")
plt.show()
# 显示特征脸 0
eigenface0 = pca.components_[0,:].reshape((64,64))
plt.imshow(eigenface0)
plt.title("Eigenface 0")
plt.show()
eigenface1 = pca.components_[1,:].reshape((64,64))
plt.imshow(eigenface1)
plt.title("Eigenface 1")
plt.show()
# Skree 图
pd.Series(
    pca.explained_variance_ratio_).plot()
plt.title("Skree Plot of Eigenface Importance")
plt.show()
```

以上脚本可生成如图 10.2 所示图像：

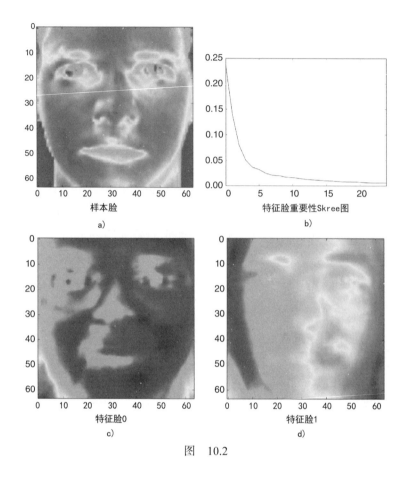

图 10.2

10.3 主成分分析与因子分析

PCA 是一种最基本的降维算法。

在几何学上，PCA 假定在 d 维空间中的数据是"球形"的，即沿着某些轴向伸长，在另一些轴线方向上狭窄，并且通常没有大量的异常值，以图 10.3 为例。

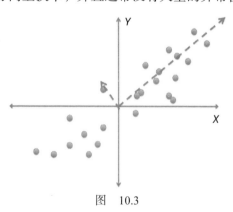

图 10.3

　　直观地说，数据是"真正"的一维数据，位于 $x = y$ 线上，但有一些随机噪声会对每个点产生轻微干扰。与其使用两个特征 x 和 y 来对点进行描述，不如仅利用一个特征 $x + y$，即可对该点进行近似。有两种方法来看待这个问题：

　　• 直观上讲，$x + y$ 可以看作真实特征中的隐含数据，而 x 和 y 则是人们所测量的。利用 $x+y$ 可以提取比任何实际的原始特征更有意义的特征。

　　• 技术上讲，处理一个数值比两个数值的计算效率更高。在这种情况下，如果只知道 $x + y$，则可以很精确地估计出 x 和 y。从计算上讲，使用一个数字比使用两个数字更能避免维数灾难。

　　PCA 的用途：①确定能够表征数据集的大多数结构的正确特征（例如 $x + y$）；②从原始数据点中抽取这些特征。

　　更具体地说，PCA 以 d 维向量集合作为输入，然后找到一个包含 d 个"主成分"向量且各向量长度为 1 的向量集合，记作 p_1，p_2，$\cdots$，p_d，则数据集中的点 x 可以表示如下：

$$x = a_1 p_1 + a_2 p_2 + \cdots + a_d p_d$$

　　然而，p_i 的选择需要满足 a_1 通常远大于其他 a_i，且 a_2 大于 a_3 及其他系数，以此类推。事实上，前几个 p_i 即捕获了数据集中的大部分变化，x 即前几个 p_i 以及一些小的修正项的线性组合。PCA 的理想情况是数据集中的大量特征趋于高度相关，例如图像中的邻近像素很可能具有相似的亮度值。因此，本章提供的样例脚本特别适用于 PCA 应用。

　　本章脚本中用于执行 PCA 分析并降低数据集维度的代码如下：

```
pca = PCA(25)
pca.fit(X)
X_reduced = pca.transform(X)
```

　　需要注意的是，在这个样例中，将所要提取的成分个数作为参数传递给 PCA。采用这种模式，仅提取前几个成分就能有效提高计算效率。因此，该策略适用于不需要全部 PCA 组分的情况。

10.4　Skree 图与维度的理解

　　使用 PCA 的动机在于，假定数据集为"真正"的一维，并且 PCA 的目标之一是通过观察使用多少个成分来获取数据集的大部分结构，从而抽取出这个"真正"的维度。然而实际远没有这么清楚，只能得到前几个最重要的成分。

　　通常可以绘制出一个用于描述不同主成分的重要性（从技术上讲，这个重要性是通过该成分的方差在数据集中所占的比例来度量）的图，即之前生成的 Skree 图，如图 10.4 所示。

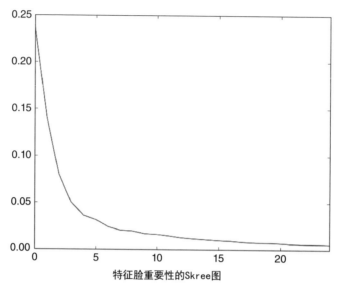

特征脸重要性的Skree图

图 10.4

基于图 10.4 的数据，可以推断人脸数据集的维数为 15 左右，仍然维数较多，但还是远小于原始数据的 4096 维。

10.5 因子分析

应该注意到，PCA 与统计学中的因子分析有关。从数学上讲，两者是相同的：发现坐标的变换，其中数据中大多数的变化存在于第一个新坐标系中，第二多的数据变化存在于第二个新坐标系中，以此类推。术语的区别在于它们独立存在并以不同的方式应用于不同领域。

在 PCA 中，通常的想法就是降维。找出能代表数据变化所需的新坐标系的个数，再将原始数据点减少到这几个坐标系中。PCA 的典型应用是分析人脸图片：数据中有大量的维度，而这些维度几乎完全是冗余的，通过对主成分的分析可以加深对系统的理解。

另一方面，因子分析更多的是确定产生观察数据的因果关系"因素"。一个重要的实例就是对智力的研究。智力测试在许多不同领域（数学、语言等）都是相关的，这表明相同的潜在因素可能会在许多不同领域影响智力。研究人员发现，在不同的智力测试中，g 因子能够表达出一半的特征。本书从 PCA 的角度来看待事物，但应该意识到这两种观点都是有用的。

10.6 PCA 的局限性

使用 PCA 时有 3 大陷阱：

• 对维度的缩放需要具有可比较的标准差。如果随意将某个特征乘以 0.1%

（也许通过测量以毫米为单位的距离而不是以米为单位，原则上不会改变数据的实际内容），那么 PCA 会认为是该特征对数据集的方差。如果将 PCA 应用于图像数据，那么这很可能不是什么大问题，因为所有像素通常都是缩放的。但是如果试图在人口统计数据上使用 PCA，则必须将某人的收入和身高统计为相同的尺度。因为此局限点，PCA 对奇异数据很敏感。

• PCA 假定数据是线性的。如果数据集的“真实”形状是在高维空间中弯曲成弧形，则它将变成几个模糊的主要组成部分。PCA 对降维仍然有用，但这些成分本身可能不是很有意义。

• 如果在面部图像或类似图像上使用 PCA，则图像的关键点需要彼此对应。例如，当眼睛被不同的像素覆盖时，PCA 将无用武之地。如果照片没有对齐，那么大多数数据科学家则无法进一步处理。

10.7　聚类

聚类与使用 PCA 相比，是一个更加棘手的问题。这有几个原因，但其中许多原因归结为一个事实，就是 PCA 的目的明确，但通常不确定想要从聚类中获得什么。“好”的聚类没有清晰的分析定义，所能提出的每一个候选聚类都具有一系列非常合理的拒绝理由。唯一真正的指标是聚类是否反映了一些潜在的自然分割，然而这很难评估：如果已经知道自然分割结果，那么为什么要聚类呢？

为了让读者了解所面临的挑战，需要思考下面的问题：

• 如果需要聚类的数据点是连续的，那么它将与聚类的概念相悖。这是人们不想要处理的。

• 聚类簇可以重叠么？

• 聚类簇的形状应该是怎样的？可以是球状或者圈状么？

10.7.1　聚类簇的实际评估

本节在稍后会介绍一些用于对聚类簇质量进行评估的方法。其中最有用的一个就是兰德指数，它可以将生成的聚类与一些已知的基本事实进行比较，以确定聚类应该是怎样的。在前面的示例脚本已经使用过该指数。

但通常情况下，没有任何可用的基本事实，而一个好的聚类簇究竟包含哪些要素也还有待研究。在这种情况下，本节建议进行一系列合理性检查。其中最受欢迎的部分包括以下内容：

• 对于每个聚类簇，基于未用作聚类输入的特征，计算该聚类簇的一些统计信息。如果聚类簇真的与现实世界中的不同事物相对应，那么它们应该表现出不同的聚类方式。

• 从不同聚类簇中随机抽取一些样本并进行检查。查看来自于不同聚类簇的样本是否具有明显的差别。

- 如果数据是高维的，则使用 PCA 对其维度约减，投影到二维平面，并绘制散点图。观察聚类簇是否不同，这在需要对主成分进行实际物理意义解释时非常有用。
- 紧缩 PCA。从关心的数据中提取两个特征，并给予这两个维度绘制散点图，观察这些聚类簇是否合理。
- 尝试不同的聚类算法是否能获得相似的聚类簇？
- 对数据的随机子集重新进行聚类是否还能获得相似的聚类簇？

需要注意的是，能否在后期向已经得到的聚类簇中指派新的数据点非常重要。一些算法具有明确的依据，因此可以很容易地标出一个未训练的数据点归属于哪个聚类簇。而在其他算法中，聚类簇由其中包含的点定义，将一个新的数据点指派到聚类簇需要重新对整个数据集进行聚类（或进行某种类似的操作）。

10.7.2 k 均值聚类

k 均值算法是一种便于理解、实现和使用的技术之一。它基于 d 维空间中的向量表示，其想法是将这些向量分成紧凑的、不重叠的聚类簇。这些聚类簇应该是紧凑的（没有回路，不是超长的），并且不重叠。

计算聚类簇的经典算法非常简单。从 k 个聚类簇中心开始，然后将每个数据点迭代指派到最近的聚类簇中心，然后重新计算新的聚类簇中心。其伪代码如下：

```
1. Start off with k initial cluster centers.
2. Assign each point to the cluster center that it's
closest to.
3. For each cluster, recompute its center as the
average of all its assigned points.
4. Repeat 2 and 3 until some stopping criterion is met.
```

当一开始不存在聚类簇时，可以采用一些巧妙的方法来初始化聚类簇，并在聚类簇变得稳定时建立聚类簇，此外，该算法非常简单直接。

在 scikit-learn 中，执行聚类的代码如下：

```
from sklearn.cluster import KMeans
model = KMeans(n_clusters=k)
model.fit(my_data)
labels = model.labels_
cluster_centers = model.cluster_centers_
```

k 均值聚类具有一个有趣的特性（有时候是一种好处），当 k 大于数据中"真实"的聚类簇数量时，则会将一个大的"真实"聚类簇分成几个计算聚类簇。在这种情况下，k 均值聚类不是一种识别聚类的方法，而更像是将数据集划分为"自然"区域的方式，如图 10.5 所示，设置 $k=3$，但实际上有两个聚类簇。

图　10.5

类似这样的情况通常可以通过使用轮廓系数来找到并不是很明显的聚类簇。

k 均值聚类的结果非常容易应用于新数据，只需将新数据点与每个聚类簇中心进行比较，然后将其指派给距离最短的聚类簇。

需要注意的是，k 均值在任何意义上都无法保证找到最佳聚类簇。出于这个原因，通常使用不同的随机初始聚类簇中心，多次执行 k 均值聚类。scikit-learn 默认这样处理。

10.7.3　高斯混合模型

大多数聚类算法的一个关键特征是每个数据点都被分配到一个单一的聚类簇中。但实际上，许多数据集都包含一个大的灰色区域，而混合模型能够对该区域进行处理。

高斯混合模型（GMM）可以看作能够处理灰色区域的 k 均值版本，并在为特定聚类簇分配数据点时提供置信度。

每个聚类簇都建模为多元高斯分布，该模型由以下参数描述：

1）聚类簇的数量；

2）每个聚类簇中包含数据点的比例；

3）每个聚类簇的均值及其 d-d 协方差矩阵。

在训练 GMM 时，计算机会保持一个用于决定数据点指派到哪个聚类簇的置信度，并且不会将数据点完全指派到某个聚类簇：聚类簇的均值和标准差将受到训练集中每个数据点的影响，数据点所产生的影响与其从属聚类簇的置信度成比例。当需要对新的数据点进行聚类时，可以为模型中的每个聚类簇设定置信水平。

混合模型有许多与 k 均值相同的优点和缺陷。它们很容易理解和实现；计算成本非常低，可以通过分布式方式完成；它们都提供清晰、可理解的输出，可以很方便地对新的数据点进行聚类。另一方面，它们都或多或少地假设聚类簇是凸的，并且在训练时很容易陷入局部最优解。

在 scikit-learn 中，用于 GMM 的代码如下：

```
from sklearn import mixture
model = mixture.GMM(n_components=5)
model.fit(my_data)
cluster_means = model.means_
# 数组给出每个聚类的每个数据点的权重
labels = model.predict_proba(my_date)
```

还应该注意到，GMM 是混合模型大家族中最受欢迎的实例。同样可以使用除高斯分布外的其他分布作为待聚类数据的模型，或者甚至有一些聚类簇符合高斯分布，剩下的聚类簇则符合其他的分布。大多数混合模型类库都使用高斯模型，基于此，它们都采用 EM 算法进行训练，但是它们对被建模数据的分布并不清楚。

10.7.4 合成聚类

层次聚类是共享通用结构的算法类别。该方法从大量小的聚类簇开始，通常一个数据点即一个聚类簇。然后将这些聚类簇先后进行合并，直到生成一个大的聚类簇。因此，其输出不是数据的单一聚类簇，而是潜在聚类的层次结构。如何选择合并聚类簇以及如何寻找"折中"聚类决定了算法的细节。

层次聚类相对于 k 均值的优点是（取决于如何对聚类簇进行合并）其支持任意大小和形状的聚类簇。然而，缺点是没有现成的方法为现有的聚类簇指派新的数据点。

以下 Python 语言代码将执行数据的合成聚类，完成合并然后将每个数据点分配给其中一个聚类簇，直到只保留 5 个聚类簇。linkage 取值为"ward"表示选择具有最低方差的两个聚类簇作为需要合并的聚类簇：

```
from sklearn.cluster import AgglomerativeClustering
clst = AgglomerativeClustering(
    n_clusters=5, linkage='ward')
cluster_labels = clst.fit_predict(my_data)
```

10.7.5 聚类质量评价

评价聚类结果的算法有两大类：一类是有监督聚类，在这类方法中，已知一些关于"真实"聚类簇的知识，并且可以比较发现的聚类簇与"真实"聚类簇之间的接近程度。另一类是无监督聚类，在这类方法中，将数据点看作 d 维空间中的向量，观察这些聚类簇在几何分布上的不同。

10.7.6 轮廓分数

轮廓分数是最常见的无监督聚类方法，是对 k 均值聚类结果进行评分的理想方法。该方法基于一种直觉，即聚类簇内部的数据点应当是密集的，并且聚类簇之间则应当彼此分离，与 k 均值相似，该方法特别适用于密集、紧凑的聚类簇，这些聚类簇都具有相似的大小。轮廓分数不适用于中间紧凑型的环形组群。

具体来说，每个数据点都被赋予一个"轮廓系数"的定义：

- a = 该数据点与同一聚类簇中所有其他点之间的平均距离；
- b = 该点与下一个最接近的聚类簇中所有其他点之间的平均距离。

轮廓系数被定义为

$$s = \frac{b-a}{\max(a,b)}$$

系数总是在 –1~1。如果它接近 1，这意味着 b 比 a 大得多，也就是说，该数据点与自己聚类簇中的点的平均距离更近。接近 0 的分数表明该数据点与两个聚类簇等距，即它们在空间上重叠。负的分数表明该数据点被错误聚类。

一个聚类簇的轮廓分数是该聚类簇中所有点的平均轮廓系数。

轮廓分数并不能解决所有问题。例如，假设一个聚类簇比另一个聚类簇大得多，并且它们非常接近，如图 10.6 所示。图 10.6 中箭头所指的数据点明显属于右边的聚类簇，但是由于它的聚类簇非常大，使得它距离大多数聚类簇的距离都很大。这将会产生一个较差的轮廓分数，因为它距离附近聚类簇的平均距离要比距离自己聚类簇更近。

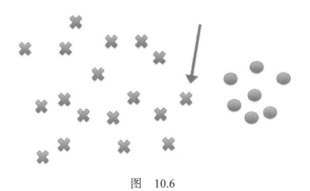

图　10.6

但是轮廓分数计算简单易于理解，如果聚类簇策略基于类似的假设，则应考虑使用轮廓分数。

轮廓分数已经被内建到 scikit-learn 中，可以通过以下方式调用：

```
from sklearn.metrics import silhouette_score
from sklearn.metrics import silhouette_samples
coeffs_for_each_point = silhouette_samples(mydata,
labels)
avg_coeff = silhouette_score(mydata, labels)
```

10.7.7　兰德指数与调整兰德指数

当知道至少某些点的正确聚类簇时，兰德指数很有用。它不会尝试将发现的聚类簇与知道的正确聚类簇进行匹配。相反，它的基本想法是两个应该在同一个聚类簇中的数据点就会被指派到同一个聚类簇中。

如果将数据点 x 和 y 放在同一个聚类簇中，并且背景知识告诉人们它们在相同的聚类簇中，则称一对点（x, y）被"正确聚类"。如果将 x 和 y 放在不同的聚类簇中，并且背景知识告诉人们它们在不同的聚类簇中，那么这对点也被正确聚类。如果已知 n 个数据点的正确聚类簇，那么这些数据点有 $n(n-1)/2$ 个不同的点对。兰德指数是被正确聚类的数据点在所有数据点中所占的比例。其取值范围为 0~1，其中 1 表示每个点对均被错误聚类。

兰德指数的问题是，即使对数据点进行随机聚类，也会得到一些偶然正确的点对，使指数大于 0。事实上，平均得分取决于正确聚类簇的相对大小。如果有很多聚类簇，而且它们都很小，那么大多数点对就会被莫名其妙正确地分配给不同的聚类簇。

"调整兰德指数"通过查看已识别的聚类簇的大小和真实聚类簇的大小来解决这个问题，然后考察兰德指数的范围并对其进行缩放，如果聚类簇指派是随机的，则兰德指数的平均值为 0；如果匹配是完美的，则兰德指数达到最大值 1。兰德指数代码如下：

```
from sklearn import metrics
labels_true = [0, 0, 0, 1, 1, 1]
labels_pred = [0, 0, 1, 1, 2, 2]
metrics.adjusted_rand_score(labels_true, labels_pred)
```

10.7.8　互信息

另一个有监督聚类的度量指标是互信息。互信息是一个来自于信息论的概念，与关联相似，只是它适用于类别变量而不是数字变量。在聚类中，这个想法是，如果从训练数据中选择一个随机数据点，会得到两个随机变量：该数据点真实所属的聚类簇以及该数据点被指派的已识别聚类簇。问题是如果只知道一个变量，那么如何对另一个变量进行预测。如果这些概率分布是独立的，那么互信息将为 0，并且如果两者中的任何一个可以完全从另一个中推断出来，那么得到分布的熵。

互信息分数可以通过 scikit-learn 获得，如下：

```
from sklearn import metrics
labels_true = [0, 0, 0, 1, 1, 1]
labels_pred = [0, 0, 1, 1, 2, 2]
metrics.mutual_info_score(labels_true, labels_pred)
```

10.8　延伸阅读

1）Bishop, C, Pattern Recognition and Machine Learning, 2007, Springer, New York, NY。

2）Scikit-learn 0.171.1 documentation, http://scikit-learn.org/stable/index.html, viewed 7 August 2016, The Python Software Foundation。

10.9　术语

调整兰德指数　兰德指数的变体，在兰德指数不比随机指派更好的情况下取值为 0。

合成聚类　一种聚类方法，用于查找彼此接近的两个聚类簇（可能只是单个点），然后将它们合并到单个聚类簇中。该过程一直持续，直至达到某个终止条件。

特征脸　在脸部图像上使用主成分分析时，特征脸是主成分。当被视为图像时，它们通常是虚幻的伪面孔。

高斯混合模型　一个混合模型，其中所有聚类簇都建模为高斯分布。

_k_ 均值聚类　可能是最流行的聚类方法。它假定聚类簇是紧凑、不重叠的。该方法在实践中运行良好，训练效率高，并且可以很容易对新的数据点进行聚类。

混合模型　聚类中使用的概率模型。每个聚类簇都被建模为一个概率分布，其数据点来自于该分布。这使得数据集中的一个数据点位于两个聚类簇之间的灰色区域是可能的，它可能来自任何一个聚类簇。

互信息　衡量两个概率分布之间的“相关性”，可以用来衡量一组聚类簇对已知真实聚类簇的对应程度。

主成分分析（PCA）　一种降维技术，可将输入数据点通过几个“主成分”向量的线性组合来逼近。考察成分本身可以加深对数据集的理解。

兰德指数　衡量一组聚类簇与已知真实聚类簇的对应程度。

轮廓分数　衡量一个聚类簇的紧凑程度以及与其他聚类簇相互区别的程度。

第 11 章
回　　归

回归和分类的本质一样，即利用输入特征，预测出一个输出结果。在分类中，一般输出结果为二值的或类别的。而对于回归，输出特征则是一个实数值。

通常，回归算法分为两类：

· 将输出建模为输入的线性组合。这里有很多优雅的数学和原理性方法来处理数据异常。

· 任何非线性的问题都很难解决。

本章将回顾几种机器学习中比较流行的回归方法，同时介绍一些评估回归表现的方法。

本书中做出约定，在本章回归中包含将拟合直线（或其他曲线）到二维数据。在机器学习的回归中，通常没有曲线拟合，但从数学上来讲，它们是一样的：假设一些输出的函数形式为输入函数（如 $y=m_1x_1+m_2x_2$，其中 x_i 是输入，m_i 是根据实际需求而设定的参数），然后通过训练集数据，选择尽可能好的参数进行拟合（自己定义这里的"尽可能好"）。它们之间的区别是历史上的一次偶然，根据数据拟合曲线的研究要远远早于机器学习，甚至早于计算机。

11.1　实例：预测糖尿病进展

下面的脚本利用一个描述了 442 位糖尿病患者处采集的生理测定数据集，其中的目标变量是患者病情指标。脚本之后是根据预测数据生成的图像，如图 11.1 所示。

```
import sklearn.datasets
import pandas as pd
from matplotlib import pyplot as plt
from sklearn.cross_validation import train_test_split
from sklearn.linear_model import\
LinearRegression, Lasso
from sklearn.preprocessing import normalize
from sklearn.metrics import r2_score
diabetes = sklearn.datasets.load_diabetes()
X, Y = normalize(diabetes['data']), diabetes['target']
X_train, X_test, Y_train, Y_test = \
    train_test_split(X, Y, test_size=.8)
linear = LinearRegression()
linear.fit(X_train, Y_train)
preds_linear = linear.predict(X_test)
corr_linear = round(pd.Series(preds_linear).corr(
  pd.Series(Y_test)), 3)
rsquared_linear = r2_score(Y_test, preds_linear)
print("Linear coefficients:")
print(linear.coef_)
plt.scatter(preds_linear, Y_test)
plt.title("Lin. Reg.  Corr=%f Rsq=%f"
  % (corr_linear, rsquared_linear))
plt.xlabel("Predicted")
plt.ylabel("Actual")
# 添加 x = y 行进行比较
plt.plot(Y_test, Y_test, 'k--')
plt.show()
lasso = Lasso()
lasso.fit(X_train, Y_train)
preds_lasso = lasso.predict(X_test)
corr_lasso = round(pd.Series(preds_lasso).corr(
  pd.Series(Y_test)), 3)
rsquared_lasso = round(
  r2_score(Y_test, preds_lasso), 3)
print("Lasso coefficients:")
print(lasso.coef_)
plt.scatter(preds_lasso, Y_test)
plt.title("Lasso. Reg.  Corr=%f Rsq=%f"
  % (corr_lasso, rsquared_lasso))
plt.xlabel("Predicted")
plt.ylabel("Actual")
# 添加 x = y 行进行比较
plt.plot(Y_test, Y_test, 'k--')
plt.show()
```

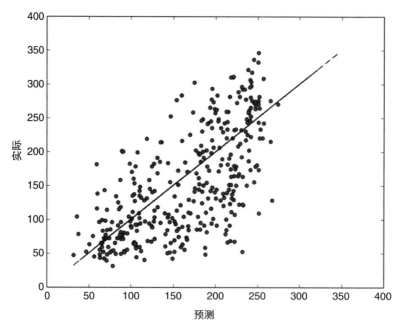

Lin. Reg. Corr = 0.660000 Rsq = 0.396544

a)

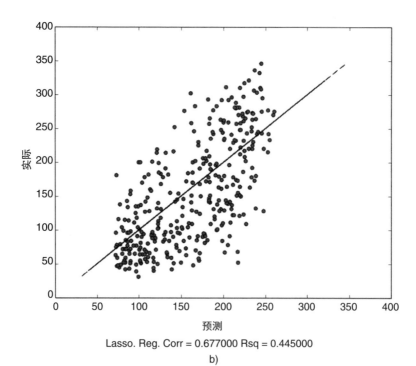

Lasso. Reg. Corr = 0.677000 Rsq = 0.445000

b)

图　11.1

11.2　最小二乘法

回归最简单的例子应该就是在高中时，利用一条直线拟合数据。假设有关于一对 x/y 的集合，试图将这些数据对拟合为以下直线形式：

$$y = mx + b$$

在学校时处理此类问题的方法通常是将这些点在坐标轴上绘制出来，通过观察，利用直尺将这些点拟合到一条直线上，然后利用所得直线得出 m 和 b 的值。在某种程度上，本书仍认为这是解决此类问题的最好方法，因为人眼可以观察出奇异数据点并且能立即注意到错误数据。回顾 Anscombe 四重奏，其中 4 个数据中的每一个都具有最佳拟合线和同等的拟合质量，至少使用如图 11.2 所示标准方法。

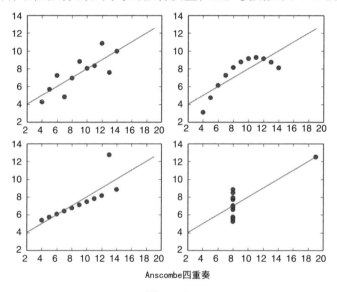

Anscombe四重奏

图　11.2

然而通常需要用客观的方式来找出一个数值，一个可以在没有人工干预的情况下，利用计算机找出来的数值。

拟合直线最基本的方法是最小二乘法。利用 Python 语言可以通过线性回归来拟合上面示例中的类别，其中的拟合系数可以通过以下方法得到：

```
>>> import numpy as np
>>> x = np.array([[0.0],[1.0],[2.0]])
>>> y = np.array([1.0,2.0,2.9])
>>> lm = LinearRegression().fit(x, y)
>>> lm.coef_  # m
array([ 0.95])
>>> lm.intercept_   # b
1.0166666666666671
```

最小二乘法通过选择 m 和 b 的值来最小化"惩罚函数"，该惩罚函数在所有点处都加上了一个误差值：

125

$$L = \sum_i (y_i - (mx_i + b))^2$$

这里要理解的一个关键问题是，该惩罚函数使得最小二乘回归对数据中的异常值极其敏感：3 个大小为 5 的偏差会产生 75 的惩罚值，但是仅仅一个大小为 10 的偏差即会产生 100 的惩罚值。线性回归通过调整参数来避免单个数据点产生大的偏差，这不适用于可能出现少数大偏差的情况。

另一种更适合处理具有异常值的数据的方法是使用惩罚函数：

$$L = \sum_i |y_i - (mx_i + b)|$$

通过将不同误差项的绝对值求和，将其称为"L1 回归"。异常值仍会产生影响，但不会比最小二乘的影响更大。另一方面，与最小二乘相比，L1 回归会产生相对于期望更小的偏差惩罚，并且在计算实现上更加复杂。

11.3 非线性曲线拟合

不仅是数据科学，在工程和一般科学中，数据曲线拟合都是普遍存在的问题。通常，人们希望存在一个特定的函数形式，通过提取最佳的拟合参数即可揭示一些关于研究系统的有意义的结论。以下举一些常见的例子：

- 指数衰减到某个基线。这对多进程建模非常有用，因为这些系统在某种激活状态下启动并衰减到基线：

$$y = ae^{-bx} + c$$

- 指数增长：

$$y = ae^{bx}$$

- 逻辑增长，这对生活在受限环境中的种群密度建模非常有用，该环境仅支持如下数量的种群规模：

$$y = a\frac{e^{bx}}{c + e^{bx}}$$

- 多阶多项式：

$$y = a_0 + a_1x + a_2x^2$$

最小二乘法是解决这些情况的典型方法，选择合适的参数以最小化惩罚函数：

$$L = \sum_i (y_i - f(x_i))^2$$

在 Python 语言中，一般最小二乘拟合的方法是使用 curve_fit 函数，如下面的代码所示。它将第一个参数作为用户定义的函数，接受 x 和一些附加参数（此代码中的两个参数），使用这些参数计算 x 的某个函数并返回该值。接下来的参数是

数据中的 x 值和 y 值。然后 curve_fit 通过优化的试错过程（将在本书后面讨论），试图找到附加参数的值，这些参数将使给定的 x 和 y 值的误差项最小化。它返回一个包含两个元素的元组：最佳拟合参数和估计它们变化程度的矩阵。

以下脚本创建了形式为 $y=2+3x^2$ 的一些数据，为其添加了一些噪声，然后使用 curve_fit 函数将形式为 $y=a+bx^2$ 的曲线与数据拟合：

```
from scipy.optimize import curve_fit
xs = np.array([1.0, 2.0, 3.0, 4.0])
ys = 2.0 + 3.0 *xs*xs + 0.2*np.random.uniform(3)
def calc(x, a, b):
    return a + b*x*x
cf = curve_fit(calc, xs, ys)
best_fit_params = cf[0]
```

当在计算机上运行以上脚本时，可以发现 $a= 2.33677376$ 和 $b= 3-a$ 是一个非常好的匹配。

需要指出的是，在计算上，如此做非线性拟合非常慢，并且数值算法有时会出现严重错误并给出不正确的结果。如果可以，解决这个问题的最好方法就是通过为数据的某些变换（例如对数）拟合一条线来将非线性问题转化为线性问题。如果这不可能，还可以通过输入一个初始猜测作为可选参数来提高性能：在 curve_fit 函数中，可选参数称为 p0。

11.4　拟合度：R^2 和相关度

在评估拟合曲线的质量时，应该考虑以下两个问题：

- 可以预测多精准的数据？
- 假定数据遵循某种功能形式，但这是一个很好的假设吗？

解决第一个问题的标准方法称为 R^2。R^2 通常被描述为模型考虑的方差的比例。值为 1.0 意味着完美匹配，而值为 0 则意味着没有捕获任何方差。在某些情况下（R^2 有几个不同的定义被使用），它甚至可以取负值。

如果想得到更详细的信息，R^2 的计算基于两个概念：

- 总误差：

$$TV = \sum_i \left| y_i - \overline{y} \right|^2$$

式中，$\overline{}$ 是数据中所有 y 值的平均值。

- 残差：

$$RV = \sum_i \left| y_i - f(x_i) \right|^2$$

确切地说，拟合模型在数据中占一定比例的变化。R^2 的定义是

$$R^2 = 1 - \left(\frac{RV}{TV} \right)$$

可以将其视为从模型获取的所有变化的一部分。当然，采用残差二次方并非一定是量化变化的"正确"方式，但它是最标准做法。

虽然看起来是对 R 作二次方，但如果模型真的很糟糕，从技术上而言，R^2 也可能为负值。当 $R^2 = 0$ 时，如果只是定义拟合函数来返回 y 的平均值作为一个常数值，将会看到：

$$f(x) = \overline{y}$$

可将该方法视为拟合数据最简单的方法。取值更糟糕时，R^2 会变成负值。

在本章开头的脚本示例中，与 R^2 的相关行如下：

```
from sklearn.metrics import r2_score
rsquared_linear = r2_score(Y_test, preds_linear)
```

量化适合度检测的另一种方法是简单地将预测值与测试数据中的已知值进行关联。该方法的优点在于根据如何处理异常值，可以使用 Pearson、Spearman 或 Kendall 相关性。另一方面，相关性只是衡量预测和目标价值是否相关，它并不衡量它们是否真的匹配。

11.5　残差相关性

衡量回归情况下拟合度的主要方法是预测目标和实际目标之间 R^2 的相关性。大家通常不会询问被假定的功能形式是否是"正确"的形式。如果拟合二维数据，这个问题也可以解决。

评价模型质量的最简单方法是将已知数据与预测值曲线进行比较，查看它们是否匹配。例如在 Anscombe 四重奏中，可以清楚地看到，线性模型能够正确拟合第一个数据集，但是无法拟合第二个数据集。

量化这种关系的一种方法就是残差相关性。直观地说，如果模型是正确的，那么观察到的数据应该是最佳拟合公式加上随机噪声。在这种情况下，实际数据将随机高于或低于拟合的曲线。另一方面，如果模型不够好，则数据可能会在较大范围内高出或者低于拟合曲线。这意味着根据 x 值对数据点排序，并计算这些连续残差之间的相关性。接近于 0 的残差表明模型是较好的，任何预测的失效都是由数据中的噪声导致的，而不是因为没有选择正确的功能形式。

11.6　线性回归

本节从拟合曲线开始进入更接近"机器学习"的主题，首先从线性回归开始。

线性回归与拟合数据具有相同的过程：

$$y = b + m_1 x_1 + m_2 x_2 + \cdots + m_d x_d$$

式中，d 是输入特征的数量。

前面大多数的内容都直接涉及这个更普遍的情况：使用最小二乘法拟合数据，使用 R^2 量化性能，并且还可以使用预测值和实际值之间的相关性。

最本质的区别在于，根据实际数据点绘制预测曲线是不现实的。可以做的是在已知的测试值和这些测试数据点的预测值之间绘制散点图。这使得能够评估模型是否对更大或更小的值有更好的表现，以及是否存在大量异常值。为了进一步说明，通过上述示例脚本以线性回归模型生成图 11.3。

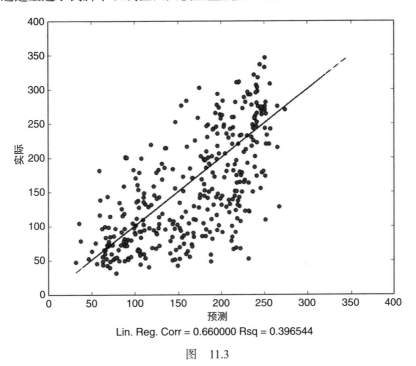

Lin. Reg. Corr = 0.660000 Rsq = 0.396544

图　11.3

可以看到预测数据和实际数据之间存在明显的相关性，但是较为单薄。特别是，可以看到有很多数据点的实际值远远低于预测，也就是说，他们的糖尿病的损害远远小于基于其他测量所猜测的损害。事实上，整个拟合线看起来比数据本身略低。这表明存在一些异常低的数据点，使得总体预测低于应有的水平。

线性回归还可以用来识别数据中的感兴趣特征。在示例脚本中，使用 normal-ize() 函数来缩放所有特征，使其均值为 0，标准差为 1。这意味着，通过查看线性模型中权重的相对大小，可以得到他们与糖尿病的进展的相关性。在示例脚本中输出如下系数：

```
>>> print(linear.coef_)
[-28.12698694 -33.32069944   85.46294936   70.47966698
-37.66512686
  20.59488356 -14.6726611   33.10813747   43.68434357
-5.50529361]
```

这表明，对于想要更加紧密地研究它们与糖尿病的关系，第 3 个和第 4 个特征是很有意义的。

11.7 LASSO 回归与特征选择

再次查看线性回归中的系数，能够确定几个特征比其他特征更有希望作为进一步考察的目标，但遗憾的是，除了最后一个系数，其他的系数都非常大。这里有两个问题：

- 更难精确确定哪些特征更重要。
- 数据过度拟合的可能性很大。许多中等大小的系数可以设置为使它们彼此平衡，虽然能较好地拟合训练数据本身，但是泛化能力很差。

LASSO 回归的想法是仍然使用线性模型来拟合数据，但需对非零权重进行惩罚。

一个 LASSO 回归模型输入一个 alpha 参数，该参数表示对非零权重的惩罚程度。将 alpha 设置为 0 即退化为线性回归。在脚本中使用的默认值是 1.0。

示例脚本生成与线性回归相同的散点图和性能指标。可以看到预测值 / 实际值的散点图更紧密地集合在中线，表明该回归合适。通过较高的 R^2 值和相关性证实了目测结果，线性模型确实过度拟合了数据。

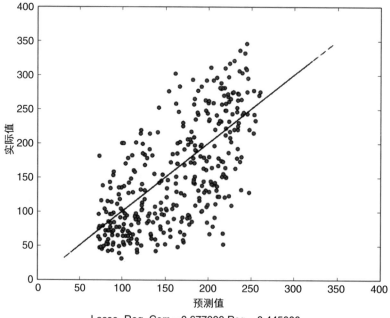

Lasso. Reg. Corr = 0.677000 Rsq = 0.445000

图   11.4

当查看拟合系数时，线性和 LASSO 之间的差异则会出现：

```
>>> print(lasso.coef_)
[ -0.         -11.49747021   73.20707164   37.75257628
 0.           0.
 -10.36895667   3.70576596   24.17976499   0.          ]
```

6 个特征中的 4 个特征的权重为 0。在剩余特征中，显然第 3 个特征与糖尿病的发展最相关，其次是第 4 个和第 9 个特征。

11.8　延伸阅读

1）Bishop, C, Pattern Recognition and Machine Learning, 2007, Springer, New York, NY。

2）Scikit-learn 0.171.1 documentation, http://scikit-learn.org/stable/index.html, viewed 7 August 2016, The Python Software Foundation。

11.9　术语

L1 惩罚　调整模型参数以便最小化残差绝对值之和的回归方法。这种方法比最小二乘法具有更强的鲁棒性。

最小二乘　一种回归方法，通过调整模型参数，以最小化残差平方和。这是最标准也是最适合的方法。

R^2　衡量回归模型对数据的拟合程度。它是模型考虑的所有测试数据的差异的一部分。

残差　预测数值与实际观察值之间的差异。

第 12 章
数据编码与文件格式

从专业物理学的角度来看，作者在数据科学领域的第一年的一项重要工作是发现那些可能已经知道的数据的新格式。这在当时有点令人沮丧，所以先说明一点：人们总是在探索新的数据类型和格式，并且永远在追赶这些新的数据类型和格式，不过有几种常见格式应该了解。似乎每一个新数据格式的出现很容易被理解为某个已存在格式的变形，所以将有良好的立足点去理解新出现的数据格式。当然，有些广义原则是构成所有格式的基础，希望能让读者感受一下。

首先，将讨论作为数据科学家可能会遇到的特定文件格式。包括解析这些文件格式的示例代码，讨论适用情况和有关数据格式未来的一些想法。

在本章的后半部分将讨论数据在计算机物理内存中的存储。这将涉及在计算机内部查看性能的考虑因素，并更深入地了解之前所讨论的文件格式。本节将在处理病态的原始数据或编写旨在提高速度的代码时派上用场。

12.1 典型的文件格式类别

特定的文件格式有许多，它们可分为几大类，本节将介绍数据科学中最重要的格式。本节并非详尽无遗，介绍的文件类型并不是相互排斥的，只是对文件格式的概要介绍。

12.1.1 文本文件

数据科学家看到的大多数原始数据文件都是文本文件，这是 CSV 文件、JSON、XML 和网页最常用的格式。从数据库中提取的数据、从网络里获取的数据以及由计算机生成的日志文件，这些通常都是文本文件。文本文件的优点在于它可以被人类读取，这就意味着脚本的编写生成与解析非常简单。文本文件适用于格式相对简单的数据。

但这也存在局限性，文本是一种众所周知的低效率的存储数字的方法。字符串 "938238234232425123" 占用 18B，但它所表示的数字将以 8B 存储在内存中。这不仅要付出存储的代价，还必须将数字从文本转换为新格式，然后才能在计算机上运行。

12.1.2　密集数组

如果要存储大量的数字数组，那么将它们存储为计算机用于处理数字的本地格式时，将节省存储空间并提高处理性能效率。大多数图形文件或声音文件主要由在内存中彼此相邻的密集数组组成。许多科学数据集也属于这一类。根据作者的经验，在数据科学中不会经常看到这些数据集，但它们确实存在。

12.1.3　程序相关的数据格式

许多计算机程序都有自己专用的文件格式，包括诸如 Excel 文件、db 文件和其他类似格式。通常需要查找相应工具来打开其中一类文件。

根据经验，打开这些文件通常需要一些时间，因为程序中经常会有许多花里胡哨的内容，这些内容可能不会出现在特定数据集中。这使得每次重新运行分析脚本时都要重新分析它们成为很痛苦的事情，且通常情况下，它比对数据的实际分析要花费更多时间。作者通常将 CSV 版本作为问题分析时输入的初始格式。

12.1.4　数据压缩和数据存档

许多数据文件以特定格式存储时，与逻辑上需要的文件相比会占用更多空间。例如，如果大文本文件中的大多数行完全相同，或者密集数组中大部分为 0。在这些情况下，为了便于存储和传输，人们希望将大文件压缩成更小的文件。将大量文件压缩成单个文件以便于管理的操作通常称为数据归档。可以通过多种方式将原始数据编码成更易于管理的形式。

数据压缩不仅仅是缩小数据的大小。"完美"的算法应该具有以下属性：

- 缩少数据的大小，缓解存储需求。
- 如果无法压缩很多数据（或根本无法压缩），至少不会占用过多空间。
- 快速解压缩。如果解压缩表现很好，即使多了一步解压缩处理，加载压缩数据所花费的时间也会少于原始数据。这是因为在 RAM 中解压缩相当快，但是从磁盘中提取额外数据却需要很长时间。
- 逐行解压缩比加载全文更有效。该操作适用于处理已损坏数据，并且通常会加速解压缩，因为一次只需处理少量数据。
- 可以快速再压缩。

在实际问题处理过程中可用的压缩算法很多，这些压缩算法的侧重点各不相同。数据压缩在大数据设置中变得尤为重要，因为大数据问题中的数据集通常都很大，并且每次代码运行时都需要从磁盘中重新加载数据。

12.2　CSV 文件

CSV 文件是数据科学的工作数据格式。准确来讲，CSV，（Comma-Separated Value，逗号分隔值），应该称为"字符分隔值（Character-Separated Vale）"，

因为除了逗号以外的字符也会被使用。有时会是".tsv"（如果制表符被使用）或
".psv"（如果"|"被使用）格式。其实所有格式都可被称为 CSV。

CSV 文件的概念很好理解，就是包含行和列的表格。尽管如此，有一些问题
仍需注意：

- 表头。有时第一行是所有列的名称，有时直接就是数据。
- 引号。在许多文件中，数据元素都用引号或其他字符标示。这么做主要是
为了可以将逗号（或任何分隔字符）包含在数据字段中。
- 非数据行。在许多文件格式中，数据本身都是 CSV 格式，但在文件的开头
有若干非数据行。通常，这些编码元数据是关于文件的，当将文件加载到表中时
需要将其去除。
- 注释。与源代码一样，许多 CSV 文件包含人类可读的注释。通常由单个字
符表示，例如 Python 语言中的 # 。
- 空白行。
- 列数错误的行。

以下 Python 语言代码表示如何使用 Pandas 将基本 CSV 文件读取到数据结构中：

```
import pandas
df = pandas.read_csv("myfile.csv")
)
```

如果 CSV 文件较复杂，read_csv 会有许多可选参数用来处理此问题。以下是
read_csv 更复杂的调用：

```
import pandas
df = pandas.read_csv("myfile.csv",
 sep = "|", # the delimiter. Default is the comma
 header = False,
 quotechar = '"',
 compression = "gzip",
 comment = '#'
)
```

本书作者最常用的可选参数是 sep 和 header。

12.3 JSON 文件

JSON 应该是作者最喜欢的数据格式了，因为它简洁灵活。这是一种采用分层
数据结构并将其序列化为纯文本格式的方法。每个 JSON 数据结构可以是以下任
何一种：

- 原子类型，如数字、字符串或布尔函数。
- JSONObject 是从字符串到 JSON 数据结构的映射。这与 Python 语言字典类
似，不同在于 JSONObject 中有 key。

· JSON 数据结构。与 Python 语言列表类似。

以下是有效的 JSON 示例，用以编码 JSONObject 映射及其子结构：

```
{
"firstName": "John",
"lastName": "Smith",
"isAlive": true,
"age": 25,
"address": {
 "streetAddress": "21 2nd Street",
 "city": "New York",
 "state": "NY",
 "postalCode": "10021-3100"
},
"children":["alice","john",{"name":"alice","birth_order":2}],
"spouse": null
}
```

本例需注意如下：

· 利用换行和缩进是为了增强代码的可读性。这些代码可以都在一行上，任何 JSON 解析器都能解析它。许多查看 JSON 的程序将以这种更清晰的方式自动格式化代码。

· 整体对象在概念上类似于 Python 语言字典，其中键是字符串，值是 JSON 对象，整体对象也可以是一个数组。

· JSON 对象和 Python 语言字典之间的区别在于，所有字段名都必须是字符串。在 Python 语言中，键可以是任何可哈希类型。

· 对象中的字段可以是有序数组，例如 "children"。这些数组类似于 Python 语言列表。

· 可以在对象中混合和匹配类型，就像在 Python 语言中一样。

· 可以是布尔类型。请注意，它们是以小写形式声明的。

· 可以是数字类型。

· 可以使用空值。

· 可以无限制地嵌入对象。

JSON 解析是 Python 语言中的一个小问题。可以将 JSON 字符串"加载"到 Python 对象中（最高级别的字典，JSON 数组映射到 Python 语言列表等），也可以将 Python 字典"转存"为 JSON 字符串。JSON 字符串既可以是 Python 语言字符串，也可以存储在文件中，这种情况下可以从/向文件对象写入数据，代码如下：

```
>>> import json
>>> json_str = """{"name": "Field", "height":6.0}"""
>>> my_obj = json.loads(json_str)
>>> my_obj
```

```
{u'name': u'Field', u'height': 6.0}
>>> str_again = json.dumps(my_obj)
```

JSON 是将 JavaScript 语言序列化为对象的一种方法。将 JSONObject 中的键看作对象中成员的名称。但是，JSON 不支持诸如指针、类和函数之类的概念。

12.4 XML 文件

XML 与 JSON 类似，都是基于文本的格式，可以用人与计算机均可读取的格式分层存储数据。但是，它比 JSON 复杂得多，这是 JSON 将其作为 Web 数据传输标准的部分原因。

下面来看一个例子：

```
<GroupOfPeople>
<person gender="male">
<Name>Field Cady</Name>
<Profession>Data Scientist</Profession>
</person>
<person gender="female">
<Name>Ryna</Name>
<Profession>Engineer</Profession>
</person>
</GroupOfPeople>
```

用尖括号括起来的内容称为"标签"。文档的每个部分都由一对匹配的标签预先确定，这些标签就是各部分的类型。结束标记是在"<"后面跟一个"/"。开始标签可以包含关于该部分的其他信息，在这种情况下，"性别"就可看作一个属性。可以拥有任何喜欢的标记名称或附加属性，XML 有助于生成特定领域的描述语言。

XML 各部分必须互相完全嵌套在一起，因此以下内容是无效的：

```
<a><b></a></b>
```

因为"b"部分是从"a"部分的中间开始，直到"a"结束才截止。出于这个原因，通常将 XML 文档看作树结构。树中的每个非叶节点都对应一对开始 / 结束标签，用来说明其类型或者属性，而叶节点则是实际数据。

有时，人们希望一个部分开始和结束标记彼此相邻。为此，可在语法糖的结束括号前放置结束符"/"。因此

```
<foo a="bar"></foo>
```

相当于

```
<foo a="bar"/>
```

JSON 和 XML 之间的最大差异在于 XML 中的内容是有序的。树中的每个节点都按照特定的顺序（即它们在文档中的顺序）来生成子节点。这些节点可以是任何类型，采用任何顺序，但必须是有序的。

处理 XML 比处理 JSON 的细节更多。有如下两个原因：

• 在 JSON 对象中引用命名字段比查找 XML 节点的所有子节点并找到要查找的字段更容易。

• XML 节点通常具有其他属性，这些属性与节点的子节点被分开处理。

• 这不是数据格式固有的，实际上，JSON 往往用于小型片段，适用于数据结构规则的小型应用。所以，应该知道如何提取目标数据。相反，XML 更适合处理包含很多部分的大型文档，并且需要对整个过程进行筛选。

在 Python 语言中，XML 库提供了多种处理 XML 数据的方法。最简单的是可以直接访问 XML 解析树的 ElementTree 子库。在如下代码示例中，将 XML 数据解析为字符串对象，访问并修改数据，然后将其重新编码回 XML 字符串：

```
>>> import xml.etree.ElementTree as ET
>>> xml_str = """
<data>
 <country name="Liechtenstein">
   <rank>1</rank>
   <year>2008</year>
   <gdppc>141100</gdppc>
   <neighbor name="Austria" direction="E"/>
   <neighbor name="Switzerland" direction="W"/>
 </country>
 <country name="Singapore">
   <rank>4</rank>
   <year>2011</year>
   <gdppc>59900</gdppc>
   <neighbor name="Malaysia" direction="N"/>
 </country>
 <country name="Panama">
   <rank>68</rank>
   <year>2011</year>
   <gdppc>13600</gdppc>
   <neighbor name="Costa Rica" direction="W"/>
   <neighbor name="Colombia" direction="E"/>
 </country>
</data>
"""
>>> root = ET.fromstring(xml_str)
>>> root.tag
'data'
>>> root[0] # gives the zeroth child
<Element 'country' at 0x1092d4410>
```

```
>>> root.attrib # dictionary of node's attributes
{}
>>> root.getchildren()
[<Element 'country' at 0x1092d4410>, <Element
'country' at 0x1092d47d0>, <Element 'country' at
0x1092d4910>]
>>> del root[0] # deletes the zeroth child from the tree
>>> modified_xml_str = ET.tostring(root)
```

管理 XML 数据的"正确"方式称为"文档对象模型"。它应用于编程语言和 Web 浏览器，比 XML 更标准化，但其语法结构更复杂。

12.5 HTML 文件

HTML 文件目前为止是 XML 最重要的变体，它是用于描述 Web 页面的语言。"有效"HTML 的定义是 Web 浏览器能够解析它。浏览器之间存在差异，这就是为什么同样的页面在 Chrome 和 Internet Explore 中有所不同。不过浏览器已经基本上采用了 HTML 的标准版本（最新的官方标准是 HTML5），而最接近标准的是 XML 的一个实例。许多网页可以使用 XML 解析器库进行解析。

12.4 节中提到的 XML 可用于创建专用语言，每种语言都由其自身的一组有效标记及其相关属性定义。这是 HTML 的工作方式。表 12.1 给出了一些更显著的标签。

表 12.1

标签	含义	举例
<a>	超链接	点击 <a href="www.google.com">here</a> 会跳转到谷歌搜索
<img>	图像	<img src="smiley.gif">
<h1>-<h6>	文本标题	<h1> 标题 </h1>
<div>	分隔。它不会被渲染，但有助于组织文档。通常，"class"属性用于将分区的内容与所需的文本格式风格相关联	<div class="main-text"> 我的文本主体 </div>
<ul>and<li>	无序列表（通常表示为项目符号列表）和列表项	这是一个列表： <ul> <li> 第一项 </li> <li> 第二项 </li> </ul>

处理 HTML 数据的实际问题在于，不同于 JSON 或者 XML，HTML 文档往往非常混乱。它们通常是独立制作，并通过编辑调整使其看起来"恰到好处"。这

意味着从一个 HTML 文档到下一个 HTML 文档在结构上几乎没有规律性，所以用于处理 HTML 的工具倾向于梳理整个文件来发现需要的目标。

Python 语言中默认的 HTML 工具是 HTMLParser 类，可以通过创建一个从其继承的子类来使用它。HTMLParser 的工作原理是遍历文档，每次遇到开始或结束标签或其他文本时执行一些操作。这些操作是在类中用户所定义的方法，它们通过修改解析器的内部状态来工作。当解析器遍历整个文档时，无论寻找的是什么，都可以查询其内部状态。一个非常重要的提示是，用户需要对在文档各部分内的嵌套深度进行跟踪。

下面的代码说明了将维基百科页面的 HTML 下拉，遍历其内容，并且统计所有嵌入在文本正文中的超链接（即它们位于段落标签内）。

```python
from HTMLParser import HTMLParser
import urllib
TOPIC = "Dangiwa_Umar"
url = "https://en.wikipedia.org/wiki/%s" % TOPIC
class LinkCountingParser(HTMLParser):
    in_paragraph = False
    link_count = 0
    def handle_starttag(self, tag, attrs):
        if tag=='p': self.in_paragraph = True
        elif tag=='a' and self.in_paragraph:
            self.link_count += 1
    def handle_endtag(self, tag):
        if tag=='p': self.in_paragraph = False
html = urllib.urlopen(url).read()
parser = LinkCountingParser()
parser.feed(html)
print "there were",  parser.link_count, \
    "links in the article"
```

12.6　Tar 文件

Tar 是"档案文件"格式最流行的例子。其想法是选择充满数据的目录，可能包括嵌套的子目录，将其整合到一个可以通过电子邮件发送的文件中，并可在任何地方存储所需的文件。还有一些其他档案文件格式，比如 ISO，但 Tar 是最常见的例子。

除了广泛用于归档文件，Java 编程语言等也使用 Tar 文件。编译后的 Java 类存储在 JAR 文件中，而 JAR 文件是通过将各个 Java 类文件集中在一起所创建的。JAR 与 Tar 的格式相同，不同之处在于 JAR 文件只是合并 Java 类文件而不是任意的文件类型。

Tar 目录并没有压缩数据，它只是将文件合并为一个文件，与原始数据相比，占用的数据空间是相同的。进行定位并不实际压缩数据，它只是将文件合并到一个文件中，占用的空间与原始数据的大小相同，所以在实际应用中，Tar 文件几乎都是被压缩的。GZipping 特别受欢迎，文件拓展名 ".tgz" 被作为 ".tar.gz" 的缩写使用，也就是说，目录已被放入 Tar 文件中，然后使用 GZIP 算法进行压缩。

通常从命令行打开 Tar 文件，如下：

```
$ # 这会将 my_directory.tar 的内容
$ # 扩展到本地目录中
$ tar -xvf my_directory.tar
$ # 该命令将 untar 并 unzip
$ # 已经过 tar 和 g-zipped 的目录已经过 tar 和 g-zipped 的目录
$ tar -zxf file.tar.gz
$ # 此命令将把 Homework3 目录
$ # tar 到文件 ILoveHomework.tar 中
$ tar -cf ILoveHomework.tar Homework3
```

12.7 GZip 文件

GZip 是最常见的压缩格式，可以在 Mac 操作系统和 Linux 等类 UNIX 操作系统中看到。通常，它与 Tar 被一起用来归档整个目录的内容。使用 GZip 编码数据相对较慢，但该格式具有以下优点：

- 数据压缩效果好。
- 数据可以快速解压缩。
- 该方法也可以每次解压缩一行，在需要处理部分数据时不用解压缩整个文件。

GZip 在叫做 DEFLATE 的压缩算法上运行。压缩的 GZip 文件被分解成块。每个块的第一部分包含有关块的一些数据，包括块的其余部分是如何编码的（这是霍夫曼编码的一些类型，不必担心这些数据的细节）。一旦 GZip 程序解析了这个头文件，它就可以一次性读取其余块的 1B。这意味着内存消耗最少，因此所有的解压缩可以耗尽所有的 RAM 缓存，使得处理速度达到极限。

通过命令行执行压缩 / 解压缩的典型命令很简单：

```
$ gunzip myfile.txt.gz # creates raw file myfile.txt
$ gzip myfile.txt # compresses the file into myfile.
txt.gz
```

通常也可以双击文件，大多数操作系统都可以打开 GZip 文件。

12.8 Zip 文件

Zip 文件与 GZip 文件非常相似。事实上，它们甚至使用相同的 DEFLATE 算法！不过仍存在一些差异，例如 Zip 可以压缩整个目录而不只是单个文件。

使用 Zip 进行文件的压缩和解压缩与使用 GZip 一样简单：

```
$ # 将几个文件放入一个 Zip 文件中
$ zip filename.zip input1.txt input2.txt resume.doc pic1.
jpg
$ # 这将打开 Zip 文件
$ # 并将其所有内容放入当前目录
$ unzip filename.zip
```

12.9　图像文件：栅格化、矢量化及压缩

图像文件可以分为两大类：栅格化和矢量化。栅格化文件将图像分解为像素数组，并对各个像素的亮度或颜色等进行编码。有时候，图像文件会直接存储像素数组，有时候会存储一些压缩的像素数组。几乎所有机器生成的数据都将被栅格化。

矢量化文件使用圆、直线等对图形的数学描述，将其缩放到任何尺寸都不会失真。矢量化文件更多应用于公司标志、动画或类似的对象上。最常见的矢量化图像格式是 SVG，它实际上只是一个 XML 文件（正如之前提到的，XML 对于特定领域的语言非常棒！）。但是作为数据科学家，在日常工作中最有可能遇到的是栅格化文件。

栅格化图像是一个像素阵列，根据格式的不同，这些像素可以与元数据组合，然后可能以某种形式压缩（有时使用 DEFLATE 算法，例如 GZip）。有几个考虑因素可以用来区分不同的可用格式：

• 有损与无损。许多格式（如 BMP 和 PNG）都精确地对像素阵列进行编码，这些格式被称为无损。而其他格式（如 JPEG）则通过降低图像分辨率来缩小文件的大小。

• 灰度与 RBG。如果图像是黑白的，那么每个像素只需要用一个数字表示。但是对于彩色图像，需要有一些方法来指定颜色。通常，这是通过使用 RGB 编码完成的，每个像素是由其所包含的红、绿、蓝所特定的。

• 透明度。许多图像的像素部分透明，像素的 "alpha" 范围为 0~1，其中 0 是完全透明的，1 是完全不透明的。

需要注意的一些最重要的图像格式如下：

• JPEG。这可能是网络流量中最重要的一个，优点是对图像大规模压缩而几乎看不到图像质量的衰减。这是一种有损压缩格式，存储 RGB 颜色，但没有透明度信息。

• PNG。这可能是第二普遍使用的格式。它是无损的，并允许有透明像素，而且透明像素使 PNG 文件格式超级有用。

• TIFF。TIFF 文件在互联网上并不常用，它是在摄影或科学研究中存储高分辨率图像的常用格式。它既可以是有损的也可以是无损的。

以下 Python 语言代码将读取图像文件。它负责在后台处理任何解压缩或特定格式的东西，并将图像作为 NumPy 整数数组返回。返回一个三维数组，前两个维

度对应图像的宽度和高度。默认情况下，图像是以 RBG 的形式读入的，数组的第三维显示的为测量的红色、蓝色或绿色内容。每个整数都是用 1B 大小编码的，所以其取值范围为 0~255。

```
from scipy.ndimage import imread
img = imread('mypic.jpg')
```

如果读取图像为灰度图，可以传递 mode = "F" 并获取一个二维数组。如果想将 alpha 不透明度作为每个像素的第 4 个值，则传递 mode = "RGBA"。

12.10 归根到底都是字节

在最底层，计算机文件中的数据是一长串比特数组，每个比特设置为 0 或 1。该数组被分解为 8 位称为字节。需要对字节从逻辑概念和物理存储上进行理解。一方面，通常将文件分解成由字节组成的基本逻辑单元，例如用 1B 来编码一个字母或数字。理论上可以创建一个文件格式，基本单位是 5 位或 11 位长，通用惯例是使用字节。同时，计算机的物理硬件经过优化，一次处理 1B（或一组几 B）的数据。

现代计算机的存储器称为 RAM，即"随机存取存储器"。这里的"随机"与概率无关，它指的是可以用相同的等待时间读取 / 修改任何存储器部分的事实。内存物理分解为字节以便于处理。存储在内存中作为程序运行的数据结构与原始文件类似，最终编码为字节。用于文件和实时数据结构的编码有时是相同的，有时是完全不同的。

编程语言中的原子类型被定义为占用固定数量的字节。整型数一般分配 4B，并且整型数以二进制被编码在这些字节中。让每个整数占用相同大小的存储空间是很重要的，因为位的存储结构并不能清楚地说明一个整型数（或任何其他类型的变量）的起止位置。这些转换通常发生在字节之间的边界上。计算机的"本地语言"没有任何整型数或任何其他数据类型的概念。对计算机而言，一切都只是字节，所以固定大小的变量对于识别数据类型至关重要。

在 Python 等现代语言中有很多可变大小的类型。例如，一个 Python 语言字符串可以占用任意多字节，但是这样做需要额外的存储来跟踪字符串的结束和开始的位置，这将转化成相当大的性能成本。现代语言倾向于尽可能地使用固定大小的原子类型，如果有必要，再回复到效率较低的版本。运行速度非常快的软件（例如 Python 语言的数值库）几乎总是会尽可能减少额外开销，并只使用固定大小的类型。

12.11 整型数

整型数是最简单的原子类型。在过去 RAM 很贵时，人们想尽各种方法尝试用更少的位编码整型数，现在这个事情已经基本解决了：

- 有固定的字节数。如果使用 64 位计算机，典型的是 8B。
- 整型数以二进制形式编码在这些位中。
- 其中一个位只用来表示数值的正负，不表示数值的大小。如果为负，考虑到计算效率，将剩余数字中的 0 和 1 翻转。

这个系统大部分情况下都正常工作，但是需要处理一个最大的整型数，因为 63bit 非常大。在 Python 语言中，可以通过以下方式获得该上限：

```
>> import sys
>> sys.maxint
9223372036854775807
```

这个数字是 2 的 63 次方再减去 1：63 位用来存储数值，1 位标记正数。这个上限数字几乎适用于所有情况，但有时候也许需要更高的上限。但有时并不会注意到该整型数可能已超过允许的最大值。在 Python 语言中，如果声明了一个比 sys.maxint 更大的变量，那么 Python 语言将自动切换到另一个效率更低的 "long" 数据类型。从程序员的角度来看，long 型和整型数相似，唯一明显的差别在于 long 数字后的 L 标志：

```
>>> 3*sys.maxint
27670116110564327421L
```

数据类型的正常切换对于使用高级语言（如 Python 语言）很重要，需要在时效上为此付出代价。每一步都要检查系统是否需要将数据类型切换为 long，如果确实切换数据类型，性能将会发生变化。

12.12　浮点数

浮点数比整型数更复杂，主要是因为浮点数存在固有误差。理论上来讲，浮点数可以有无限多的小数位数，而计算机只能存储有限多的位数。一些无意义的操作，例如取二次方根，或除以 3，会将先前的普通数字变成非常大的数字。

在几乎所有的计算机系统中，浮点数值都以一对数字的形式存储，通常为之前讨论的一对整型数：

- 一个整型数存储二进制中的数值；
- 另一个整型数存储小数点的位置。

这种数据类型的优势在于其能以相同的精度表示非常大和非常小的数字，十亿和十亿分之一的相对误差相同。以前也对其他浮点数类型进行过研究，但最终都被淘汰。

对舍入误差不必过分在意，好的解决方案都应用到大多的数值算法中，现在 RAM 非常便宜，这意味着将会保留比实际需求更多的小数位数。不过，舍入误差问题显示得较为微妙，如以下脚本所示：

```
>>> x, y = 0.1, 0.2
>>> x + y
0.30000000000000004
```

0.1 和 0.2 在用二进制表示时都有无限多的小数位数，而 Python 语言只存储近似值。存储的 *x* 值不是 0.1，是最接近 0.1 的浮点数。在这种情况下，该数值略大于 0.1，0.2 的情况与此类似。

当求 *x* 和 *y* 之和时，这些小误差加起来就足够大了。查看 *x* 的值如下：

```
>>> x
0.1
```

这个数字是假象。Python 语言在显示 *x* 值之前会对其进行舍入，以符合视觉习惯。当 *x* + *y* 的误差范围足够大时，Python 语言将显示它。

与大的整型数一样，计算机浮点数由于其自身的限制，需要非常大的代价来解决其计算问题。通常这些解决方案将数字存储为任意长度的字符串，或者存储生成数字的数学表达式。这将极其占用空间，但从技术上来讲，表达式应用在整个计算过程中并且之后可以近似转换成正常的数字样式。

就作者个人而言，从来没有使用过精确的运算系统，而且也不想使用。在理论数学中精确计算是非常重要的，但在实际工作中并不需要达到理论精度。

12.13 文本数据

前面两节颇具学术性，但在具体工作中通常不需要考虑计算机是如何表示数字的。但字符串并非如此，字符串的存储有多种不同的方式，这些方式各有利弊，需要仔细观察。事实上，当作者写到这里时，正在自己的工作中克服一些关于字符串类型的问题。代码在实现两个不同字符串时不能正确转换，而作者以为已经在前段时间修复了这个问题。使用高级语言 Python 也并不一定能避免字符串实现的问题。

ASCII 码是应用较早的字符串格式（发音为"ass""key"）。它很简单，超级高效，并经受住了时间的考验。问题在于 ASCII 码是一成不变而且有限的。任何可以用标准的美式键盘键入的内容都可以编码成 ASCII 码，所以可以用它做很多事情。但在许多现代应用程序中，这还不够。比如中国汉字和德文字母都标注有变音符号。同时还有表情符号，甚至在以后可能会发明出更多类型的文本——只需看看表情符号的兴起。

在 ASCII 码中，每个字符都被编码为单个字节，有时称为"字符"。这里有个有趣的现象，即 ASCII 码字符和短整型数之间存在映射，因为它们是由相同的字节编码的。这不是一一对应的，因为 ASCII 码只能指定最多 127 个字符，但 1B 最多可以编码 255 个字符（有些字节是无效的 ASCII 码，却是有效的整型数编码）。大写字母"A"对应数字 65、"B"对应 66，依此类推。小写字母紧接其后，"a"

为 97、"b" 为 98、"c" 为 99，依此类推。Python 语言中使用函数 chr() 和 ord()（对于 "ordinal"）可进行转换：

```
>>> chr(65)
"A"
>>> ord("A")
65
```

ASCII 码还包括用键盘输入的各种特殊字符。Tab 对应 9，换行符对应 10，"@" 对应 64。数字 "0" ~ "9" 对应 48~57。

ASCII 码可能被认为是具有极强容错性的固定字符串格式。Python 语言代语应该是以 ASCII 码格式存储的，如果将 Python 语言代码指向非 ASCII 码格式的文件，则 Python 语言解释器将引发错误。操作系统使用 ASCII 码，纯文本文件通常也使用 ASCII 码。Python 的字符串对象被作为 ASCII 码存储在 RAM 中。

这里重温一下在 Python 语言中声明字符串的方式。回想一下，大多数情况下，只是将字符串的内容放在引号中，并键入想要的任何内容，如下：

```
>>> my_string = "abc123"
```

但是一些字符，比如制表符和换行符，经常无法直接键入。在这种情况下，使用 "\" 将它们编码为可以输入的内容。例如：

```
>>> my_tab = "\t"  # 这是一个单字符串
>>> my_newline = "\n"  # 这个也是
```

在字符之前添加斜线以编码某些内容称为 "转义" 字符。该领域的关键之处在于如果想要细粒度的控制，可以转义 "x" 来告诉计算机哪些 ASCII 码字节应该在字符串中。声明一个字符串，如：

```
>>> fancy_string = '\xAA'
```

那么两个字符 "AA" 将被理解为所需的 ASCII 码字节的十六进制数字。十六进制有些过时，它是十六进制数字的写法，其 16 位数字分别为 0, 1, 2,…, 9, A, B,…, E, F。书写 "\x09" 的更好方式是 "\t"，"\ n" 与 "\ x0A"（十六进制中的 0A 为 10）是一样的。事实上，这比 ASCII 码更强大，因为 ASCII 码只能达到 127，而十六进制表示法可以最多表达 255B。就作者个人而言，唯一使用十六进制是在故意为单元测试而创建不正确的字符串时。

另一个字符串标准被称为 Unicode。Unicode 实际上是一组编码标准，所有这些标准都旨在为今天和未来可能需要的大量其他角色补充基本的 ASCII 码。Unicode 主要的版本是 UTF-8，并且它正在迅速成为最受欢迎的编码。在本章中将讨论 UTF-8。

Unicode 和 ASCII 码之间最大的区别在于，在 Unicode 中，每个字符都有数量可变的字节。这意味着固定字节字符的所有性能优势可以忽略，而这是为了获得灵活性所需付出的代价。不过 UTF-8 向后兼容 ASCII 码：大量有效的 ASCII 码字节对于 UTF-8 也同样有效。这是因为并非所有字节都是有效的 ASCII 码，ASCII 码的最大有效值为 127，但 1B 最高可达 255。因此，如果通过 Unicode 数组读取大于 127 的字节，表示该字节（或之后的若干字节）构成非 ASCII 码字符。当将 ASCII 码升级到 2B 字符时，几乎可以表示西方语言中的所有字符。3B 即可对东亚语言进行编码，4B 就可以表达出历史上的各种语言系统、数学符号和表情符号。

Python 语言对 Unicode 有本地支持。声明一个 Unicode 的字符串型变量，在引号外放置 "u" 即可：

```
>>> unicode_str = u"This is unicode"
```

与 ASCII 码或 UTF-8 相比，Python 语言字符串更通用。使用 "\x" 可以强制 Python 语言将任意字节集合放入字符串对象中，不论是否为有效的 ASCII 码 /Unicode。如果想将一个字符串转换为有效的 ASCII 码或 UTF-8，可以这样做：

```
>>> # 如果是无效的 ASCII 码则失败
>>> as_ascii = my_string.decode('ascii')
>>> # 删除非 ASCII 码字符
>>> as_ascii = my_string.decode('ascii', 'ignore')
>>> # 删除非 unicode 字符
>>> as_utf8 = my_string.decode('utf8', 'ignore')
```

12.14 延伸阅读

1）Murrell, P, Introduction to Data Technologies, viewed 8 August 2016, http://statmath.wu.ac.at/courses/data-analysis/。

2）Pilgrim, M, 2004, Dive into Python: Python from Novice to Pro, viewed 7 August 2016, http://www.diveintopython.net/。

12.15 术语

存档　将多个文件或目录合并成一个文件，之后可以将其扩展出来以重新创建原始文件和目录。

ASCII 码　每个字节具有一个字符的文本编码方案。它几乎只包含可能会使用的标准美式键盘键入的字符。

位　单个为 0 或 1 的数据。

字节　8 位。计算机内存物理分组为字节。

压缩　把一个文件压缩成一个较小的文件。通常，这涉及在文件内容中寻找冗余并查看如何有效地编码。

Unicode　一组文本编码方案，与 ASCII 码相比涵盖了更多的字符（特别是来自其他语言的字母）。单个字符可能需要可变数量的字节进行编码。

UTF-8　最流行的 Unicode 规范。

第 13 章
大数据

"数据科学"和"大数据"这两个术语之间有很多重叠。实际上，它们之间有着密切的关系，但它们是不同的事物。大数据是指数据存储和处理方面的一些趋势，这些趋势提出了新的挑战，提供了新的机会，并且需要新的解决方案。通常，这些大数据问题需要一定程度的软件工程专业知识，而普通统计人员和数据分析师无法处理。它还提出了很多棘手的问题，例如如何根据原始点击数据对用户进行细分。这种需求使"数据科学家"变成了一个新的、独特的工作领域。现代数据科学家能够解决任何规模的问题，但是仅在适用的情况下才使用大数据技术。

大数据作为初级软件工程师关注的领域，对于数据科学家来说也变得日益重要。数据科学家总是在代码逻辑上花费大量的精力，而将代码性能放在次要的位置。然而在大数据应用中，如果不关注计算机的内部运行，那么很容易导致代码在运行中额外耗费几小时，或者由于存储错误导致故障几小时。

本章首先概述两个非常重要的大数据软件：将数据存储在集群上的 Hadoop 文件系统；可处理该数据的 Spark 集群计算框架。然后继续介绍大数据框架和集群计算的一些基本概念，包括著名的 MapReduce（MR）编程范例。

13.1　什么是大数据

如今对"大数据"这个词的使用有些不恰当。海量数据集已经存在了很长时间，没有人给它们起一个特殊的名字。即使在今天，最大的数据集通常也远远超出"大数据"范畴。它们是由科学实验产生的，特别是粒子加速器，并在定制的软件和硬件架构上进行处理。

事实上，大数据是指数据集中的一些相关趋势（其中之一是规模）以及处理它们的技术。这些数据集通常具备两个属性：

1）顾名思义，它们很大。当数据集够"大"时，没有特殊的切分点。但是当在单机上无法存储或者处理这些数据时，就需要对它们进行切分。使用一个计算机集群来处理这些数据，集群规模可以从几台扩展到数千台。重点在于处理过程的可扩展性，从而使得分析过程的不同部分能够被分布到任意大小的集群上并行执行。集群上的这些节点可以互相通信，但是通信量被保持在最低值。

2）大数据集的第二个属性是它们通常是"非结构化的"。这是一个具有误导性的术语。这并不意味着数据没有结构，而是数据集不能完全适用于传统的关系数据库（如 SQL）。这些数据可能是图像、PDF、HTML 文档、未组织成清晰的行和列的 Excel 文件以及计算机生成的日志文件。传统数据库预先假设它们所包含的数据具有非常严格的结构，并且基于此，它们提供高度优化的性能。然而在大数据中，需要灵活处理任何格式的数据，并且需要能够以较少预定义的方式对数据进行操作。由于能够预先构建到框架中的优化非常有限，因此为了软件的正常运行，通常需要对这种灵活性付出额外的代价。

大数据有如下事项需要注意。首先，应该谨慎地选择大数据工具。这些大数据工具风靡一时，很多人盲目追随潮流。但是大数据工具大多运行效率低，难以配置，并且比传统方案要求更严苛。这部分是因为它们是尚未成熟的新技术，但是这也是待解决问题所固有的特性——它们需要非常灵活地处理非结构化数据，并且需要在一个计算机集群而不是一台独立的计算机上运行。所以如果数据集总是足够小，可以用一台计算机来处理，或者只需要执行 SQL 支持的操作，那么不必考虑使用大数据工具。

最后需要注意的是，即便使用大数据工具，也有可能将传统技术与它们结合使用。例如，作者很少使用大数据工具来处理机器学习或数据可视化。通常，使用大数据工具从数据中提取相关特征。与原始数据集相比，提取出的特征占用的空间少得多，因此可以将输出存储到普通计算机上，并使用 Pandas 等工具进行实际分析。

作者并不是泼大数据工具的冷水，这些工具真的很棒，只是有其适用范围。与所有的工具一样，大数据工具对某些问题非常适用，但是对于其他问题则无能为力。

13.2　Hadoop：文件系统与处理器

当谷歌公司发布其关于 MapReduce 的开创性论文时，大数据正式进入现代领域。MapReduce 是一个为处理大量 Web 数据而创建的集群计算框架。读完这篇论文后，一位名叫 Doug Cutting 的工程师决定以相同的理念编写一个免费的、开放源代码的实现。谷歌公司的 MR 是用 C++ 语言编写的，但他决定用 Java 语言来实现。Cutting 以女儿的毛绒大象的名字为这个新的实现取名为 Hadoop。Hadoop 发展迅猛，并迅速成为大数据的代名词。很多运行于 Hadoop 集群或者便于编写 MR 作业的插件被开发出来。

Hadoop 包含两个部分。第一个部分是 Hadoop 分布式文件系统（HDFS）。它允许将数据存储在一个计算机集群上，而无需担心数据的具体存储位置。在该系统中，可以像在普通目录系统中使用文件那样引用其 HDFS 中的位置。HDFS 负责文件的底层存储管理，通过保持数据的多个副本来解决部分节点故障问题。

Hadoop 的第二部分是实际的 MR 框架，它从 HDFS 读入数据，执行并行处理，并将其输出写入 HDFS。

本章不会过多涉及 Hadoop 的 MR 框架，因为该框架现在看来有些过时（说明大数据发展的速度有多快！）。MR 作业的开销很大（最令人沮丧的是，它始终从磁盘读取输入并将输出写入磁盘，而在磁盘上进行读写比在 RAM 中更耗时），另外它没有与传统编程语言进行充分的集成。该社区的焦点已转向其他工具，这些工具仍在使用 HDFS 中的数据进行操作，其中最著名的是 Spark，作者将更多地介绍它们。

13.3　使用 HDFS

可以通过基于标准 bash shell 的命令行界面在 HDFS 中访问和操作数据。表 13.1 是将使用的主要命令。

表　13.1

命令示例	功能
hadoop fs -ls /an/hdfs/location	显示 HDFS 目录的内容
hadoop fs -copyFromLocal myfile.txt /an/hdfs/location	将数据从本地计算机复制到 HDFS 中的某个位置
hadoop fs -copyToLocal /hdfs/path some/local/directory	将数据从 HDFS 复制到本地计算机
hadoop fs -cat /path/in/hdfs	将 HDFS 中的文件内容显示到屏幕上
hadoop fs -mv /hdfs/location1 /hdfs/location2	将数据从 HDFS 中的一个位置移动到另一个位置
hadoop fs -rm /file/in/hdfs	删除 HDFS 中的数据
hadoop fs -rmr /some/hdfs/directory	递归地删除 HDFS 中的目录
hadoop fs -appendToFile localfile.txt /user/hadoop/hadoopfile	将本地数据追加到 HDFS 中的文件中

这些命令相当简单，但它们可以满足所有需求。

在使用 HDFS 时，注意到的第一件事情是许多文件都有类似 part-m-00000 的名称。这是 Hadoop 中数据处理工具之间几乎通用的惯例。包含这些文件的目录将成为分布在集群中多个节点上的单个作业的输出。文件本身将成为并行进行的作业不同部分的输出，并且存储在生成它们的集群节点上。

有时，仅使用 HDFS 会比使用大数据分析工具更加方便。这是因为大多数标准工具都涉及巨大的开销，但 HDFS 命令则非常快。当与普通的 bash shell 一起使用时，通常可以在主要工具的性能和便利性方面获得优势。例如，如果数据集相对较小，可能会执行以下操作，从数据集中检出包含单词“boston”的行，并将这些行存储在本地文件中：

```
hadoop fs -cat /my/dataset/* | grep boston \
    > rows_containing_boston.csv
```

这样做的缺点是数据将全部被检出到集群中的主节点并进行处理，这不是并行处理。但是如果 HDFS 中的数据集足够小，使得上述操作可行，那么该操作可能比标准方法快得多。

13.4　PySpark 脚本实例

PySpark 是 Python 语言用户使用大数据最流行的方式。它作为一个 Python shell 运行，但它有一个名为 PySpark 的类库，允许插入 Spark 计算框架并在集群中并行计算。代码看起来与普通 Python 语言类似，不同之处在于存在一个 Spark-Context 对象，提供了访问 Spark 框架的方法。

稍后将对如下脚本进行解释，它使用并行计算来统计每个单词在文本文档中出现的次数：

```
# 创建 SparkContext 对象
from pyspark import SparkConf, SparkContext
conf = SparkConf()
sc = SparkContext(conf=conf)

# 读取文件行并将它们并行化
# 在 Spark RDD 中的集群上
lines = open("myfile.txt ")
lines_rdd = sc.parallelize(lines)

# 删除标点符号，使行小写
def clean_line(s):
    s2 = s.strip().lower()
    s3 = s2.replace(".","").replace(",","")
    return s3

lines_clean = lines_rdd.map(clean_line)

# 将每一行分成单词
words_rdd = lines_clean.flatmap(lambda l: l.split())

# 计算词数
def merge_counts(count1, count2):
    return count1 + count2

words_w_1 = words_rdd.map(lambda w: (w, 1))
counts = words_w_1.reduceByKey(merge_counts)

# 收集计数和显示
for word, count in counts.collect():
    print "%s: %i " % (word, count)
```

如果计算机上安装了 Spark 并且当前位于 Spark 主目录中，则可以使用以下命令在集群上运行此脚本：

```
bin/spark-submit --master yarn-client myfile.py
```

或者，可以使用以下命令在一台计算机上运行相同的计算：

```
bin/spark-submit --master local myfile.py
```

13.5　Spark 概述

Spark 现在是 Hadoop 生态系统中的领先大数据处理技术，已经在很大程度上取代了传统的 Hadoop MR。它通常更有效率，特别是将几个操作连在一起时，并且使用起来非常容易。从用户的角度来看，Spark 只是在使用 Python 语言或 Scala 语言时导入的库。Spark 是用 Scala 语言编写的，当从 Scala 调用 Spark 时，其运行速度更快，但本章将介绍 Python API，它被称为 PySpark。本章开头的示例脚本都是 PySpark。Spark API（函数名称、变量等）的 Scala 语言版本和 Python 语言版本几乎是相同的。

PySpark 的中心数据抽象是"弹性分布式数据集"（RDD），它只是 Python 语言对象的集合。这些对象分布在集群中的不同节点上，通常不必考虑它们究竟存储在哪个节点上。它们可以是字符串、字典、整数或是想要的任何数据。RDD 是不可变的，所以它的内容不能直接改变，但它有很多返回新的 RDD 的方法。例如，在前面提到的示例脚本中，灵活使用了"map"方法。如果有一个名为 X 的 RDD 和一个名为 f 的函数，那么 X.map（f）将把方法 f 应用到 X 的每个元素并将结果作为新的 RDD 返回。

RDD 有两种类型：有键的和无键的。无键 RDD 支持诸如 map() 之类的操作，其独立地对 RDD 的每个元素进行操作。通常，需要更复杂的操作，例如将满足某些条件的所有元素分组或者连接两个不同的 RDD。这些操作需要在 RDD 的不同元素之间进行协调，对于这些操作，需要采用有键的 RDD。

如果有一个由两元组构成的 RDD，元组的第一个元素被认为"键"，第二个元素是"值"。上述脚本中使用以下代码创建一个有键 RDD 并对其进行处理：

```
words_w_1 = words_rdd.map(lambda w: (w, 1))
counts = words_w_1.reduceByKey(merge_counts)
```

这里 words_w_1 是一个有键 RDD，其中键为单词，所有的值都为 1。数据集中每出现一个单词，即会增加 words_w_1 中的元素值。下一行代码使用 reduce-ByKey 方法将具有相同键的所有值进行分组，并将各个组的值聚合为单个值。

应该注意的是，PySpark 实现中的有键和无键 RDD 并不是分离的类。只是可以调用的某些操作（例如 reduceByKey）会假定 RDD 被构造为键—值对，如果不是这种情况，它将在运行时失败。

除 RDD 外，用户必须注意的另一个关键抽象是 SparkContext 类，通过该类可以与 Spark 集群交互，并且该类是 Spark 操作的入口点。通常，应用程序中的 SparkContext 被称为 sc。

通常，PySpark 操作有两种类型：

• 在 SparkContext 上调用创建 RDD 的方法。在示例脚本中，使用 parallelize() 将数据从本地空间作为 RDD 移动到集群中。还有其他一些方法可以通过从 HDFS 或其他存储介质中读取已经分发的数据来创建 RDD。

• 调用 RDD 上的方法，这会返回新的 RDD 或产生某种类型的输出。

Spark 中的大多数操作都是"懒惰"的。当输入如下脚本时：

```
lines_clean = lines_rdd.map(clean_line)
```

并没有实际的计算完成。相反，Spark 将会跟踪 RDD lines_clean 是如何定义的。同样，lines_rdd 也很可能不存在，只是根据某个上游过程隐含定义。当脚本运行时，Spark 会叠加一个 RDD 的大型依赖关系结构，这些结构是相互定义的，但从来没有实际创建它们。最终，将调用一个产生某些输出的操作，例如将 RDD 保存到 HDFS 或将其检出到本地 Python 语言数据结构中。此时，连锁效应开始出现，之前定义的所有 RDD 将被创建并相互馈送，最终产生无效的结果。默认情况下，RDD 的存在时间仅够将其数据传递给下一个处理阶段。如果定义的 RDD 从未被真正使用，那么这个 RDD 将不会被创建。

懒惰评估的问题是，有时想要将 RDD 在一系列不同的过程中重用。这将引入 Spark 最重要的一个方面，它将 Spark 与传统的 Hadoop MR 区分开来：Spark 可以将 RDD 缓存在集群节点的 RAM 中，以便可以根据需要重复使用它。默认情况下，RDD 是一种短暂的数据结构，其存在时间仅够将其内容传递给下一个处理过程，但是可以实时对缓存的 RDD 进行使用。要将 RDD 缓存在内存中，调用其 cache() 方法即可。这种方法实际上不会创建 RDD，但它将确保一旦 RDD 被创建，那么该 RDD 就将被维护在 RAM 中。

懒惰评估还有另一个问题。如如下脚本所示：

```
lines_clean = lines_rdd.map(clean_line)
```

但想象一下，clean_line 函数会因为一些 lines_rdd 中的值而出现错误。这个错误并不会在该行出现：错误只会在 lines_clean 最终被强行创建时出现，即在之后的脚本中出现。如果正在调试一个脚本，使用的一个工具是在 RDD 声明后立即调用每个 RDD 上的 count() 方法。count() 方法计算 RDD 中的元素个数，这将强制创建整个 RDD，并在出现任何问题时引发错误。操作 count() 的代价很高，当然不应该在定期运行的代码中包含这些步骤，但这是一个很好的调试工具。

13.6　Spark 操作

本节将简要介绍在 SparkContext 对象和 RDD 上调用的主要方法。这些方法涉及 PySpark 脚本中的所有操作，该脚本并不是纯 Python 语言。

SparkContext 对象具有以下方法：

• sc.parallelize（my_list）：获取 Python 语言对象列表，并将它们分布到集群中以创建 RDD。

• sc.textFile（"/ some / place / in / hdfs"）：获取 HDFS 中文本文件的位置并返回包含文本行的 RDD。

• sc.pickleFile（"/ some / place / in / hdfs"）：在 HDFS 中获取存储 Python 语言对象的位置，该 Python 语言对象已经通过 pickle 库进行序列化。反序列化 Python 语言对象并将它们作为 RDD 返回。这是一个非常有用的方法。

• addFile（"myfile.txt"）:将 myfile.txt 从本地计算机复制到集群中的每个节点，以便它们都可以在其操作中使用它。

• addPyFile（"mylib.py"）:将 mylib.py 从本地计算机复制到集群中的每个节点，以便它可以作为库导入并供集群中的任何节点使用。

在 RDD 上使用的主要方法如下：

• rdd.map(func):将 func 应用于 RDD 中的每个元素，并将结果作为 RDD 返回。

• rdd.filter(func)：返回仅包含 rdd 中部分元素的 RDD，这些元素 x 满足 func(x) 为 True。

• rdd.flatMap(func)：将 func 应用于 RDD 中的每个元素。func(x) 不会只返回新 RDD 的单个元素：它会返回新元素的列表，以便原始 RDD 中的一个元素可以在新的 RDD 中变成多个元素。或者，原始 RDD 中的元素可能会导致列表为空，使得输出 RDD 中没有元素。

• rdd.take(5)：计算 RDD 的 5 个元素并将它们作为 Python 语言列表返回。调试时非常有用，因为它只计算这 5 个元素。

• rdd.collect()：返回一个包含 RDD 所有元素的 Python 语言列表。请确保该方法仅在 RDD 足够小以至于它可以放入单台计算机的内存中时才被调用。

• rdd.saveAsTextFile（"/ some / place / in / hdfs"）：将 RDD 作为文本文件保存在 HDFS 中。对于存储字符串的 RDD 很有用。

• rdd.saveAsPickleFile（"/ some / place / in / hdfs"）：序列化 pickle 格式的每个对象并将它们存储在 HDFS 中。用于复杂 Python 语言对象的 RDD，如字典和列表。

• rdd.distinct()：过滤掉所有重复项。

• rdd1.union(rdd2)：将 rdd1 和 rdd2 的元素组合到一个 RDD 中。

• rdd.cache()：只要实际创建了 RDD，它就会被缓存到 RAM 中，以便以后不必重新创建它。

• rdd.keyBy(func)：这是制作有键 RDD 的简单包装器，因为它是一个常见用例。这相当于 rdd.map(lambda x : (func(x)，x))。

• rdd1.join(rdd2)：这适用于两个有键 RDD。如果 (k，v1) 在 rdd1 中且 (k，v2) 在 rdd2 中，则 (k,(v1,v2)) 将在输出 RDD 中。

- rdd.reduceByKey(func)：对于有键 RDD 中的每个唯一键，它将收集所有相关值并使用 func 将它们聚合在一起。
- rdd.groupByKey(func)：func 将接收到一个包含两个元素的元组：一个键和一个可迭代的对象，该对象将为 func 提供 RDD 中共享该键的所有值。它的输出将是生成的 RDD 中的一个元素。

13.7　运行 PySpark 的两种方式

PySpark 可以通过提交独立的 Python 语言脚本来运行，也可以通过打开解释会话来运行，可以一次输入一个 Python 语言命令。在前面的例子中，运行如下脚本：

```
bin/spark-submit --master yarn-client myfile.py
```

spark-submit 命令是用于独立脚本的命令。相反，如果想打开一个解释会话，则可以运行如下命令：

```
bin/pyspark --master yarn-client
```

这将打开一个看起来很正常的 Python 语言终端，可以从中导入 PySpark 库。

从编写代码的角度来看，独立脚本和解释会话之间的关键区别在于，在脚本中必须显式创建 SparkContext 对象，该对象被称为 sc。通过以下代码即可创建该对象：

```
from pyspark import SparkConf, SparkContext
conf = SparkConf()
sc = SparkContext(conf=conf)
```

如果打开一个解释器，它会自动包含 SparkContext 对象并将其称为 sc。不需要手动创建它。

造成这种差异的原因是独立脚本通常需要设置很多配置参数，使得非脚本编写者仍然可以可靠地运行这些脚本。调用 SparkConf 对象上的各种方法设置这些配置。在 PySpark 中，如果直接打开解释器，那么就需要亲自从命令行中进行配置设定。

13.8　Spark 配置

集群的运行非常挑剔。需要确保每个节点都有其需要的数据、依赖的文件、没有节点超负荷运行等。需要确保使用的是正确的并行性，因为让代码过于并行化很容易让代码变得更慢。最后，通常多人共享一个集群，所以如果浪费资源或者导致系统崩溃（作者就做过这种事情，当整个集群宕机时大家会感到愤怒），风险会更高。所有这些意味着需要关注作业是如何配置的。本节将介绍最关键的部分。

所有配置都可以从命令行设置。最不用担心的有以下 6 点：

• Name：为流程提供可读的名称。这不会影响运行，但它会显示在集群监视软件中，以便系统管理员可以查看正在使用的资源。

• Master：该进程处理并行作业（或在本地模式下运行）。通常，"yarn-client"会将作业发送到集群进行并行处理，而"local"将在本地运行。还有其他的主进程可用，但 local 和 yarn-client 是最常见的。也许令人惊讶的是，默认的主进程是 local 而不是 yarn-client。如果想获得并行性，则必须显式告诉 PySpark 并行运行。

• py-files：需要复制到集群中其他节点的 Python 语言库文件的列表，采用逗号作分隔符。如果需要在自己的 PySpark 方法中使用这个库的功能，这个配置项是必须的，因为在这种情况下，集群中的每个节点都需要独立地导入库。

• Files：应放置在每个节点的工作目录中的额外文件列表。该列表可能包括特定任务的配置文件，分布式功能即由该任务决定。

• Num-executors：集群中产生的执行者进程的数量。它们通常位于不同的节点，默认值是 2。

• Executor-cores：每个执行者进程应占用的 CPU 核心数。默认值是 1。

以下示例说明如何从命令行查看设置参数：

```
bin/pyspark \
--name my_pyspark_process \
--master yarn-client \
--py-files mylibrary.py,otherlibrary.py \
--files myfile.txt,otherfile.txt \
--num-executors 5 \
--executor-cores 2
```

如果想将它们设置为独立脚本，则可采用如下代码：

```
from pyspark import SparkConf, SparkContext
conf = SparkConf()
conf.setMaster("yarn-client")
conf.setAppName("my_pyspark_process")
conf.set("spark.num.executors", 5)
conf.set("spark.executor.cores", 2)
sc = SparkContext(conf=conf)
sc.addPyFile("mylibrary.py")
sc.addPyFile("otherlibrary.py")
sc.addFile("myfile.txt")
sc.addFile("otherfile.txt")
```

13.9　底层的细节

当了解一些关于 PySpark 的底层细节后，对 PySpark 的认识就会更加深刻。

以下是一些要点：

· 当使用"pyspark"命令时，在计算机上实际运行的是"python"命令，并确保它链接到适当的 Spark 库（如果以交互模式运行，还要求 SparkContext 对象已在命名空间中生成）。这意味着在主节点上安装的任何 Python 语言库都可以在 PySpark 脚本中使用。

· 在集群模式下运行时，Spark 框架无法直接运行 Python 语言代码。相反，它会在每个节点上启动一个单独的 Python 语言进程，并将其作为单独的子进程运行。如果代码所需的库或附加文件不在当前节点上，则该节点上的进程将失败。这就是为什么需要注意文件的分发状态。

· 只要可以，部分数据仅限于一个 Python 语言进程中。如果调用 map()、flatMap() 或其他各种 PySpark 操作，则每个节点将对其自己的数据进行操作。这避免了通过网络发送数据，也意味着数据都可以保留在 Python 语言对象上。

· 节点之间移动数据的计算开销非常大。不仅需要移动数据，还必须将 Python 语言对象序列化为类似字符串的格式，然后通过网络发送，之后在另一端进行反序列化。

· 诸如 groupByKey() 之类的操作需要序列化数据并在节点之间移动数据。进程中的这一步被称为"洗牌"，Python 语言进程不参与洗牌。它们只是序列化数据，然后把它交给 Spark 框架。

13.10　Spark 提示与技巧

以下是使用 Spark 的一些技巧，来自于作者的使用经验：

1）RDD 字典使代码和数据更容易理解。如果使用的是 CSV 数据，请首先将其转换为字典。由于每本字典都包含键的副本，它会比 CSV 格式占用更多空间，但这是值得的。

2）如果可能稍后对数据进行操作，则将其存储在 pickle 文件中而不是文本文件中。这样会非常方便。

3）在调试脚本时使用 take() 来查看数据的格式（RDD 字典或是元组）。

4）在 RDD 上运行 count() 是强制创建它的好方法，这会使任何运行时的错误更早被发现。

5）在本地模式而不是分布式模式下进行大部分基本调试，这是因为如果数据集足够小，速度会更快。另外，还可以减少由于集群配置错误而导致失败的可能性。

6）如果在本地模式下工作正常，但在分布式模式下出现奇怪的错误，请确保在整个集群中分发了必要的文件。

7）如果使用命令行中的 --files 选项在集群中分发文件，请确保列表以逗号而不是冒号分隔。作者浪费了两天时间在这上面……

现在已经看到了 PySpark 的实际应用，回过头来考虑摘要中的一些内容。

13.11 MapReduce 范例

MapReduce 是大数据技术最流行的编程范例。它使得程序员编写的代码，易于在任意大小的集群或任意大的数据集中并行化。MR 的一些变体是许多主要大数据工具的基础，包括 Spark，并且可能是未来的大数据工作的基石，因此理解它非常重要。

MR 作业将数据集（如 Spark RDD）作为输入。作业中包含两个阶段：

• 映射。数据集中的每个元素都通过某个函数映射到键值对的集合。在 PySpark 中，可以用 flatMap 方法完成映射。

• 规约。对于每个唯一的键，"规约"进程将被启动。它依次输入所有相关的值，顺序不受限制，最终产生一些输出。可以在 PySpark 中使用 reduceByKey 方法来实现它。

这就是它的全部功能：程序员编写 mapper 方法的代码，然后编写 reducer 方法的代码。不用担心集群的大小、数据在哪里，诸如此类的问题。

在给出的示例脚本中，Spark 最终将代码优化为一个 MR 作业。如下是重写的代码，以显式说明该过程：

```
def mapper(line):
    l2 = l.strip().lower()
    l3 = l2.replace(".","").replace(",","")
    words = l3.split()
    return [(w, 1) for w in words]
def reducer_func(count1, count2):
    return count1 + count2
lines = open("myfile.txt")
lines_rdd = sc.parallelize(lines)


map_stage_out = lines_rdd.flatMap(mapper)
reduce_stage_out = \
    map_stage_out.reduceByKey(reducer_func)
```

在 MR 作业中发生的底层细节如下：

• 输入数据集开始分布在集群中的若干个节点上。

• 这些节点并行地将映射函数应用于其所有数据块以获取键值对。

• 每个节点将使用规约进程将特定单词的所有键－值对聚合为一个单词，表示该单词在当前节点的数据中出现的频率。同样，该过程完全是并行的。

• 对于集群中标识的每个不同键，都会选择集群中的一个节点来执行规约过程。

• 每个节点都会将其部分计数值转发给相应的规约器。节点之间数据的这种传递通常是整个 MR 作业中最慢的阶段，甚至比实际处理过程还要慢。

• 每个规约进程在其所有关联值上并行运行，计算最终的单词数量。整个工作流程如图 13.1 所示。

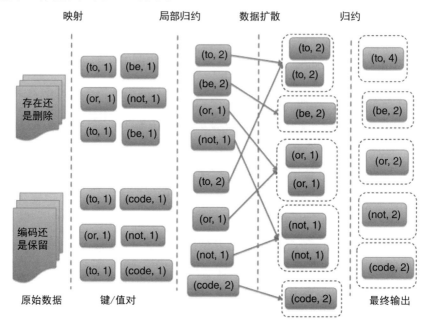

图　13.1

作者的一项工作来自于对经典 MR 的突破。人们知道每个节点都使用规约器将其特定单词的所有键 - 值对聚合为一个，这个阶段在技术上是一种称为"组合器"的性能优化。只能使用组合器，因为规约器只做加法，并且可以采用任意的相加顺序。在最常见的情况下，那些映射器的输出不会被聚合，它们全部被发送给对特定单词进行规约的节点。这带来了集群之间巨大的带宽压力，因此希望尽可能地使用组合器。

13.12　性能考量

以下给出 3 条适用于任何 MR 框架（包括 Spark）的指导原则：

• 如果需要过滤数据，请尽早执行。这会减少网络带宽。

• 作业仅在完成最后一个规约进行时才完成，因此请尽量避免一个规约器处理大部分键 - 值对的情况。

• 如果可能，更多的规约器意味着每个规约器都仅需处理更少的键 - 值对。

在传统编码中，性能优化指的是减少代码所需的步骤数量。这在 MR 中通常是次要的问题，它最关心的问题是通过网络将数据在节点之间进行转移所需的时间。代码所需的步骤数量并不是那么重要，相反，它是最糟糕的节点需要执行的步骤数。

Spark 还有其他一些特别的优化需要专门说明，这种优化并不经常出现，但是非常重要。有时，reduceByKey 是使用错误的方法。特别是，当聚合值是大的、可变的数据结构时，该方法的效率非常低。

以如下代码为例，它将一个单词的所有出现次数都放在一个大的列表中：

```
def mapper(line):
    return [(w, [w]) for w in line.split()]
def red_func(lst1, lst2):
    return lst1 + lst2
result = lines.flatMap(mapper).reduceByKey(red_func)
```

如这段代码所示，每次调用 red_func 时，都会给出两个可能很长的列表。然后它会在内存中创建一个新列表（需要相当长的时间），然后删除原始列表。这是对内存的错误使用，可能会导致作业的失败。

直观地说，需要的是保留一个大的列表，并且一次一个地添加所有的单词，而不是不断创建新的列表。这可以通过 aggregateByKey 方法来实现，与 reduceByKey 相比，其用法稍微复杂一些，但如果使用得当，会更有效率。代码示例如下：

```
def update_agg(agg_list, new_word):
    agg_list.append(new_word)
    return agg_list  # same list!
def merge_agg_lists(agg_list1, agg_list2):
    return agg_list1 + agg_list2
def reducer(l1, l2):
    return l1 + l2
result = lines.flatMap(mapper).aggregateByKey(
    [], update_agg, merge_agg_lists)
```

在这种情况下，集群中的每个节点将以空列表开始，对特定单词进行聚合。然后它会将该聚合以及该单词的每个实例输入到 update_agg 中。接下来，update_agg 会将新值附加到列表中，而不是创建一个新的列表，并返回更新后的列表。mergE_agg_lists 方法仍然以原始方式运行，但是仅被调用几次用来将不同节点的输出进行合并。

13.13　延伸阅读

1) Spark Programming Guide, viewed 8 August 2016, http://spark.apache.org/docs/latest/programming-guide.html。

2) Dean, J & Ghemawat, S, MapReduce: Simplified Data Processing on Large

Clusters, Paper presented at: Sixth Symposium on Operating System Design and Implementation, 2014, San Francisco, CA。

13.14　术语

大数据　分析和软件社区中的一种趋势，侧重于大型非结构化数据集以及如何在计算机集群上分析这些数据集。

组合器　一种 MapReduce 框架中的性能优化，其中每个节点都在自己的键—值对上完成部分规约过程。

集群　一组计算机，可以通过编程将单个计算任务协调到这组计算机上运行。

Hadoop　一个集群存储和计算框架，已经成为许多大数据生态系统的主要组成部分。

键 – 值对　具有两个元素的元组。第二个元素是"值"，通常是一部分数据。第一个元素"键"，它通常是一个标签，表示元组落入的某个类别。

映射　一种操作，可以将相同的功能应用于一个数据结构集合的每个元素。该方法的输出总体上是过程的输出。

MapReduce　以完全并行的方式在一个计算机集群上编程的最突出的范例。

节点　集群中的单台计算机。

PySpark　Spark 集群计算框架的 Python 语言接口。

规约　一种依次处理数据流中每个值的操作，通过每个值对聚合值进行更新。在处理完最后一个值之后，该过程将聚合值作为最终结果返回。

弹性分布式数据集（RDD）　Spark 中的抽象，分布在集群中的数据对象的不可变集合。

Spark　领先的集群计算框架。

第 14 章
数据库

在数据科学中，数据库扮演着重要的角色，但不幸的是缺乏程序设计背景的数据科学家往往对其不了解。事实上，作者甚至都不知道"数据库"的作用是什么，以及为什么要使用它而不是以目录结构组织的数据文件。

数据库最终只是存储和有效访问数据的框架。原型数据库是一个功能强大的服务器，其存储的数据多于普通计算机，以一种能够对数据进行快速访问的方式存储这些数据（这通常涉及大量的底层优化，而数据库的用户对这些则一无所知），并且随时准备对来自其他计算机的数据访问或修改请求进行响应。数据库相对于文件系统的主要优势是性能，尤其是在运行时间敏感的服务（如网页）时。数据库还处理其他开销，例如保持多个副本的数据同步并在不同存储介质之间移动数据。

在用户端，许多单机软件会在底层运行一个数据库，将其作为存储各个应用程序数据的有效方式。在服务器端，多个数据库分布于数百个不同的服务器上，这些服务器之间通过复杂协议进行同步，用户通过互联网或者局域网来访问它们。在这种情况下，单个数据库的概念实际上是一种抽象，它允许用户忽略实际与之通信的物理服务器。

严格地说，"数据库"是指数据本身及其组织形式，而"数据库管理系统"（DBMS）是提供对数据访问的软件框架。在实践中，这些术语通常可以互换使用，在本书中不作专门区分。

有很多方法可以访问数据库。在产品级系统中，通常可以使用任何语言来调用该系统所提供的可编程 API，但是大多数数据库也都有自己的命令行调用接口。本章将重点介绍该用例。

到目前为止，最重要的数据库系列是 SQL 系列，它支持关系数据库（RDB）模型（将在 14.1 节中介绍）。类 SQL 的数据库已经存在很长时间了。它们通常速度非常快，支持相当广泛的数据处理，但为了获得这种能力，它们对于可以存入其中的数据的类型和格式要求非常严格。近些年来，所谓的 NoSQL 数据库对存储数据类型的要求往往更加灵活，但是它们不提供与 SQL 数据库相同的计算能力。

14.1 关系数据库及 MySQL®

在一个 RDB 中，数据集由一个包含行（通常是无序）和列的表格表示。每列都有与之关联的特定数据类型，例如整数、时间戳或字符串（通常具有已知的最大长度，它们在 SQL 语言中为 VARCHAR 类型。RDB 具有与其关联的“查询语言”，它允许用户指定选择数据的条件以及在方法返回之前应该完成的预处理 / 聚合操作。数据库的设计结构使得这些查询可以非常高效地获取结果。

SQL 系列是一大类关系数据库，具有几乎相同的接口。其中，MySQL 是最受欢迎的开源版本，也是在数据科学中最可能遇到的版本。本节将基于 MySQL，但是要知道几乎所有的 MySQL 语句都可以转换为其他的 SQL 版本。事实上，它甚至可以直接应用。SQL 语法无处不在，许多数据处理语言都大量借用其语法规则。

14.1.1 基本查询和分组

MySQL 服务器中的数据由一系列表组成，这些表的列采用已知类型。这些表被组织为“数据库”。数据库只是表的命名空间，使这些表更有组织性。可以轻松地在命名空间之间切换，或者在单个分析中组合来自多个命名空间的表。

下面通过一个简单的 MySQL 查询说明 MySQL 的一些核心语法：

```
USE my_database;
SELECT name, age
FROM people
WHERE state='WA';
```

第一行是说将引用名为 my_database 的数据库中的表。接下来，假设在 my_database 数据库中有一个名为“people”的表，表的列中包含姓名、年龄和状态（可能还有其他列）。这个查询会返回所有居住在华盛顿州的人的姓名和年龄。如果将查询改为“SELECT*”，那么即选择表中的所有列的简写。行和列的选择是MySQL 最基本的功能。

也可以省略 USE 语句并在查询中显式指定数据库的名称：

```
SELECT name, age
FROM my_database.people
WHERE state='WA';
```

除了只选择列，还可以在列返回之前对列进行操作。MySQL 具有广泛的内置函数，可对 SELECT 子句和 WHERE 子句中的数据字段进行处理。例如，以下查询将获得人们的名字以及他们是否为老年人：

```
SELECT SUBSTRING(name,0,LOCATE(name,' ')), (age >= 65)
FROM people
WHERE state='WA';
```

请注意，获取某人的名字时使用了一些复杂的语法。函数 LOCATE
（name,"）将返回名字在存储空间中的索引，即名字结束的地方。然后，
SUBSTRING(name,0,LOCATE(name,")) 给出了至此为止的名字，即姓名中的名。
在 Python 语言中，将字符串在空白字符处拆分，然后取第一部分将更容易理解。
但是这样做会产生一个列表，而这个列表可以是一个任意复杂的数据结构。这在
以性能为中心的 MySQL 中是不可接受的。MySQL 的函数通常不允许复杂的数据
类型，例如列表。对于能够高效处理大规模数据的函数，是限制使用这些类型的。
这迫使人们以这种迂回的方式提取名字。

表 14.1 总结了一些更有用的函数。

表　14.1

函数名	描述
ABS	绝对值
COALESCE	采用函数参数的第一个非空值（在连接操作后非常有用）
CONCAT	连接多个字符串
CONVERT_TZ	从一个时区转换到另一个时区
DATE	从日期时间表达式中提取日期
DAYOFMONTH	提取月中的天
DAYOFWEEK	提取周中的天
FLOOR	向下舍入一个数字
HOUR	从日期时间中取出小时
LENGTH	以字节为单位的字符串长度
LOWER	以小写字母模式返回一个字符串
LOCATE	返回较长字符串中第一次出现的子串的索引
LPAD	通过在其左侧添加特定字符来将字符串填充到给定长度
NOW	当前日期时间
POW	数的幂运算
REGEXP	字符串是否匹配正则表达式
REPLACE	使用另外的子串替换字符串中所有出现的特定子串
SQRT	数的二次方根
TRIM	去除字符串两侧的空格
UPPER	以大写字母模式返回一个字符串

除了只选择行 / 列并对其进行操作，还可以使用 GROUP-BY 语句将多行记录
聚合到单个返回值中。例如，此查询将查找每个州中名为 Helen 的人数：

```
SELECT state, COUNT(name)
FROM people
GROUP BY state
WHERE first_name='Helen';
```

这里使用的 COUNT() 函数只是众多聚合函数之一，它将多行中的一列压缩为

单个值。表 14.2 中列出了其他聚合函数。

表 14.2

函数名	描述
MAX	最大值
MIN	最小值
AVG	平均值
STDDEV	标准差
VARIANCE	方差
SUM	和

也可以按几个字段进行分组，如以下查询所示：

```
SELECT state, city, COUNT(name)
FROM people
GROUP BY state, city
WHERE first_name='Helen';
```

在基本查询中，还可以为选择的列指定名称，如以下查询所示：

```
SELECT state AS the_state,
 city AS where_they_live,
 COUNT(name) AS num_people
FROM people
GROUP BY state, city
WHERE first_name='Helen';
```

也可以只重命名一部分列。如果所做的只是获取数据，则 SELECT 子句中的这种重命名不会对数据库产生任何影响。但是如果要将查询结果写入具有自己列名的另一个表中，或者如果在同一个查询中使用多个表，则重命名会变得非常有用。更多相关内容将在稍后介绍。

14.1.2 连接

查询语言的最终组成部分是能够将一个表与另一个表连接起来，这是一个足够复杂的问题，作者将它放在单独的章节中。在一个连接中，几个表合并成一个表，输入表中的行根据一些标准进行匹配（通常具有指定的字段，但也可以使用其他条件）。这个查询显示了连接操作，它告诉人们每个州中每个职位有多少名员工：

```
SELECT p.state, e.job_title, COUNT(p.name)
FROM people p JOIN employees e
ON p.name=e.name
GROUP BY p.state, e.job_title;
```

在这个查询中有两个需要注意的地方。首先，有一个 JOIN 子句，给出了与表 people 连接的表，还有一个 ON 子句，给出表中行的匹配条件。其次，"people p"

和 "employees e" 给这些表提供了较短的别名，并且所有列都以别名为前缀。这消除了歧义，以防两个表中出现同名的列。

表 people 中的每一行都将与表 employees 中那些在最终表里匹配的行配对。所以，如果表 people 中有 5 行包含 Helen 这个名字，表 employees 中有 10 行包含 Helen 这个名字，那么在连接的表中将会有 50 行包含 Helen 这个名字。这种数据规模增长的潜力是连接操作开销较大的一个原因。

前面介绍的查询执行所谓的"内部连接"。这意味着如果表 people 中的某一行不匹配表 employees 中的任何行，则它不会出现在连接的表中。同样，如果表 employees 中的任何行与表 people 中的行不匹配，那么这些行也将被删除。可以做一个"左外连接"。在这种情况下，表 people 中的孤行仍然会出现在连接表中，但是这些孤行在所有来自表 employees 的列中取值将会为 NULL。同样，"右外连接"可以确保表 employees 的每一行在连接表中至少显示一次。

在有一个"主"表的情况下，外连接非常普遍。例如，试图预测一个人是否会点击某个广告，并且有一个表来描述数据库中的每一个广告，它是哪个公司/产品的广告、广告被展示给谁以及它是否被点击。也可以有一个表来描述不同的公司、它们在哪些行业等。在广告表和公司表之间进行左外连接实际上只是将其他列添加到广告表中，从而为训练分类器或者计算关联关系提供新的特性。任何没有展示广告的公司在这里的研究中都是多余的，因此会被丢弃，而恰好错过了公司数据的任何广告仍然会保留在分析中，其与公司相关的字段取值为 NULL。

14.1.3 嵌套查询

MySQL 中的关键操作是 SELECT、WHERE、GROUPBY 和 JOIN。在实际中见到的大多数 MySQL 查询最多只使用一次，但也可以在彼此之间嵌套查询。

这个查询需要一个公司的员工表，执行一个查询来计算每个城市有多少员工，然后将这个结果返回到原始表，以找出每个员工有多少个本地同事：

```
SELECT ppl.name AS employee_name,
 counts.num_ppl_in_city-1 AS num_coworkers
FROM (
 SELECT
   city,
   COUNT(p.name) AS num_ppl_in_city
 FROM people
 GROUP BY p.city
) counts
JOIN people ppl
ON counts.city=ppl.city;
```

在这个查询中需要注意的事项如下：

1）子查询用括号括起来。

2）通过在括号后面放置别名，给出子查询的结果的别名"计数"。许多 SQL 变体需要在有子查询时给出别名。

3）如前所述，使用内部 SELECT 子句将名称 num_ppl_in_city 赋予新生成的列。这使整个查询更具可读性。

14.1.4　运行 MySQL 并管理数据库

14.1.3 描述了 MySQL 查询的语法。现在回顾一下如何访问服务器、创建/销毁表以及将数据存入其中的细节。

有很多方法可以访问 MySQL 服务器，最简单的是通过命令行。以下命令将打开与远程 MySQL 服务器的交互式会话：

```
mysql --host=10.0.0.4 \
  --user=myname \
  --password=mypass mydb
```

在这种情况下，用户名和密码是登录凭据，**mydb** 是要访问的服务器上的数据库（尽管可以稍后使用 USE 语句切换到其他数据库），并且主机是服务器的 URL（因为 MySQL 服务器通常是一台与正在使用的计算机不同的另一台计算机）。

一旦打开了 MySQL 命令行，下面的命令可以使得执行需要做的事情。它们的语法很简单。请注意，每个命令都以分号结尾。只要以分号结尾，就可以将单个命令拆分到多行中。

```
# 当前 db 中的第一个列表
SHOW TABLES;
USE my_other_database; # 切换到 my_other_database
DROP TABLE table_to_drop; # 删除此表
CREATE DATABASE my_new_database; # 创建一个数据库
```

创建表的语法稍微复杂一些，以下是一个简单的例子：

```
CREATE TABLE MyGuests (
id INT,
firstname VARCHAR(30),
lastname VARCHAR(30),
arrival_date TIMESTAMP
);
```

通过命令 CREATE TABLE、表名，然后在括号中给出列名和它们的类型，可以创建一个表。请注意，在本例中，VARCHAR(30) 表示最多 30 个字符的字符串。该查询将创建一个空表，然后可以通过多种方式向表中添加内容。如果只想添加一些条目，可以使用以下语句：

```
INSERT INTO MyGuests (id, firstname,
 lastname, arrival_date)
VALUES
(0, 'Field', 'Cady', '2013-08-13'),
(1, 'Ryna', 'Cady', '2013-08-13');
```

更常见的情况是，需要从 CSV 文件或其他类型的文件加载数据，这可以通过以下方式完成：

```
LOAD DATA INFILE '/tmp/test.txt'
INTO TABLE test
FIELDS DELIMITED BY ',';
```

当通过查询从数据库中获取数据时，通常用命令行远程执行它。下面一行 bash 代码将向 MySQL 服务器发送一个查询（在这种情况下，假设它是本地主机，也就是发送命令的同一台计算机），然后将结果写入本地 CSV 文件：

```
mysql --host localhost \
-e 'SELECT * FROM foo.MyGuests' \
> foo.csv
```

14.2　键 - 值存储

　　键－值存储是另一种大型数据库范例。这在概念上类似于大规模的 Python 语言字典，将键（通常是字符串）映射到任意数据对象。这对于存储非结构化数据（如网页）来说非常棒，近年来键－值存储的知名度不断提高，在大数据浪潮中扮演着非常重要的角色。但键－值存储的缺点在于仅仅提供了对数据的访问，它们不提供类似于 RDB 用到的优化预处理方法。

　　在许多情况下，键－值存储是存储大多数字段为空值的关系数据的更有效方式。例如，假设有一个人员数据库，并且知道关于每个人的几条信息，可以知道每个人的数千条信息，但对于任何特定的人，通常只有少数信息不为空值。在这种情况下，将人员 / 列元组作为关键字并将条目作为值是更有效的。如果数据库不包含人员 / 列的条目，则可以假定它是空值。

　　键－值存储的示例包括 Oracle NoSQL 数据库、redis 和 dbm。

14.3　宽列存储

　　宽列存储是一个类似于关系数据库的表，但是它具有大量的列并且大部分是稀疏的。与关系数据库不同，可以随意添加或删除新列，并且表中一个给定的列通常仅在少数几个相关的行中存在。在这个意义上，宽列存储可能更类似于键－值存储，其中键包含两个字段：行 ID 和列名。通常不支持熟悉的 MySQL 操作，例如 GROUPBY 和 JOIN。

最初的宽列存储通常被认为 Bigtable，Bigtable 是由谷歌公司开发的一个内部工具，并在论文《Bigtable：一种用于结构化数据的分布式存储系统》中进行了概述。Bigtable 还会在表中的每个单元格上附上时间戳，并在所有以前的条目中加上时间戳记录。Bigtable 中的列不完全相互独立，经常被一起访问的列被分组到相同的"列族"中。

面向列的开源数据库包括 Cassandra、HBase 和 Accumulo。

14.4　文档存储

文档存储与键－值数据库类似，但是它们存储的值是某些格式灵活的文档，如 XML 或 JSON。除了简单地提取数据外，文档存储还提供了一些功能，用于搜索数据库并提取符合特定条件或用于其他处理的文档（或其中的一部分）。这样，它们可以作为关系数据库和键－值存储之间的有效媒介。它们足够灵活，可以存储非表格数据，但也足够结构化，满实际数据处理的要求，而不仅仅是读取 / 写入数据。

最流行的文档存储是 MongoDB，它是由 MongoDB Inc. 开发的一款免费的开源软件。为了说明什么是文档存储，本节会给出一个关于 MongoDB 的快速教程。

14.4.1　MongoDB®

与 MySQL 类似，Mongo 中的数据被划分成若干个数据库。数据库包含"集合"，类似于 MySQL 中的表。一个集合由一堆文档组成，以类似 JSON 的数据格式存储，称为 BSON。MongoDB 中的文档非常灵活，它们可以混合和匹配字段、数据类型、嵌套层或任何其他需要放入的类型。

每个文档必须包含唯一一个名为"_id"的标识符字段，该字段用作文档的主键。用户可以在文档插入时指定 _id，如果有另一个具有相同 _id 的文档已经存在，则会出现错误。没有标识符的文档在写入 MongoDB 时会被分配一个标识符，并带有一个名为 ObjectID 的对象。自动生成的 ObjectID 将以下信息进行编码：ObjectID 创建的时间（以秒为单位，通常是将关联文档添加到 Mongo 的时间）、生成该编码的计算机代码（在集群计算中非常有用）以及生成 ObjectID 的进程 ID。最后，每个生成 ObjectID 的进程都会跟踪它创建的 ObjectID 数量，并对其创建顺序进行编码，使得相同进程在同一秒内创建的 ObjectID 仍然不同。

在 MongoDB 中访问数据的主要操作是查询。下面的命令行会话将打开一个 Mongo 数据库，向它写入一些数据，然后执行一个简单的查询来查找所有匹配的文档：

```
$ mongodb # 命令打开 MongoDB shell
> // 指定要使用的数据库，如 MySQL
> use some_db
```

```
> show collections
> // 将新文档插入集合 "帖子"
> // 如果帖子不存在, 则会创建
> db.posts.insert({"name":"Bob","age":31})
WriteResult({ "nInserted" : 1 })
> // 打印出此数据库中的集合
> // 帖子已经存在
> db.posts.find() // no query = show all documents
{ "_id" : ObjectId("55f8cc2f73b593e9ca69c126"), "name"
: "Field" }
> // 显示一个匹配给定查询的文档
> db.posts.find({"name":"Bob"})
```

这里的查询看起来像一个 JSON 对象本身。从某种意义上说,它将字段的名称映射到在该字段上设置的所有要求。在前面的例子中写了 "name":"Bob",这意味着 "Bob" 必须是所有匹配文档中的名称字段。更一般地说,查询可以在该字段中包含许多不同的约束条件,用它们自己的类似 JSON 的格式来表示。以下是一些其他示例:

```
> db.foobar.insert({"name":"Field","age":31})
> // 年龄大于 10 岁
> db.foobar.find({"age":{$gt:10}})
> // 年龄在 10~20 岁
> db.foobar.find({"age":{$gt:10, $lt:20}})
> // 不管年龄是多少, 只要它在那里
> db.foobar.find({"age":{$exists:true}})
```

以 "$" 开头的表达式称为 "查询操作符",它们构成了 MongoDB 查询的逻辑。查询 { "name" : "Bob" } 仅仅是 { "name":{$ eq: "Bob" }} 的语法糖。给定的 MongoDB 查询最终将是嵌套的类 JSON 对象,其中最低级别的嵌套将字段名称映射到查询运算符上。

除查询之外,find 函数还有一个叫做投影的可选的第二个参数。这个参数指定要返回文档上的哪些字段(毕竟,整个文档可能非常大),并且如果文档包含长数组,则应指定需要选择的数组元素个数。表 14.3 给出了一些投影的示例。

表 14.3

投影	含义
{ _id:0, name:1, age:1}	仅返回每个文档的 name 和 age 字段。请注意,必须显式排除 _id, 否则它也会被 u 返回
{ comments: { $slice: 5 } }	返回 "comments" 字段的前 5 个元素,它被假定为一个数组
{ comments: { $elemMatch: { userid: 102 } } }	返回 comments 数组中具有 userid 102 的所有元素

如果想更新集合中的文档，可以使用 update() 命令。它需要两个必须的参数和第 3 个可选参数：

- 查询语句，指示要修改的文档。使用与 find() 函数相同的查询操作符。
- 更新语句，更新操作符指示对哪些字段执行哪些操作。
- （可选）一组附加选项。最重要的附加选项是"多"，它表示是否可以修改多个文档。它默认为 false，这可能与直觉恰恰相反。

这些命令给出了基本的想法：

```
> // 此命令更新其 "item" 字段为 "ABC" 的单个文档
> db.inventory.update(
{ item: "ABC" },
{ $set: { "details.model": "14Q2" } })
> // 这个将找到"服装"类别中的所有文档，将其类别重命名为"服装"，
> // 并将他们的"年龄"字段增加 5
> db.inventory.update(
 { category: "clothing" },
 {$set: { category: "apparel" },
 $inc: { age: 5 }},
{ multi: true })
```

14.5 延伸阅读

1）Redmond, E, Wilson, J, Seven Database in Seven Weeks: A Guide to Modern Databases and the NoSQL Movement, 2012, Pragmatic Bookshelf, Raleigh, NC。

2）Tahaghoghi, S, Williams, H, Learning MySQL, 2006, O'Reilly Media, Newton, MA。

14.6 术语

BSON MongoDB 使用的类似 JSON 的数据格式。

数据库 一种以支持低延迟访问的格式存储特定类型数据的软件。

DB 数据库的通用简写。

文件存储 存储文件的数据库，通常以 XML 或 JSON 等标记语言存储。

键 - 值存储 根据键值存储数据对象的数据库，但通常不具有其他查询功能。

MongoDB 运行在群集上的开源文件存储系统。

MySQL 一个非常流行的 SQL 开源版本。

查询语言 用于指定数据库查询的轻量级语言。大多数查询语言都基于 SQL 的语法。

关系代数 描述关系数据库操作的理想化数学框架。现实世界的 RDB 通常包含纯关系代数中不存在的功能。

关系型数据库　将数据存储在表中并支持多种操作（例如选择列和连接多个表中的记录）的数据库。

SQL　最流行的关系型数据库。

宽列存储　从概念上讲，与关系数据库类似，但通常表具有许多列，并且不支持诸如连接和分组等操作。

第 15 章
软件工程最佳实践

根据作者的经验，数据科学家通常缺乏的最重要的技能就是编写优秀代码的能力。作者并不是谈论编写高度优化的数值例程、设计花哨的类库或是类似的东西，只是在项目过程中保持数百行代码清晰且易于管理，就算是学到了编写代码的技能。作者见过很多来自物理和数学等领域的杰出数据科学家，他们缺乏这项技能，因为他们从来不需要编写任何长度超过几十行的内容，也不需要回过头来对这些内容进行更新。没有什么比看到一个数学天才的数据科学项目高开低走更糟糕的了，因为他们的 200 行脚本非常凌乱，以至于无法调试。

本章存在的一个原因在于：让每个编写代码的人明白，他们有责任确保代码的清晰。

另一个原因是，在实践中，数据科学家通常被要求做的不仅仅是保持其代码的可读性。一些公司让他们的数据科学家专注于分析方面的工作。然而在很多情况下，数据科学家需要将其一次性脚本转换为可重用的数据分析软件包，从而可以使其独立存在。其他时候，数据科学家则扮演软件工程团队中的初级成员角色，在一个实时项目中编写大量用于实现其想法的产品代码。本章将为读者提供产品级代码编写以及软件工程团队工作模式的简明介绍。

15.1 编码风格

编码风格与快速编写代码无关，甚至无法确保代码的正确性（尽管从长远看，它支持这两个特性）。相反，编码风格是关于使代码易于阅读和理解，这使得其他人（更重要的是，当在今后忘记自己的代码是如何工作时）更容易明白代码是如何工作的，从而根据需要对其修改并调试。通常，会花更长时间来编写代码，但这是值得的。

简单介绍一下代码质量好坏的区别。以下是本书前面的一段示例代码，不谦虚地说，作者编写了一段非常好的代码：

```
from HTMLParser import HTMLParser
import urllib

TOPIC = "Dangiwa_Umar"
url = "https://en.wikipedia.org/wiki/%s" % TOPIC
```

```
class LinkCountingParser(HTMLParser):
    in_paragraph = False
    link_count = 0
    def handle_starttag(self, tag, attrs):
        if tag=='p': self.in_paragraph = True
        elif tag=='a' and self.in_paragraph:
            self.link_count += 1
    def handle_endtag(self, tag):
        if tag=='p': self.in_paragraph = False
html = urllib.urlopen(url).read()
parser = LinkCountingParser()
parser.feed(html)
print "there were",  parser.link_count, \
    "links in the article"
```

在这段代码中没有任何注释或者文档，但是通过变量名称可以清楚地知道作者试图完成的工作，并且程序的逻辑流程显示了是如何实现的。代码中的部分内容与 HTMLParser 类库相关，但是即使不了解这个类库，也可以从上下文中大致推断出它是如何工作的。如果熟悉 HTML 和 HTMLParser 类库，那么这段代码应该非常清晰。

作为对比，如下是相同的代码，它包含了一些不符合编码风格的内容。

```
import urllib
url = "https://en.wikipedia.org/wiki/Dangiwa_Umar"
cont = urllib.urlopen(url).read()
from HTMLParser import HTMLParser
class Parser(HTMLParser):
    def handle_starttag(self, x, y):
        if x=='p': self.inp = True
        if x=='a':
          try:
            if self.inp:
              self.lc += 1
          except: pass
        if x=='html': self.lc = 0
    def handle_endtag(self, x):
        if x=='p': self.inp = False
p = Parser()
p.feed(cont)
print "there were",  p.lc, \
    "links in the article"
```

编码中需要避免如下事项：

• 无意义的变量名称。

• 对网址进行硬编码，而不是将维基百科文章的主题作为自己的参数。

- "Parser" 是一个非常没有意义的类名。
- 解析器有两个内部变量：inp 和 lc（好代码中的 in_paragraph 和 link_count）。这些变量应该已经预先声明了默认值，但是只在需要时立即创建它们。
- 使用 try-except 循环来检查 self.inp 是否被定义。这是对 try-except 的不正确使用，这会使人疑惑。
- 在 handle_starttag 中，有 3 条 if 语句，但它们是互斥的，所以使用 elif 会更清晰。
- try-except 循环的缩进量不规范。

良好的编码风格不是作者可以向读者解释的一套规则。这是开发的一种心态，对代码难以阅读的焦虑。学习它的唯一方法是通过阅读和编写大量代码，所以在本章中不会试图教给这些，但是有一些基本原则可以归纳如下：

- 始终使用描述性名称为变量和函数命名。
- 模块化。将程序分解为具有明确功能的独立部分。
- 避免使用过多的缩进，例如多个循环内的循环。如果碰到这个问题，试着把内层循环分解成一个单独的函数或子程序。
- 适当使用注释。如果代码包含特殊功能，则需要用注释对其说明。另外，最好在每个文件的开头添加描述其功能的注释语句。
- 不要过度使用注释。它们分散了代码本身，代码应该是足够清晰的，从而能够直接阅读。注释也可能是错误的或过时的，所以对于那些自解释的代码，可以去除注释。
- 如果有几块代码做非常相似的事情，那么通常会把它们重构为一个例程。
- 尝试从程序的核心处理逻辑中分离出样板信息（如数据格式化的方式）。例如，表中列的顺序通常应与处理表的代码分开指定。

有些人可能会有疑问：如果数据科学家必须完成这些工作来确保代码质量，那么数据科学代码和产品代码之间有什么区别？作者的看法是，通用代码质量的目标是让人们轻松阅读和理解代码。相反、产品代码的目的是使这种理解变得不必要。产品代码很大程度上是关于创建直观易用的 API、好的产品文档，并且足够灵活从而支持各种用例。使用产品代码的人可以像使用类库一样调用它，而不必关心它是如何工作的。另一方面，在数据科学编程中，则需要保证使用它的人能够读懂并修改这些脚本。

15.2　数据科学家的版本控制和 Git

编写生产软件的核心特征是拥有良好的版本控制系统。这是一个软件框架，用于跟踪对代码库所做的更改，并将其与存储在某个服务器上的主副本进行同步。它提供以下巨大优势：

- 如果计算机被破坏，所有的代码都会被备份。

- 如果在团队中工作，每个人都可以通过定期从服务器读取更改来保持同步。
- 如果编码过程中断，可以返回到已知可用的代码库的以前版本。

随着代码库变得越大越复杂，版本控制也变得越来越不可或缺。

通常，版本控制通过将代码库下载为计算机上的目录来工作。编辑代码库与更改目录内容（更改文件、添加新文件或子目录等）一样简单，然后告诉版本控制系统同步这些更改。版本控制系统至少能够提供以下功能：

- 下载代码库的主副本。这通常被称为"检出"或"克隆"。
- 刷新计算机上的代码，并将从最初检出代码以来对主副本所做的任何更改合并到一起。这通常被称为"拉"。
- 编辑代码（更改代码、添加新文件等）后，可以将更改写回服务器上的主副本。该操作有时称为"提交"，有时称为"推送"。
- 如果更改与其他人所做的更改相冲突，则可以通过某种方式"合并"更改。
- 可以添加与提交相关的注释，以描述所做的事情。
- 多个用户可以从多台计算机检出代码并进行更改。
- 跟踪所有变化的历史。
- 出现损坏时，可以恢复特定的一组更改。

大多数现代系统还包括创建整个代码库的分支的能力。如果需要完成大量的工作，通常需要分离整个代码库的新分支。这可以做任何需要做的事情，而不用担心损坏主分支。然后当所有更改都已完成时，可以将更改合并回主分支并处理任何可能的冲突。

如果需要为某种特殊用途制作一次性代码库，分支也很有用。例如，也许有用户想要产品的定制版本，这可能会涉及对代码库许多不同部分的小改动，并且需要它自己的分支版本。

目前最流行的版本控制系统是 Git。如果在命令行中使用 Git 表单，可以参考表 15.1 的重要的 Git 命令的备忘单。除了第一个以外，所有这些都应在位于检出目录时执行。

表　15.1

命令示例	功能
git clone https://github.com/someproject.git	克隆资源库的主分支
git status	显示所修改或添加的文件
git add myfile.py	通过添加新文件进行更改
git rm myfile.py	通过删除文件进行更改
git mv dir1/file.py dir2/file.py	通过移动文件进行更改
git commit myfile.py –m "my commit message"	对文件所做的任何更改（包括添加或删除文件）都将进行推送
git push	将所有提交的更改推送提交到所在分支的主副本
git diff myfile.txt	显示对该文件尚未提交的所有更改
git branch	列出本地 Git 所知道并可以切换到的资源库的所有分支
git checkout my_branch	切换到名为 my_branch 的分支
git branch my_new_branch	创建一个名为 my_new_branch 的新分支并将其检出
git merge other_branch	将 other_branch 中所做的更改合并到当前所在的分支中

关于 Git 的另一个值得注意的事情是网站 www.github.com。Github 允许任何人创建一个 Git 资源库，其中主副本存储在 Github 的内部服务器上。Github 可以免费使用，只要让代码向公众开放，所以它上面有许多令人着迷的项目。许多人（包括自己）会使用 Github 资源库来存储他们的一些个人代码片段。如果付费，Github 可以保持资源库私有，因此对于小公司来说，这是它们掌握世界一流水平的好方法。

15.3 代码测试

代码测试可以依据不同的严格性要求。科学家和数学家通常习惯于以非常随意的方式来"测试"代码，确保它看起来能够提供正确的输出，这可以通过一些正确性检查来实现。另一方面，大型软件项目依赖于复杂的测试框架，有时可能与源代码本身一样复杂。数据科学趋向于前者，但在实践中，也可以采用后者。本节将回顾一些会在硬核软件环境中看到的标准测试概念。

乍一看，编写和维护测试代码可能会让读者在编写源代码时感到恼火。回顾并修改所有测试以对应所做的修改是一种痛苦，而不是继续进行其他必要的修改。甚至有可能所有主代码都能正常工作，但是由于测试代码中存在错误而导致测试失败。谁想要解决这样的问题？

这些都是可以理解的问题，它们有时适用于小型代码库。然而随着代码数量的增加，尤其是软件维护是个长期过程，无法一劳永逸，一个鲁棒的测试框架就变得非常重要。作者花了很长时间才明白它的价值，但它确实存在。

测试代码最显著的优势当然是检查代码是否正确。另一个稍微弱一些的优势是，通常测试代码是源代码的最佳文档。它不是用模糊的英语来描述代码的功能，而是显示如何调用代码、输入哪些内容以及生成哪些输出。最重要的是，通过简单地运行所有测试，可以确保此"文档"是最新的。

15.3.1 单元测试

单元测试涵盖小型、自包含的代码逻辑。对于给定的一段代码，其单元测试应该覆盖代码的每个已知边界条件，以及若干个更一般的情况。许多编程语言都有专为支持单元测试而设计的类库。

通过 Python 语言单元测试库对其进行展示。下面的代码假定已经编写了一个名为"mymath"的库，其中包含一个函数"fib"，它计算第 n 个斐波纳契数。这段代码假设第零个斐波那契数是 0，第一个是 1，而后面的每个数都是前两个数的和：

```
import unittest
from mymath import fib

class TestFibonacci(unittest.TestCase):
```

```
def test0(self):
  self.assertEqual(0, fib(0))
def test1(self):
  self.assertEqual(1, fib(1))
def test2(self):
  self.assertEqual(fib(0)+fib(1), fib(2))
def test10(self):
  self.assertEqual(fib(8)+fib(9), fib(10))
unittest.main()
```

TestCase 类用于创建测试用例。对于想要测试的代码段，可以创建一个继承它的类，在示例代码中，就是 TestFibonacci。对于想要在代码上运行的每个测试，都要创建一个名称以"test"开头的新方法。这些测试使用 assertEqual 方法，该函数是 TestCase 的成员函数，用于跟踪任何失败。Main() 函数查找命名空间中定义的所有测试用例，将其全部运行，并将结果报告给用户。

TestCase 还有许多其他的方法，其中一些在表 15.2 中列出。

表　15.2

assertNotEqual	确保两件事情不同
assertTrue	确保一个变量值为 True
assertFalse	确保一个变量值为 False
assertRaises	确保调用某个函数会引发错误

单元测试最直接的应用在长期的代码维护中。假设前一段时间写了一个代码模块，并且发现了一个小故障。修复该故障可能会对源代码进行重大修改，并且会冒着破坏已经存在的功能的风险。所以，要保留所有旧的单元测试，并添加一个单元测试用于检测新的边界条件。一旦新的测试通过，并且所有先前的测试仍然通过，即可确信自己已经解决了问题而不会破坏任何功能。

单元测试在使用 git 并与其他人一起工作时也非常有用。假设已经对代码库做了一些改变，并且希望确保与其他人所做的改变合并后，代码仍然正常工作。可以使用"git pull"命令将其他人所做的改变拉取到本地，根据需要重新编译代码，然后重新运行单元测试。如果测试通过，即可放心地推送改变。

作者个人喜欢将源代码和测试代码看作两个共生的一半。如果所有的单元测试都通过了，则它们是"同步"的。源代码很可能有错误，测试代码也很可能有错误。但是任何一个缺陷都会打破这种共生关系。所以如果源代码和测试代码是同步的，则代码几乎肯定会做它应该做的。两个部分都有错误，并且这些错误被绕过使得测试通过的可能性很小。所要做的就是确保源代码中的所有边界条件都得到了正确的测试。

单元测试的主要限制是每个代码模块都是独立测试的。单元测试并不适用于访问外部资源的代码，例如互联网、远程 MySQL 服务器或计算机上运行的其他进程。如果必须对这种软件进行单元测试，那么标准的方法就是使用一种叫做"模拟"的方法。如果代码被设计为访问某个外部 API，那么模拟是一个以预定义的方式模仿该 API 的对象。例如，MySQL 服务器的模拟可能会接受查询，但总是返回预定义的结果，而不会尝试访问远程服务器。

当然，可以编写一个使用 unittest 库的 Python 语言脚本，但也可以访问外部资源。这是不好的做法：测试可能失败，因为外部资源遇到问题，或者运行测试的计算机不可用。但是如果想手动运行单元测试来测试自己的代码，明确地调用外部资源通常比创建模拟更容易。

15.3.2　集成测试

在集成测试中，不同的代码模块相互连接，外部资源就位，系统以真实的方式运行。在这里，可能会遇到网络超时、权限故障、内存溢出以及只会在一定规模的系统中出现的问题。通过集成测试，可以确认每个模块是否正确理解了其他模块的 API。

通常没有用于集成测试的标准库，因为它对于每个单独的项目都非常具体。这更像是一个严格的软件开发阶段。

15.4　测试驱动的开发

前面已经解释了如何使用单元测试来确保已经修复了代码中的小故障，而不会破坏已经有效的代码。"测试驱动开发"（TDD）是软件工程的一种方法，它将这种想法推向极致。甚至在可以在开始编写源代码之前编写模块的单元测试，然后编写模块的目标就是让单元测试全部通过。通常依次处理每个测试，确保它通过而不破坏其他测试，但忽略任何还没有做过的测试。

TDD 有两大优势。首先，它能够事先考虑模块所需的功能。这迫使确定一个初步的 API，并使得编写调用 API 的代码，以便可以看到它是否有效。TDD 的第二个优点是，在编写源代码本身时，可以专注于单个测试，而不是尝试同时考虑整个系统。这种开发方式鲁棒性较强。

TDD 也只适用于或多或少知道软件最终功能的情况。在数据科学中通常不是这种情况，因为在开始处理数据之前，并不知道哪种特征提取和预处理是有效的。根据作者自己的经验，数据科学通常用于确定以何种方式执行哪些分析，然后使用 TDD 来实现其产品版本。

TDD 的另一个问题是实际应用中较为短视。不同的模块越是彼此交互，越是需要提前规划软件体系结构。否则每个额外的单元测试可能需要重新调整整个代码库，并且当认为已经完成项目的大部分方法时，可能会遇到一些障碍。

15.5　敏捷方法

测试驱动开发是个人程序员完成工作的一种方式。另一方面，敏捷是组织开发团队的一种方式。这个词是 2001 年在《敏捷软件开发宣言》中创造的。这本书是由一群程序员编写的，他们厌倦了自上而下的长期计划，导致项目的最终失败。这个概念如星星之火，在数据科学和软件领域中无处不在。

AGILE 的主要思想是通过缩短开发周期和加快反馈循环来使项目更加灵活。敏捷方法的关键原则如下：

- 团队成员之间经常自发协作和决策，而不是被动满足上层的要求。
- 与用户和利益相关者密切沟通。
- 确保始终存在有效的端到端产品，即使它不包含最终需要的所有功能。

敏捷团队的一个典型特征是每天早上召开一次会议，通常称为"起立"或"争夺"。会议内容通常会在这些事项中循环进行，每个成员都需要汇报：①他们之前完成了什么；②他们今天计划要做的事情；③他们遇到的任何障碍。

敏捷开发通常是一种软件开发的好方法，但它并非没有缺点。最大的问题是它有时会以长期规划和明确方向为代价。敏捷开发的第二个问题是，关注快速特性迭代通常会导致"技术债务"的积累、代码库中的混乱和不稳定性，会为将来埋下隐患。

15.6　延伸阅读

1) Rubin, K, Essential Scrum: A Practical Guide to the Most Popular Agile Process, 2012, Addison-Wesley, Boston, MA。

2) Martin, R, Clean Code: A Handbook of Agile Software Craftsmanship, Prentice Hall, Upper Saddle River, NJ。

15.7　术语

敏捷开发　一种软件开发方法，关注于让一个最小的产品能够快速工作，然后以渐进的方式，以明确的目标进行短期快速开发。

Git　当今最流行的版本控制系统。

集成测试　一项确保软件的多个模块能够一起正确运行的测试。

Perl Golf　这是一个贬义词，它将很多功能强加到几行代码中，使其很难理解。

Scrum　在敏捷开发中，每天一次的团队短会。

Sprint　在敏捷开发中设定的短期（通常为 2 周）具体目标。

技术债务　由于过去所做出的短视和 / 或权宜的开发决策，导致将来需要处理的问题。

测试驱动开发　一种编写代码的系统化方法，首先为想要完成的代码变更编写单元测试，然后更改代码，直到新的单元测试通过并且所有旧的测试也通过。

单元测试　对一小段代码进行的独立测试，用于确保这段代码能够正常工作。它们对于测试驱动开发和在代码逻辑中测试边界条件特别有用。

版本控制　一种用于跟踪多个用户对代码资源库所做更改的软件。

第 16 章
自然语言处理

自然语言处理（NLP）是一门研究处理人类语言的技术集合的科学，例如将电子邮件标记为垃圾邮件、使用 Twitter 评估公众情绪、查找哪些文本文档是类似主题等。NLP 是许多数据科学家从未真正需要触及的领域，但其实他们之中有很多人最终需要它，这也与其他主题有很大不同。

本章将从几个关于 NLP 数据集和总体概念的概要介绍开始，然后将切换到 NLP 的核心概念，从简单而快速的技术转移到更复杂的技术。

作者还想强调一点就是 NLP 技术并不严格限于语言，在解析计算机日志文件、找出计算机生成的"语句"等方面都可以应用。就作者个人而言，首次接触许多统计学原理是在学习生物信息学时。

16.1 是否真正需要 NLP

使用 NLP 时要考虑的第一个问题是是否需要它。用户和老板用 NLP 解决问题时往往会有很大压力，因为它被看作某种神奇的新技术。但从作者的经验来看，NLP 很难实现，而且当人工检查时，它很容易出现显而易见的奇异错误。

作者曾经看到人们用 NLP 技术来解决问题，但最终放弃并尝试用正规表达式来解决问题。然后会发现，正规表达式比 NLP 的效果更好。

在决定是否尝试 NLP，请记住以下 5 点：

- 如果数据具有常规结构，那么可以不用 NLP 提取所需数据。
- NLP 在确定两个文档是否具有相似内容等任务时非常有效，因为诸如词频这样的简单内容的信息量很大。
- 如果试图从文档中提取事实，除非有标准化语言，例如维基百科或法律合同，否则几乎是不可能的。例如 Twitter，可能就无法实现。
- 通常很难理解 NLP 算法为什么会如此执行。
- NLP 通常需要大量的训练数据。

16.2 两种流派的对垒：语言学与统计学

NLP 有两种截然不同的思想流派，它们使用的技术截然不同，有时甚至相互冲突，作者称它们为"统计 NLP"和"语言 NLP"。语言学派着重于将文本理解为语言，并使用诸如识别哪些词是动词或解析句子结构等技巧。这从理论上听起来很不错，但实际上往往难以实现，因为人类对语言的滥用和对规则的违反较多。NLP 的统计学派通过使用大量的训练数据来找出语言中的统计模式，从而解决了这个问题。他们可能会注意到，"dog"和"bark"经常倾向于一起出现。或者"Nigerian prince"这个短语在电子邮件的语料库中出现比口述出现更普遍。作者个人认为，正是由于基于语言学的 NLP 的极端复杂性，使得基于统计学的 NLP 成为了权宜之计，即使它并不高效。

在现代海量数据集（如网络）时代，这个差别变得更加明显，而基于统计学的 NLP 往往更具优势。最好的机器翻译引擎（例如谷歌公司可能用它来自动翻译网站）主要是基于统计学的，它们是通过对成千上万的人工翻译例文进行训练而得到的，例如以多种语言出版的报纸文章或翻译的书籍。一些语言学家认为这是在回避人脑如何处理语言的科学问题。确实是这样，但其结果通常会更好。另一方面，像这样的训练需要训练语料库和特制的机器学习算法，而这些只有资深的 NLP 用户才能获得。

16.3 实例：股市文章的论点分析

下面的脚本给出了使用 Python 语言最受欢迎的 NLP 库 nltk（"自然语言工具包"）可以完成的工作。在脚本头几句中设置一支股票的股票代码，然后通过分析一系列近期关于股票的文章，判断它们是正面的还是负面的，然后列出每个类别下跌的数量。

```python
import re
import urllib
import nltk
from nltk.corpus import wordnet as wn
from nltk.corpus import stopwords
from nltk.stem.wordnet import WordNetLemmatizer

TICKER = 'CSCO'
URL_TEMPLATE = "https://feeds.finance.yahoo.com/" + \
    "rss/2.0/headline?s=%s&region=US&lang=en-US"

def get_article_urls(ticker):
    # 返回有关股票的文章的 URL 列表
    link_pattern = re.compile(r"<link>[^<]*</link>")
    xml_url = URL_TEMPLATE % ticker
    xml_data = urllib.urlopen(xml_url).read()
    link_hits = re.findall(link_pattern, xml_data)
    return [h[6:-7] for h in link_hits]
```

```
def get_article_content(url):
    # 输入: 新闻文章的网址
    # 输出: approx. 文章的内容
    # 下载文章的 HTML 然后
    # 从 html 中的段落中提取数据
    paragraph_re = re.compile(r"<p>.*</p>")
    tag_re = re.compile(r"<[^>]*>")
    raw_html = urllib.urlopen(url).read()

    paragraphs = re.findall(paragraph_re, raw_html)
    all_text = " ".join(paragraphs)
    content = re.sub(tag_re, "", all_text)
    return content

def text_to_bag(txt):
    # 输入: 一堆文字
    # 输出: 词条包含的词条
    # 并删除禁用词
    lemmatizer = WordNetLemmatizer()
    txt_as_ascii = txt.decode(
        'ascii', 'ignore').lower()
    tokens = nltk.tokenize.word_tokenize(txt_as_ascii)
    words = [t for t in tokens if t.isalpha()]
    lemmas = [lemmatizer.lemmatize(w) for w in words]
    stop = set(stopwords.words('english'))
    nostops = [l for l in lemmas if l not in stop]
    return nltk.FreqDist(nostops)

def count_good_bad(bag):
    # 输入: 词条包含的词条
    # 输出: good、bad 的字数输出: good、bad 的字数
    good_synsets = set(wn.synsets('good') + \
        wn.synsets('up'))
    bad_synsets = set(wn.synsets('bad') + \
        wn.synsets('down'))
    n_good, n_bad = 0, 0
    for lemma, ct in bag.items():
        ss = wn.synsets(lemma)
        if good_synsets.intersection(ss): n_good += 1
        if bad_synsets.intersection(ss): n_bad += 1
    return n_good, n_bad


urls = get_article_urls(TICKER)
contents = [get_article_content(u) for u in urls]
bags = [text_to_bag(txt) for txt in contents]
counts = [count_good_bad(txt) for txt in bags]
n_good_articles = len([_ for g, b in counts if g > b])
n_bad_articles = len([_ for g, b in counts if g < b])
print "There are %i good articles and %i bad ones" % \
    (n_good_articles, n_bad_articles)
```

16.4　软件和数据库

NLP 处理通常在计算时效率很低。即使是简单的确定一个单词是否为名词，也需要查阅包含语言的整个词典的查找表。对于更复杂的任务，例如分析句子的含义，就需要找出句子的结构，而当句子有歧义时（这也是经常发生的），对句子结构的分析难度成指数倍增加，将完全忽略诸如错别字、俚语和违反语法规则等情况。可以通过在大量数据集上训练基础模型来部分解决这个问题，但这会加剧数据大小的问题。

在公共领域中有许多标准化的语言数据集。根据数据集的不同，通过词汇的不同含义将词语之间的同义词以及语法规则中的所有内容进行分类。大多数用于编程语言的 NLP 库都将至少利用这些数据集中的其中一个。

特别值得提到的一个词汇数据库是 WordNet。WordNet 涵盖了英语语言，而且其核心概念是"同义词"。同义词集合是具有大致相同含义的单词集合。将每个单词投射到其关联的同义词集中是比较两个句子是否使用不同术语讨论相同问题的好方法。更重要的是，一个含糊不清的单词，如"run"，可能有许多不同的含义，也就有许多不同的同义词，而使用正确的同义词则可以消除句子中的歧义。作者个人认为同义词是独立的语言词语，其中没有歧义，也没有多余的同义词。

16.5　词语切分

所有 NLP 处理的第一步是将一段文字简单地分解为若干组成部分（通常是文字）。这个过程被称为"词语切分"，会因标点符号、缩写和其他形式而变得复杂。"that's"是一个词还是两个？如果是两个，第 2 个单词是"is"还是"'s"。

如果标记是句子而不是单词，那么这个过程会变得更复杂。

16.6　核心概念：词袋

NLP 中最基本的概念（除了它的一些非常高级的应用程序）可能就是"词袋"了，也称为词频分布。词袋实际上就是将一段自由文本（一段推文、一个 Word 文档或任何其他文档）表示成向量，并可以将其引入机器学习算法中。词袋的想法非常简单，即语言中每个单词向量都有一个维度，文档在 n 维的评分就是第 n 个单词在文档中出现的次数。这段文字成为高维空间中的一个向量。

本章的大部分内容都是对词袋模型的扩展。作者将简要地讨论一些更深层的研究内容，但是可能令人惊讶的事实是，数据科学家们很少做无法归入词袋范例的研究。当超越言语自由时，NLP 很快会变成一项最好由专家来完成的复杂任务。

作者有史以来第一次接触到 NLP 是在谷歌公司做实习生时，公司前辈介绍说这是搜索算法实现的部分工作。将每个网站压缩成一个词袋向量并标准化所有向量，然后当进入搜索查询时，也将它转换为标准化的向量，再将它的点积与所有的网页向量进行比较。这被称为"余弦相似性"，因为两个归一化向量的点积恰好是它们之间角度的余弦。余弦相似度较高的网页的大部分内容与查询网页相似，因此这就是最好的搜索结果。

本章的大部分内容都是关于词袋基本概念的扩展和改进，将在最后讨论一些更复杂（容易出错）的句子。要考虑向量这个词的扩展：

• 英语中的单词数量惊人，并且会在文本中出现无数潜在的字符串，需要一些方法来终结这无尽的单词和字符串。

• 有些词更具有价值，人们希望能根据价值来判断其重要性。

• 有些词根本不重要。诸如 "I" 和 "is" 之类的词汇通常被称为 "停止词"，最好可以在开始就将此类词剔除掉。

• 同一个词可以有多种形式。人们可能希望将每一个字都变成一个标准化的版本，这样 "ran" "runs" 还有 "running" 都是一回事，这就是所谓的 "词形还原"。

• 有时不同的单词具有相同或相似的含义。在这种情况下，不希望单词向量与其所包含的含义向量一样多。"同义词集合" 即所有互为同义词的集合，因此可以使用同义词集合，而不仅仅只是单词。

• 有时，人们更关心短语而不是单一的一个词。一组 n 个顺序单词被称为 "n 元模型"，可以用 "n 元模型" 代替单词。

NLP 是一个高度专业化的领域。如果想要开发一个尖端的 NLP 项目以对人类语言的真正含义进行理解，所需要的知识超出了本章的范围，简单的 NLP 是数据科学工具包中的一个标准工具。

在使用词袋的代码时，有一点需要注意。在数学上，可以将单词向量视为法向量，即数字的有序列表，其中不同的索引对应于语言中的不同单词。单词 "emerald" 可能对应索引 25，"integrity" 一词对应索引 1047，以此类推。但是通常情况下，这些向量将作为映射（在前面提到的 Python 代码中，它是 FreqDist 对象）从单词名称存储到与这些单词对应的数字中。通常不需要明确指定哪些词与哪些向量索引相对应，因为这样做会增加数据处理的难度。事实上，对于很多应用程序来说，甚至没有必要明确地列举所有被捕获单词的集合。这不仅仅关乎可读性，存储的向量通常也是稀疏的，因此仅存储非零条目的计算效率更高。

读者可能想知道为什么会自扰地去思考从字符串映射到浮点数的数学向量。原因在于向量操作，比如点积，始终在 NLP 中扮演着重要角色。NLP 的传递途径通常包括从单词向量的映射到更传统的稀疏向量和矩阵，以执行更复杂的线性代数运算，如矩阵分解。

16.7　单词加权：TF-IDF

词袋的第一次修正是依据一些单词比其他单词更重要的思想。有时候，人们根据自己的先验知识就已经知道哪些单词需要被注意，但更多的时候面临的是文档的语料库，并且需要从词语中确定哪些词值得在单词向量中计算，以及应该被分配多少权重。

最常见的做法是采用"词频 - 逆文档频率"（TF-IDF）模型。TF-IDF 模型中出现频率越低的词语越重要。像往常一样，可以通过对所有单词的频率进行计数来计算特定文档的单词向量，之后将每个计数除以该单词在语料库中出现的频率。虽然这会降低常用词的得分，但会将它们当作在该文档中出现频率相对较低的词。

通常在 TF-IDF 模型中，只会查看训练语料库中出现频率最低的词。如果训练语料库中从来没出现过的一个词，但是出现在了新文档中，那肯定不是很重要的。人们不想对仅出现一次的词给予异常高度的重视。语料库中出现 5 次通常是计算单词出现次数的最小值，即使只出现两次，也会排除很多噪声，比如错别字。

16.8 *n*-gram

通常情况下人们不想只看单个词，而是研究短语。这里的关键词是"*n*-gram"，即连续出现 *n* 个词的序列。一个包含 *M* 个单词的文本可以分解为 *M-n*+1 个子字符串的集合，如图 16.1 所示为 2-gram。

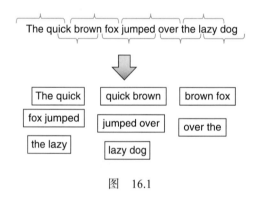

图　16.1

可以使用 *n*-gram 创建一个词袋，运用 TF-IDF 模型，或者使用马尔可夫链建模。

n-gram 的问题在于有很多潜在的问题。大多数出现在一段文本中的 *n*-gram 往往只会出现一次，频率越低，则 *n* 越大。一般的方法是只查看语料库中出现超过特定次数的 *n*-gram。

16.9 停用词

词袋、TF-IDF 和 *n*-gram 都是常规的处理技术，可应用于许多其他领域。接下来深入了解一些面向 NLP 的扩展词袋。在多数情况下，预处理过程是对文本进行规范化处理，例如利用 TF-IDF 模型，将所有内容转换为适合下阶段处理的标准化格式。

最简单的版本是删除所谓的"停用词"。例如"the""it"和"and"这类词，它们本身并没有很大的信息量。如果试图解析一个句子的结构，这类词是非常重要的，但是对于词袋来说，它们就只是噪声。对于"停用词"没有绝对的定义。通常，它们是通过在语料库中选用最常用的词语，然后人为去检查哪些词语没有实际意义。在其他情况下（例如前面提到的示例脚本），会将这些词加入预建的 NLP 库的列表中。

当使用 *n*-gram 时，停用词会产生问题。例如对于一条很有意义的短语"to be or not to be"，经过处理后，可能会变成空串。

16.10　词形还原与词干提取

另一个主要的处理方法叫做"词形还原"。每个单词都是由相应"词根"派生的。直观地说，如果制作一个词袋，那么"running""ran"和"runs"应该都是一样的。从语言学上来讲，他们都是词根"run"的演变，在预处理步骤中，人们希望将它们全部转为"run"来处理。

英语中的一些词形还原是非常重要的，对于许多其他语言也是至关重要的。作者惊讶于第一次了解到英语在修饰词语时的乏味。例如西班牙语等语言，通常赋与名词"性别"，并且调整对应形容词以反映其描述的名词的性别。其他语言在名词的所有格使用方面比较自由，通过对名词的修改来表示其在语言中所属的不同部分。名词中的"I""me""my"和"mine"是有区别的，英语在一些特殊情况下使用此类名词，但除此之外，唯一常见的情况是表示所有格时使用的"'s"。

一般来说，词形还原存在的问题是计算耗时，因为它需要对文本有一定的理解。例如，提取给定单词的词根就需要知道其词性，这就需要分析上下文中的句子。

比词形还原的准确率低但运行起来更快并且更容易实现的一个简单方法被称为"词干提取"。词干和词根非常相似，不用之处在于词根本身就是单词的一个版本，而词干只是单词的一部分，即使单词变形也不会改变。因此单词"produce""producer""product""production"还有"producing"的词根为"produc-"。

词根通常运用许多不同的经验法则来尝试将事物归结为词干。例如出现在单词的末尾的"ing"或"ation"（除非这样的剥离剩余字母过少）。作者甚至看到用一个大的查找表来实现，把各种形式的语言单词映射到它们各自的词干。

16.11　同义词

直观地说，当人们试图分析文本时，单词的"意义"比这些词本身更重要。这表明可能想要将诸如"big"和"large"这样的词语合并为一个标识符。这些标识符通常被称为"同义词集合"。许多 NLP 软件包利用同义词集合作为理解文本的主要组成部分。

同义词集合最简单的用法是取一段文字并用相应的同义词代替每个单词。该方法较词形还原的效率更高，因为不止把"run"和"running"看作同一个词，也把"sprinting"和它们混为一谈。最后，作者认为同义词构成了"干净"的语言，其中意义与单词之间存在一一对应的关系。它消除了计算机程序研究真实语言的含糊之处。

但该方法的问题在于：一般来说，一个词可能属于几个同义词集合，因为一个词可以有几个不同的含义。因此，将原文对应翻译成近义词形式并不总是可行的。

16.12　词性标注

随着从纯粹的计算技术走向更接近语言的技术，下一个阶段是词性标注（POS tagging），即确定每个词是名词、动词、形容词还是其他词性的过程。这可以在 nltk 中完成，如下所示：

```
>>> nltk.pos_tag(["I", "drink", "milk"])
[('I', 'PRP'), ('drink', 'VBP'), ('milk', 'NN')]
```

在这种情况下，PRP 标签告诉人们"I"是介词短语，"drink"是动词短语，"milk"是单数形式的普通名词。通过调用可以看到 nltk 使用的 POS 标签的完整列表：

```
>>> nltk.help.upenn_tagset()
```

16.13　常见问题

本节将简要介绍一些可应用 NLP 的领域。每一节本身就是一个巨大的主题，有一套完善的技术和最佳实践。作为一名数据科学家，不太可能去构建其中任何一个的最新版本。然而可以轻易地做一个简单的版本，如果这样，这部分内容将给读者一些指示。

16.13.1　搜索

NLP 最直接的任务之一是搜索一组文档以查找与查询匹配的文档。

搜索常常分为两类：导航和研究。在导航搜索中，用户试图找到一个单独的文档，搜索引擎的目标是找到它。研究搜索更普遍，通常，用户不知道哪些文档与他们的查询有关，而且他们希望手动检索。

任何使用现代搜索引擎的人都可以想象出大量特殊情况，缓存常见查询以及创建此类产品所涉及的其他工作。它远远超出了大多数数据科学家所研究的范围。

搜索通常通过为查询字符串和语料库中的每个文档提取一个词袋来实现。特别是如果将复杂的语言处理复制到词袋中，向量化整个语料库可能是一个计算量极大的过程。但幸运的是，只需要做一次，并且可以存储向量以备后用。执行一次搜索就包括向量化查询本身（通常要简单得多，因为查询很短），并将它与数据库中的所有数据进行比较。

对向量进行比较的典型方法称为"余弦相似性"，它由以下步骤组成：

1）对每个向量进行归一化处理，使其数字的平方和为 1.0。这可以在文档语料库离线时完成，因此只需在查询时对查询本身进行规范化即可。

2）取查询的点积和每个归一化语料库向量。

由此得到的数字称为"余弦相似度"，因为在长度为 1 的两个矢量（记住将它们归一化）的情况下，点积只是它们之间夹角的余弦。如果向量是相同的，那么值为 1.0，如果查询内容和文本没有相似性，那么余弦相似度将下降到 0.0。余弦当然可以是负数，但是对于包含词袋的情况，所有成分都是非负的（因为在一段文本中不能出现少于 0 次的词），所以余弦相似度最低为 0。

16.13.2　情感分析

情绪分析通常用于衡量一段文字的情绪是正面、负面还是中性的。这就是在本章开头的示例脚本中所做的工作，以便迅速识别出分析师是否在谈论股票的优劣问题。在理想状况下，可以在人们真正阅读文章之前就获得其情境信息，从而基于此进行交易。情感分析有更复杂的版本，例如可以确定复杂的情绪内容，如愤怒、恐惧和兴奋。但最常见的例子集中在"极性"上，即情绪是正面还是负面的。

简单的情感分析通常是用人工制作的关键词列表完成的。如果在一段文字中出现诸如"坏"和"恐怖"等词语，则强烈表明总体语气是负面的。这就是在示例脚本中所做的。

再复杂些的版本基于将机器学习词汇插入机器学习管线。通常，将手动分类某些文本的极性，然后将它们用作训练数据来训练情感分类器。这有一个巨大的好处，它会隐含地识别可能没有想到的关键词，并且会计算出每个词应该加权多少。如果使用词袋模型的扩展，与 *n*-gram 类似，还可以识别短语，例如 "nose dive"，这在情感分析中应该有非常大的权重，但其构成词语没有多大意义。

最先进的情感分析超越了词袋。在这种情况下，必须执行诸如解析句子以找出哪些实体正在使用诸如 "bad" 之类的词来描述的内容。但是通常可以通过检查较小的文本来解决此问题，例如如果正在解析股市行业的一篇文章，可能会有许多公司以正面和负面的方式进行讨论，然而一个句子或段落有一个主要的情绪，只会涉及一家公司。

16.13.3　实体识别与主题建模

在很多情况下，人们拥有一系列文件，并且想要确定他们谈论什么"事情"。

这可以运行将特定实体（例如文档中提到的人名）提取为更一般的主题的范围。

通常，识别讨论的特定实体被称为"实体识别"或"命名实体识别"。有很多方法可以解决这个问题，可以想象，无数代码（或大量的训练数据）通常需要将"Robert"和"Bob"识别为同一个人。实体识别经常广泛使用 POS 标签，因为一般来说，只有句子中的名词（通常只有那些专有名词）才是可行的实体候选者。

"主题建模"通常是指寻找更广泛的主题。给定的文本通常被认为是几个主题的组合，并且决定性的关键是，经常一起使用的单词倾向于与相同的"主题"相关。例如，一个文档包含一半关于猫的术语和一半关于狗的术语，和与狗相关的术语（bark、wolf、howl 等）以及与猫相关的术语（purr、litter 等）的数量相关。

读者可能会认为这里应该用主成分分析（PCA）。如果是这样，那么非常接近答案，但没有完全说对。常用的主题建模工具为潜在语义分析（LSA），它基于奇异值分解（SVD）这一数学概念。与 PCA 一样，语料库中的每个"主题"都对应于词空间中的一个向量，将每个文档都表示为这些主题的线性组合。例如"touchdown""quarterback"还有"ball"这些单词可能在一个特定主题中占有很大比重。选择 SVD 而非 PCA 的原因在于 SVD 使各成分彼此正交。这避免了一个潜在的问题，即其中一个主题向量可以至少部分的被其他主题向量的组合所表示。

16.14 高级 NLP：语法树、知识以及理解

本节中将会讨论一些更深层次的主题，这些主题超出了词袋可以完成的工作，并且需要对文本进行"理解"。例如，如果试图回答诸如"约翰跟谁约会了？"这样跟数据相关的具体问题，那么将需要一些超过词袋的东西。通常在这些情况下，NLP 被用来创建"知识库"，这些知识库中的事实信息以机器可以处理的格式进行存储，从而用于查询和推理。

知识库并非真正新提出的概念，事实上，关系数据库的数学理论基本起到对知识库支持逻辑查询的作用。

通常情况下，知识库包含有表征事实的表格。例如可能有一个名为 IsParentOf 的表，其中有一列对应家长，另一列对应他们的孩子。在这种情况下，知识库与关系数据库非常相似，逻辑问题等价变为对类 SQL 的查询。比如可以通过下面的代码查找到所有至少有两个孩子的人：

```
SELECT a.parent
FROM IsParentOf as a
JOIN IsParentOf as b
ON a.parent = b.parent
WHERE a.child != b.child
```

可以将关系数据库用作缺乏经验的人的知识系统。例如通过梳理文本主体，

可以识别每个人被认为是其他人的母亲或父亲的地方，并使用它来填充 IsParentOf 表。问题在于必须知道，父亲的身份是人们感兴趣的，并且如何解析它。此外，在 RDB 中尚未包含其他逻辑规则，例如一位家长可以有很多孩子，而每个孩子最多可以有两位家长。

现代知识库通常用逻辑规则来扩充类 SQL 的表格，这些逻辑规则描述了所讨论事物的类别以及它们之间的关系。这些特定领域类别和规则的集合通常也被称为"本体"。

16.15　延伸阅读

1）Bird, S, Klein, E & Loper, E, Natural Language Processing with Python, 2009, O'Reilly Media, Newton, MA。

2）Jurafsky, D & Martin, J, Speech and Language Processing: An Introduction to Natural Language Processing, Computational Linguistics, and Speech Recognition, 2000, Prentice Hall, Upper Saddle River, NJ。

16.16　术语

词袋　将一段文字压缩成词频。

实体识别　识别文本中具有特定意义的实体。

知识库　存储事实的数据库。

词根　即单词的基本形式。

Ontology　本体，理解特定应用领域所需的一系列概念和关系。

Part of speech　句子中某个单词的语法部分（如名词、动词等）。

POS　词性的缩略语。

情感分析　自动衡量一段文字的语调是正面还是负面的。

词干　单词的基本形式，在单词的各种变形中保持不变。通常可以用来代替词根。

停用词　在文本中常见但无意义的词。在许多应用中，它们往往被作为噪声而滤除。

主题建模　用来确定文件讨论的主题。在通常情况下，一个主题被建模为一个由单词构成的集合（如"football"和"quarterback"），集合中的这些单词往往很少，但是有时在一篇文档中会频繁出现。

TF-DIF　一种对单词重要性进行加权的方法，以使较不常用的词更重要。

词语切分　将一段文本切分成若干词语，这些词语通常是一些单词，但是有时也会将词语进行进一步切分，例如将"it's"分为两个词语。

第 17 章
时间序列分析

　　根据经验，时间序列分析在数据科学工作中的应用并不如想象的那么普遍。然而在很大程度上，这似乎是迄今为止已经广泛应用的数据集的组件，它往往是遗留业务电子表格和 SQL 数据库的转储。特别是随着传感器网络的普及，时间序列将在日常工作中发挥更大的作用。在那个时候，数据科学家将有很多新的知识需要学习，因为电子工程师在时间序列分析方面已研究多年。

　　时间序列分析在数据科学中的典型应用包括：

- 预测何时 / 是否会发生事件，例如机器生成数据失败。
- 预测时间序列数据在未来时间点上的值，例如预测人们所关心的股票价格。
- 从时间序列数据集中识别出感兴趣的模式，这种数据集的规模超出了人工可以处理的范围。

　　所有这些商业应用程序最终都可以被形式化为机器学习问题，例如：

- 如果试图预测某个组件是否存在失效风险，那么这就是一个分类问题：从已有数据（特别是最近的历史记录）中提取多种特征，并利用这些特征来预测一个二进制变量在近期（例如，在下 1h）的取值是否为假。
- 假设想要预测时间序列在未来的值，那么根据最近的测量值得到 1h 后的时间序列的值可以表示为一个回归问题。
- 如果只是在寻找感兴趣的模式，通常使用聚类或降维算法来完成此操作。

　　本章的大部分内容归结为将时间序列分析问题转换为机器学习问题的技术，以及由此产生的一些独特挑战。

17.1　实例：预测维基百科页面的访问量

　　以下示例脚本每天下载维基百科页面浏览的时间序列，然后执行如下操作：

- 绘制原始时间序列并检查。
- 从图中可以清楚地看出，存在一些主要的异常值，这些异常值很可能会错误地匹配人们认为适合的任何模型，因此需要将 95 分位数以上的数值一律设定为 95 分位数。这是一种蛮力的方法，但它暂时有效。
- 由于预期该信号会具有以周为单位的周期性，所以使用状态模型库将其分解为周期性分量、趋势分量和噪声分量。这个步骤非常容易出错，但是非常有效。

• 将时间序列分为长为一周的滑动窗口，并从每个窗口中提取一些显著特征。然后将这些特征用于训练回归模型，以预测下周的浏览量。

这个过程并不复杂，但作为初次接触时间序列数据处理，也可以这么做：

```python
import urllib, json, pandas as pd, numpy as np, \
    sklearn.linear_model, statsmodels.api as sm \
    matplotlib.pyplot as plt

START_DATE = "20131010"
END_DATE = "20161012"
WINDOW_SIZE = 7
TOPIC = "Cat"
URL_TEMPLATE = ("https://wikimedia.org/api/rest_v1"
    "/metrics/pageviews/per-article"
    "/en.wikipedia/all-access/"
    "allagents/%s/daily/%s/%s")

def get_time_series(topic, start, end):
    url = URL_TEMPLATE % (topic, start, end)
    json_data = urllib.urlopen(url).read()
    data = json.loads(json_data)
    times = [rec['timestamp']
        for rec in data['items']]
    values = [rec['views'] for rec in data['items']]
    times_formatted = pd.Series(times).map(
        lambda x: x[:4]+'-'+x[4:6]+'-'+x[6:8])
    time_index = times_formatted.astype('datetime64')
    return pd.DataFrame(
        {'views': values}, index=time_index)

def line_slope(ss):
    X=np.arange(len(ss)).reshape((len(ss),1))
    linear.fit(X, ss)
    return linear.coef_

# LinearRegression 对象
# 将被重复使用多次
linear = sklearn.linear_model.LinearRegression()

df = get_time_series(TOPIC, START_DATE, END_DATE)

# 可视化原始时间序列
df['views'].plot()
plt.title("Page Views by Day")
plt.show()

# 钝器方式去除异常值
max_views = df['views'].quantile(0.95)
df.views[df.views > max_views] = max_views

# 可视化分解
```

```
decomp = sm.tsa.seasonal_decompose(df['views'].values,
freq=7)
decomp.plot()
plt.suptitle("Page Views Decomposition")
plt.show()
```

```
# 每天都会添加上周的功能
df['mean_1week'] = pd.rolling_mean(
    df['views'], WINDOW_SIZE)
df['max_1week'] = pd.rolling_max(
    df['views'], WINDOW_SIZE)
df['min_1week'] = pd.rolling_min(
    df['views'], WINDOW_SIZE)
df['slope'] = pd.rolling_apply(
    df['views'], WINDOW_SIZE, line_slope)
df['total_views_week'] = pd.rolling_sum(
    df['views'], WINDOW_SIZE)
df['day_of_week'] = df.index.astype(int) % 7
day_of_week_cols = pd.get_dummies(df['day_of_week'])
df = pd.concat([df, day_of_week_cols], axis=1)
```

```
# 制作想要
# 预测的目标变量：查看下周。
# 必须填写 w NAN，要按日期排序
df['total_views_next_week'] = list(df['total_views_
week'][WINDOW_SIZE:]) + \
    [np.nan for _ in range(WINDOW_SIZE)]
```

```
INDEP_VARS = ['mean_1week', 'max_1week',
    'min_1week', 'slope'] + range(6)
DEP_VAR = 'total_views_next_week'
```

```
n_records = df.dropna().shape[0]
test_data = df.dropna()[:n_records/2]
train_data = df.dropna()[n_records/2:]
```

```
linear.fit(
    train_data[INDEP_VARS], train_data[DEP_VAR])
```

```
test_preds_array = linear.predict(
    test_data[INDEP_VARS])
```

```
test_preds = pd.Series(
    test_preds_array, index=test_data.index)
print "Corr on test data:", \
    test_data[DEP_VAR].corr(test_preds)
```

该脚本将产生如图 17.1 所示输出。

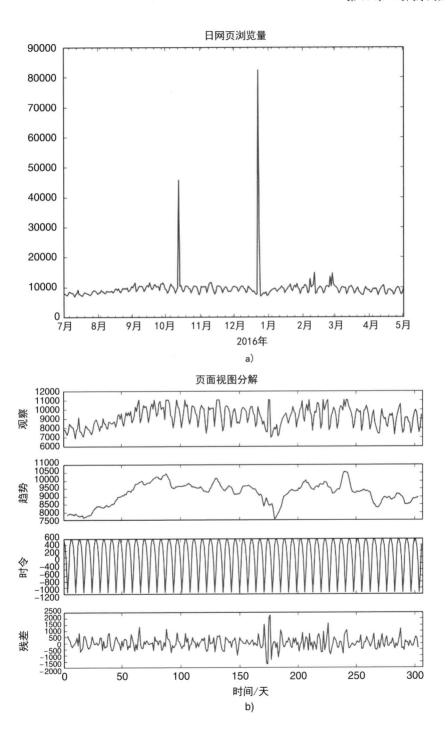

图　17.1

测试数据准确度：0.78864314787。

17.2　典型的工作流

典型的时间序列工作流如下：

• 重采样和插值。时间序列数据通常有缺失值和 / 或以非均匀速率采样，但是大多数算法要求数据均匀采样，且不能有数据丢失。因此首先要将原始输入数据转换为均匀采样的时间序列数据。

• 有时需要处理带时间戳的事件，而不是测量时间序列。在这种情况下，必须首先将这些事件压缩成时间序列数据。例如，可能需要按天对时间进行计数。

• 序列级预处理和去噪。通常，想要尝试各种方法从数据中去除噪声，平滑离群值，将其调整到合适的水平，或采用其他类型的预处理。

• 窗口化。大多数应用需要将整个时间序列分解成更小的时间窗口，从中可以提取出特征。其中有如下重要问题有待考虑：窗口的尺寸大小，窗口是否有重叠以及重叠部分的比例、窗口的放置位置。

• 特征提取。一旦将这些序列分解为多个窗口，通常希望从每个窗口中提取有意义的特征，然后输入到机器学习模型中。

• 有时候做的另一件事，表面上类似于预测它的值，但最终却完全不同，它构造了一个时间序列模型，描述其如何表现为一个随机过程。

17.3　时间序列与时间戳事件

有两种截然不同的数据类型有时被称为"时间序列"：

1）真实时间序列，即与不同时间点相关的一系列数字。例如一天中不同点的股票价格、一个月内每天所获得的收入金额或者物理传感器获得的温度测量结果等。

2）具有时间戳关联的离散事件（或时间段）。

本章将主要关注第一部分，基于如下两个原因：

1）大多数时间序列分析技术被设计用来处理数值类型的测量数据。对于超出特定应用领域范围的事件数据，这里的处理手段并不丰富。

2）即使有事件数据，通常真正想要的仍然是连续的数据。以互联网流量为例，可能会想要预测周二有多少人会访问某个网站，但很少关心在下一个人到达之前会间隔多少毫秒，或者在任何时刻有 5 个人在线的可能性。直观地说，存在一个随时间变化的"流量密度"连续函数，网站的访问数量只是该函数的一些采样值。

一般地，通过将时间划分为固定大小的窗口，并对每个窗口中的事件进行计数，可以将事件日志转换为时间序列。通常，窗口大小采用约定俗成的单位，例如每天事件数、每小时事件数等，但也可以将窗口大小调整为最适合分析需求的粒度。

对于本章的其余部分，除非另有说明，否则即传统意义上的时间序列。

17.4　插值的重采样

假设有时间戳 t_1，t_2，…，t_n，并且在时间 t_i 处的测量值是 $f(t_i)$。一般来说，t_i

之间的间隔可能不同，但几乎所有的算法都要求相等的时间间隔。因此，需要找到一组新的时间戳 T_1，T_2，$\cdots$，T_N 来对信号进行估计并获得 $f(T_i)$ 的估计值，其中 $T_{i+1} = T_i + \delta$。通常情况下，最简单的方法是设置 $T_1 = t_1$，然后使 δ 成为可控参数。

有多种方法可以获得 $f(T_i)$。最简单的就是找到最接近 T_i 的 t_j 并采用它的值，这样插值得到的 $f(x)$ 就是一个分段的常数函数，如图 17.2 所示。

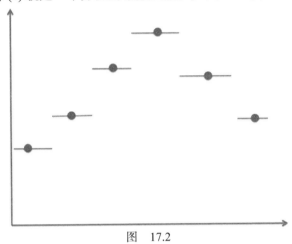

图　17.2

更容易实现的是回填或前进式填充，只需将 $f(t_i)$ 向前推进，直至到达下一个 t_j。这些方法非常初级，但是它们内置于大多数可能使用的类库，并且如果需要，它们很容易实现。如果时间戳的密度很高，则不需要额外处理。事实上，这是作者自己的插值方法，至少是第一次切分，这个过程在 Pandas 中非常容易实现：

```
>>> # 确保索引已经是时间戳
>>> df_indexed = df.set_index('timestamp')
>>> df_sampled = df_indexed.asfreq(
    '1min', method='backfill')
```

另一个最简单的插值方法是分段线性法，如图 17.3 所示。

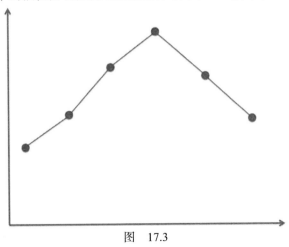

图　17.3

稍微复杂一些的方法是样条插值。线性插值有一些明显的缺陷，而真正的信号不会有这样的问题。样条插值的思想是，不是将一条直线拟合到两个点上，而是将一个多项式拟合到 3 个或更多个点上。最常见的选择是 3 次样条，其中 $t_i \sim t_{i+1}$ 的值将基于 $t_{i-1} \sim t_{i+2}$ 插值得到。该方法舍弃了一个非常光滑的、不断微分的功能，正如下面所述。

不幸的是，Pandas 不支持在任意点使用线性插值和样条插值（尽管 Pandas 允许在序列对象上使用插值方法 interpolate() 来填充缺失的数据）。然而 SciPy 提供一个叫做 interp1d 的实用方法，它接收数据点并返回一个可调用的对象，可以将其当作一个插值函数来使用。该方法默认采用线性插值，通过更改可选参数，可以设定为 3 次插值或其他插值类型。代码实例如下：

```
>>> import scipy.interpolate as si
>>> s = pd.Series([0, 2, 4, 6])
>>> s_sqrd = s * s
>>> linear_interp = si.interp1d(s, s_sqrd)
>>> linear_interp([3,5])
array([ 10.,  26.])
>>> cubic_interp = si.interp1d(s, s_sqrd, kind="cubic")
>>> cubic_interp([3,5])
array([ 9.,  25.])
```

任何插值方案都存在如何处理已有数据横坐标范围之外的插值问题。一般来说，这被称为"外推"而不是插值，因为这个数据点在已有数据的横坐标范围之外。外推具有一定的风险：一个容易想到的方法是基于已有的线性插值，延长离待估计点最近的两个点的连线。然而该方法容易产生较大的全局误差，例如图 17.4。

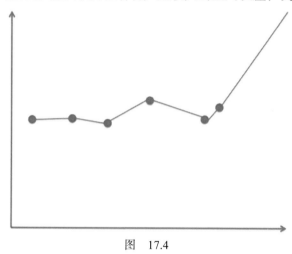

图　17.4

除非将 bounds_error = False 作为可选参数传入，否则 Interp1d 方法默认将抛出错误。即使如此，该方法也只会对这些点返回空值，而不是进行真正的外推。

17.5 信号平滑

数据平滑的最简单方法是采用移动平均线。即用 k 个位于当前测量值之前的测量值的平均数来代替当前测量值。或者等价地，可以用当前测量值之前和之后数据的平均值来代替它，差别仅在于时间戳的选择。

不只是标准的平均值，加权的平均值也很常见。一种合理的假设是，$f(t_i)$ 对 $f^{smooth}(t_i)$ 的影响比 $f(t_{i-1})$ 更大。

移动平均线的一种最简洁的变体被成为指数平滑。在指数平滑中，$f^{smooth}(t_i)$ 是 $f(t_i)$、$f(t_{i-1})$ 等的加权平均值，其权重呈指数递减。其计算公式如下：

$$f^{smooth}(t_1) = f(t_1)$$

$$f^{smooth}(t_{i+i}) = \alpha f(t_{i+1}) + (1-\alpha) f^{smooth}(t_i)$$

移动平均线很好，非常受欢迎。但是如果数据中包含过大的噪声峰值，则可能会受到影响。在很多情况下，应当避免进行大规模测量，但是移动平均线却会将短而高的峰值拖到一个更宽、更平坦的区域，甚至可能使错误的原始数据点不容易被发现。基于这个原因，作者更青睐移动中位数，该方法采用当前测量值之前的 k 个测量值的中位数来代替当前测量值。这比移动平均线的计算量大很多，但是其鲁棒性更强。也可以在本章开头的示例脚本中执行以下操作：设置取值范围以移除过大的异常值。

17.6 对数变换及其他变换

在许多领域中，比起原始数据本身，将时间序列分析应用于数据的某些数学函数更有意义。其中最重要的是在金融等领域应用的对数转换。这样做有两个原因：

• 为了让时间序列具有意义，无论从哪里开始，在 y 轴上进行移动都具有同等的影响力。可以用对数变换来实现这一点。

• 通常情况下，当试图构建一个回归模型用以拟合所有数据时，标准模型无法做到，所以需要采用变换以得到较好的拟合结果。

17.7 趋势和周期性

示例脚本如下：

```
decomp = sm.tsa.seasonal_decompose(
    df['views'].values, freq=7)
decomp.plot()
```

数据表现出很强的循环性（具有已知的周期），并与全局的趋势平滑分量和随机噪声进行叠加。通过独立观察趋势走向，可以获得一个更平滑、经过周期调整的时间序列版本。例如，如果时间序列是网站流量的测量值，并且只观察趋势分量，那么可以直接比较周六和周三的数值，而不必担心周末的实际数值。

然而通常这种方法会导致偏离真实的结果。首先，以一定的规律对时间序列进行分解仅在该序列存在周期性的情况下有效。该方法对于每天的网络流量数据是可行的，但是对真实世界中的很多流程则是无效的，这些流程有时花费的时间多，有时又花费的时间少。这种分解还假定噪声、周期以及趋势是可加的，它对流量数据的建模采用固定大小的改变量，而不是成比例的改变量。

周期分量的计算非常简单：只需对整个时间序列在相应日期的数值进行平均即可。然后通过一个叫做 LOESS 的相当复杂的方法计算趋势曲线。基本上，该方法适用于对数据进行局部多项式拟合，然后再将它们拼接到一起：就像样条插值那样，只不过不需要跨越全部数据点。

17.8 窗口化

本节将开始从特定时间序列的处理过渡到开始研究如何将时间序列转换为机器学习问题。在典型的机器学习问题中，学习对象即明确的"实体"，例如是否被点击过的广告或者数据库中的顾客信息。它们并非时间序列数据，只是列出了一些以某个频率采样的测量结果，但是如何将其分解为"实体"是一个棘手的问题。

典型的方法是窗口化，采用相同大小的窗口对信号进行切分，并分别对它们进行分类并提取特征。例如，可以：

- 将数据分割为以 h 为单位的窗口，不包括那些监控失效的机器的窗口。
- 对于每个窗口，提取一些特征，如平均值、傅里叶分量等。
- 根据下 1h 内机器是否失败来标记每个窗口。
- 将窗口分为测试 / 训练数据并选择最适用的 ML 分类器。

窗口化适用于常见的应用需求。通常在现实世界中，希望基于迄今为止可用的时间序列数据对某个时刻进行预测或者做出决定。窗口化相当于根据窗口末尾的可用数据做出决定。

如果窗口长度为 W，并且时间序列中有 N 个测量值，则可以选择 $N - W + 1$ 个可能的窗口。在本章开头的脚本中，使用了所有可能的窗口，但通常情况下，基于如下原因，并不这样做：

1）可能有很多数据点。

2）窗口会有很多重叠。这将会导致过度拟合，这也意味着没有必要将几乎重复的数据提供给最终使用的任何 ML 算法。

另一种选择是将窗口一个接一个地排列起来，这样一旦一个窗口结束，一个新窗口就会开始。这样它们不会重叠，并且仍在使用所有数据。这通常是最佳选择，尤其是如果窗口长度对于应用领域而言是"自然的"，例如 24h 时段。可以称为"覆盖窗口"方法。

覆盖窗口存在两个潜在的问题：

- 如果窗口的长度与周期性相关，那么所有窗口都会看起来类似。例如，测量每天循环进行的事件（比如互联网流量、温度等），并且分类器在长度为 24h 的窗口上进行训练，即从午夜到午夜。如果现在是下午 3 点，并且尝试预测某个组件是否会发生故障，那么过去 24h 内的数据看起来与任何训练数据都没有任何区别。

- 通常情况下，希望以特定方式排列窗口中的事件，但是却不具备这种能力。例如，如果正在构建报警系统来预测机器故障，那么可能有几个已知发生过故障的时间点。希望确保训练数据中包含窗口，这些窗口会在故障发生前不久结束，但是这个间隔时间需要足够长，从而便于采取措施避免故障。如果这个故障事件正好位于窗口的中间，那么它将失去效果。

请注意窗口的选择将会影响结果统计的有效性。

17.9　简单特征的头脑风暴

这里有一些作者使用过或者考虑使用的从时间序列数据中提取特征的方法，排名不分先后：

- 平均值、中位数和四分位数值。
- 值的标准差。
- 在数据上拟合出一条线并给出其斜率和截距。可以使用最小二乘法、L1 惩罚或任何其他方法。
- 将指数衰减 / 增长曲线拟合到数据并使用拟合参数。

请记住，实际情况比窗口化更加复杂。在实际情况中，可以访问的数据远比最近时间窗口的数据多，并且可能从更早的数据中提取一些特征。如果数据来自多个不同时间序列，则尤其如此：对于从一开始就持续衰减的时间序列，相比于相对恒定的时间序列，采用相同的滑动窗口会产生非常大的差异。作者的通常做法是，在特定时刻，仅基于尾部窗口提取特征，对于其他特征，则采用全部时间序列进行特征提取。后者包括以下内容：

- 时间序列从开始到现在的持续时间，这通常与某些物理设备的使用时间相对应。
- 时间序列开始的时间点，以日期表示。如果设备在不同时间点的设置不同，那么该时刻可能非常重要。
- 通常的，聚合窗口统计信息，但应用于时间序列开始处的窗口。这允许对当前事态进行有趣的比较。
- 对整个时间序列拟合曲线并使用拟合的参数。

17.10　更好的特征：向量形式的时间序列

时间序列窗口只是一系列浮点数字，因此它可以被看作一个数字向量，就像在机器学习中熟悉的那样。这使得多种技术被开发出来。

最简单的是，如果有一个参考窗口（可能是找到的一个有趣的模式），则可以测量从其他窗口到参考模式的距离。可以使用通常的欧几里得度量：

$$\text{dist}(x, y) = \sqrt{\sum_{i=1}^{d} (x_i - y_i)^2}$$

或所谓的曼哈顿距离：

$$\text{dist}(x, y) = \sqrt{\sum_{i=1}^{d} abs\left(x_i - y_i\right)}$$

或者感兴趣的任何其他指标。如果只对形状感兴趣，那么在计算之前将每个窗口中的值标准化。除了典型的机器学习问题，这种方法还用于在时间序列（或多个时间序列的集合）中查找关键模式的出现。

也可以将训练窗口插入 k 均值等聚类算法中。然后当需要从另一个窗口中提取特征时，其中一个特征可能是聚类的一部分。

但是最常见的特征之一是窗口与一个或多个参考窗口之间的点积，例如可以在训练窗口上运行 PCA。占主导地位的组成部分将代表训练窗口中出现的主要模式。当需要特征提取时，可以看到每个组成部分在窗口中所占比例。

请注意，尽管所有这些方法都严格依赖于窗口的良好选择。如果一个关键模式出现在某些窗口的开始和其他窗口的结尾，则聚类算法不会将它们识别为相同的模式。PCA 也存在问题。这些技术都不会完全失效，但它们将会受到严重影响。如果已知一些相关事件所对应的时间点，那么就可以选取一些与这些时间点关联的窗口，这非常有用。

17.11　傅里叶分析：有时候非常有效

时间序列中最重要的技术之一称为傅里叶分析；它在数据科学中经常用到，而且在工程和物理科学中也非常重要。傅里叶分析的思路是将整个信号分解成周期性变化信号的线性组合。例如，10 年间测得的以 h 为间隔的温度会有 1 年的缓慢周期（对季节来说），而对于白天 / 夜晚循环来说，则会有 24h 的快速周期。傅里叶分析是一个深入的、概念丰富的数学领域。本节将对其大大简化，并仅讨论与数据科学家日常工作涉及的简单应用相关的部分。

傅里叶分析的关键定理如下。假设有 N 个数字 x_1, x_2, $\cdots$, x_N，则存在数字 a_0, a_2, $\cdots$, a_{N-1} 和 b_1, b_2, $\cdots$, b_{N-1}，使得

$$x_t = a_0 + \frac{1}{N}\sum_{m=1}^{N-1} a_m \cos\left(\frac{2\pi m}{N}t\right) + \frac{1}{N}\sum_{m=1}^{N-1} b_m \sin\left(\frac{2\pi m}{N}t\right)$$

在这个表达式中，a_0 是一个常数偏移量，其他项则是一个以某个频率振荡的正弦波。a_m 和 b_m 统称为"傅里叶系数"，有时也称为信号的"频谱"。傅里叶分析的核心是一组称为傅里叶变换的算法，可以将原始信号转换为频谱，也可以进行逆变换。

傅里叶分解的另一种形式如下：

$$x_t = c_0 + \frac{1}{N}\sum_{m=1}^{N-1} c_m \sin\left(\frac{2\pi m}{N}t + \varphi_m\right)$$

在前面的公式中，对于给定的 m，有两项：$a_m \cos\left(\dfrac{2\pi m}{N}t\right)$ 和 $b_m \sin\left(\dfrac{2\pi m}{N}t\right)$，这是将两个频率相同的不同正弦曲线信号相加。但是存在 c_m 和 φ_m 使它们加起来为 $c_m \sin\left(\dfrac{2\pi m}{N}t + \varphi_m\right)$。这是一个单一的正弦曲线信号，但恰好在时间上偏移 φ_m。可以通过下式得到 c_m：

$$c_m = \sqrt{a_m^2 + b_m^2}$$

在实践中，通常可以通过傅里叶变换得到 a_m 和 b_m，然后计算出 c_m 用于实际应用。

如果 x 序列只是一堆噪声，那么其频谱不会特别有趣。但是如果信号是周期性的或波动的，甚至是近似这样的，那么其频谱就会变得非常明显。通常大部分傅里叶系数都很小，但少数几个将会很大：在这些情况下，这些少数系数即可很好地重建整个原始信号。通常在实际系统中，尤其是物理系统中，不同频率的振荡信号对应于不同的基本物理现象，因此傅里叶分解等同于将数据表达为几个真实世界过程的线性组合。物理过程出现的程度由与其频率相对应的傅里叶系数来表示。例如，如果将这些系数用作机器学习算法中的一个特征，那么该特征（例如 c_m）将测量真实世界的现象。

这可能听起来像主成分分析，将原始信号表达为几个具有物理意义的"基本信号"的线性组合。事实就是如此。这成为了一个线性代数学科，这两种方法同属于寻找"基底变换"。这是一个前沿课题，本书不涉及。

接收原始信号并产生傅里叶系数的算法称为"快速傅里叶变换"（FFT）。FFT是历史上最重要的算法之一，有效计算傅里叶变换的能力是信息时代的基石之一。它内建在 SciPy 中，如下：

```
>>> from scipy.fftpack import fft, ifft
>>> x = np.array([1.0, 2.0, 1.0, -1.0, 1.5])
>>> spec = fft(x)
>>> spec
array([ 4.50000000+0.,
        2.08155948-1.65109876j,
       -1.83155948+1.60822041j,
       -1.83155948-1.60822041j,
        2.08155948+1.65109876j])
>>> am = spec.real
>>> bm = spec.imag
>>> cm = np.abs(spec)
>>> x_again = ifft(spec)
>>> x_again
array([ 1.0+0.j, 2.0+0.j,
        1.0+0.j, -1.0+0.j, 1.5+0.j])
```

在本例中，*x* 是原始信号，spec 是傅里叶变换。*x* 是长度为 $N = 5$ 的数组。可能期望 spec 是两个实数数组，其中一个长度为 N，另一个长度为 N-1。实际上，它是一个长度为 N 的单个数组，但其包含的数字是复数（这里 $j = \sqrt{-1}$ 是一个虚数）。spec 的第 *m* 项为 $a_m + j*b_m$。

如此表示的理论原因在于：傅里叶变换（与许多数学概念不同）可以很好地处理复数，事实上，当用复数思考傅里叶变换时，它们更加优雅和自洽。许多使用傅里叶分析的电气工程师广泛应用这些数字的复杂性质，但对于不那么精确的数据科学应用，通常将它们转化为实数。

在数据科学中，通常用傅里叶变换来做以下事情：

• 使用它们来识别信号的周期性。例如，如果每秒测量几次血压，那么数据的主要频率就是一个人的心率。

• 傅里叶系数作为窗口的特征。信号中 10Hz 频率的数量是非常重要的，也许包含非常有物理意义的特征，可以提取并插入到机器学习算法中。由于傅里叶系数是复数，因此可能需要获取系数的大小，而不是系数本身。

• 通过消除高频抖动来平滑数据。这有时被称为"低通滤波器"，将所有较高的系数设置为 0 并由此重构信号。

• 消除长期趋势以研究短期现象。这称为"高通"滤波器，它类似于低通滤波器：将低频系数设置为 0，然后重构信号。

17.12 上下文中的时间序列：全套特征

在典型的数据科学应用中，单个问题将会使用多个不同类型的数据来解决。例如在通过检测机器来预测故障时，需要采用连续时间传感器测量。但是对于每个机器可能采用额外的物理规程，例如机器的运行时间、机器的操作条件以及机器所做维护的日志信息。从这些数据中提取特征，能对特定时间点进行预测。

假设有这些类型的数据，并且目标是提取有意义的特征以便在某个时间点 T 进行预测，那么可以做些什么？

本章的大部分内容都在讨论如何从 T 之前的时间窗口提取特征。这些特征非常有用，但其范围却相当有限。事实上，它们告诉人们的是 T 时刻机器的状态。然而机器是有完整的生命周期的，可以在做出预测时看到它。

其他要考虑的特征包括以下内容：

• 机器的使用年限。没有比这更简单的了。

• 机器在使用寿命内进行了多少次修理。

• 机器在特定状态下的运行时长，这可以通过对训练数据中的所有时间窗口进行聚类来获得。机器高负荷工作的小时数可能是其零件磨损的良好指标。

与数据科学的所有领域一样，使用时间序列的关键在于提取正确的特征。提取特征的关键是理解真实世界中的哪些现象是相关的。

17.13　延伸阅读

1）Oppenheim, A & Schafer, R, Digital Signal Processing, 1975, Pearson, New York, NY。

2）Riley, K, Hobson, M & Bence, S, Mathematical Methods for Physics and Engineering: A Comprehensive Guide, 3rd edn, 2006, Cambridge University Press, Cambridge, UK。

17.14　术语

去噪　去除时间序列中的随机噪声。

外推法　使用插值法来估计 x 点的函数值，该点的 x 值高于已知的最高值或低于已知的最低值。这比在已知的时间间隔内进行 x 插值更容易出错。

傅里叶分析　将时间序列信号看作具有不同频率的正弦曲线的线性组合。

傅里叶变换　对原始信号进行傅里叶分解的过程。

插值法　用已知函数值的若干点来估计处于未知位置处时对应的函数值。该方法在重新采样时间序列数据时很有用。

重采样　采用不规则间隔时间戳的时间序列或者非需要的频率的时间戳，并以期望的采样频率估计时间序列。

周期性分解　将一个时间序列分解成周期项、平滑趋势项和随机噪声的和。

样条插值　一种采用三次多项式对邻近的少数已知数据点进行拟合的插值方法。该多项式用在已知数据点附近进行插值。

滑动窗口　在一个时间序列上移动一个固定长度的窗口，并为每个窗口计算一些统计值。

窗口　时间序列信号的邻近子集。通常将时间序列分成一组窗口并从每个窗口中提取特征。

第 18 章
概率

本书默认读者已经理解基本概率，比如独立的概念和平均值。本章将更详细地介绍这些内容，概述有关概率的理论背景和标准工具。在实际研究中，数据科学家在大多数的日常工作中只需要适量的概率理论，而这些理论至关重要。概率为几乎所有的机器学习和大部分统计学提供了理论基础，这也是数据科学家进行研究的关键模式。

概率与统计数据经常被混淆。两者的分别在于概率是用包含随机性的数学模型描述世界的技术集合。假设这些模型中有一个模型很好地描述了这个概率，那么概率集中在可以推导出的世界里。例如如果假设人类身高呈一定的分布，那么预估一下人群中有多少人超过 5ft⊖ 高呢？统计更多的是关于倒退，赋值给真实世界，可以推断出形成真实世界的过程吗（这里认为它是一些概率模型）？

本章将用直观的方式介绍概率，从两个最简单、最直观且最重要的模型概率开始。本书中涉及的一些内容很重要，将以更加数学的方式进行讨论。最后，我将继续介绍几个最重要的概率分布提供给作为数据科学家的您了解。

18.1 抛硬币：伯努利随机变量

最简单的概率模型就是抛硬币。假设掷到正面的概率是 p，则掷反面的概率就是 $1-p$。从概率的角度来说，抛硬币就是"伯努利随机变量"（伯努利 RV），表示为 Bernoulli(p)。

当 p 为 0.7 时，随机变量的可视柱状图如图 18.1 所示。

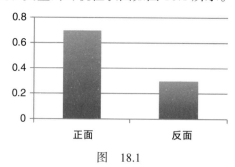

图　18.1

⊖ 1ft=0.3048m。——译者注

对于特定的随机变量，正面概率为 0.7、反面概率为 0.3 的分配称为"概率质量函数"。

用数字来描述随机变量比用硬币的正反面来描述更加方便。一般的惯例是将正面置为 1，反面为 0。

在很多情况下，有些支出与随机的不同收入相关。例如每次抛出正面给 5 美元，反面赔 2 美元，那平均支出就是

$$E[\text{支出}] = 0.7 \times 5 + 0.3 \times (-2) = 2.9$$

对这个结果的正确理解是，如果抛硬币 N 次，其中 N 是一个非常大的数字，那将赚取 $2.9N$ 美元。

可以看到，伯努利随机变量如何推广到诸如掷骰子，其中概率质量函数将数字 0~5 分配给概率。在这种情况下，通常 p_i 表示第 i 个结果的概率。唯一的限制如下：

• 所有的 p_i 都是非负的；
• 概率总和为 1.0。

任何满足这些标准的一组 p_i 都是有效的概率质量函数。

伯努利随机变量被称为"离散型"随机变量。这意味着要么结果数量有限，要么所有可能的结果都能被列出来。所以为每个正整数分配概率质量的随机变量仍是离散的，但测量人体身高的随机变量（精确到任意多位小数）不是离散的。

18.2　掷飞镖：均匀随机变量

伯努利随机变量是离散型随机变量的最简单类型。与此相反的随机变量被称为"连续型"随机变量，可在数值范围内取任意值。

最简单的连续型随机变量是均匀随机变量，有时称为 Uniform (a, b)。Uniform (a, b) 始终在数字 a 和 b 之间，也同样可能为取值范围内的任意位置。

对于离散随机变量，概率质量函数为每个可能的结果分配一个有限的概率。对于连续随机变量，其输出具体值的概率几乎为 0，但其输出在特定区间的概率则大得多。这个相对可能性称为"概率密度函数"（pdf）。pdf 的均匀分布如图 18.2 所示。

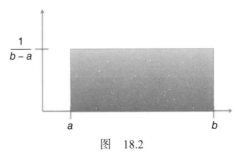

图　18.2

与概率质量函数类似，pdf f 上的约束如下：

• $f(x)$ 绝不为负；
• f 曲线下的面积总和等于 1.0。

符合这些标准的任何函数 f 都是有效的 pdf。

与 pdf 相关的是"累积分配函数"（cdf）。通常用小写的 $f()$ 来表示 pdf，用大写的 $F()$ 来表示 cdf。$F(x)$ 是随机变量值 $\leq x$ 的概率。所以，$F(x)$ 是一个非递减函数，当 x 接近负无穷时，它将变为 0，随着 x 的增大，$F(x)$ 接近 1.0。$f(x)$ 较大时 $F(x)$ 会急剧变大。当 $f(x)$ 为 0 时 $F(x)$ 将是平坦的。

pdf 更容易进行可视化和分析理解，然而有些情况下使用 cdf 更容易解决问题。

18.3　均匀分布和伪随机数

Uniform（0,1）分布是最基本的概率分布。它是最简单的一个，但也是在数学理论和计算实践中构建更复杂概率分布的基础。例如：

• 如果要模拟 Bernoulli(p) 随机变量 B，可以通过模拟 Uniform（0,1）分布中的随机值 u 来实现。如果 $u < p$，则设置 $B =$ 正面，否则设置 $B =$ 反面。

• 如果要模拟加权掷骰子，将 [0.0，1.0] 取值范围分成 6 个区域，其中第 i 个区域的大小与骰子投出第 i 面的概率相同。然后再次从 Uniform(0,1) 分布中绘制 u 值。掷出的骰子即会落入 u 的 [0.0,1.0] 区间。

• 如果要模拟指数随机变量（稍后讨论），从 Uniform(0,1) 中绘制 u，然后取 $\log(u)$ 的倒数。

一般来说，已知随机变量 X 的 cdf $F_X()$，且能够计算其反函数 $F_X^{-1}(u)$。$F_X^{-1}(u)$ 是 X 的一个样本，其中 u 是从 Uniform(0,1) 中抽取的。由于这些原因，模拟随机变量的计算库倾向于从均匀分布采样作为其最基本的操作开始，并从那里构建一切。

从技术上讲，用计算机模拟随机数是不可行的。它们是确定性的机器，只能遵循预定的规则——没有用于翻转硬币的子程序。所以标准做法是使用"伪随机数"。具体想法是这样的：从任意字节序列开始。该序列的位被理解为均匀在（0,1）区间的随机数，用二进制表示固定的小数位数。在实现时只有数组的一部分被理解为数字，然后有一个复杂的（但确定性的）数学函数将字节数组转换为新的字节数组。新的字节数组在技术上是旧数组的一个确定性函数，但实际上，它与原始数组没有明显的相似性。翻转原始字节数组中的一位可能会改变输出中的任何一位。新数组被视为新的 Uniform（0,1）变量，依此类推。

已经有大量的工作用于创建伪随机数，这些伪随机数准确地反映了真实随机性的所有特性。从技术上讲，每个样本都是之前样本的确定性函数，但它们之间没有明显的相关性。如果绘制足够多的样本，则它们将在 [0.0，1.0] 范围内的所有部分中经常出现。它们将具有正确的平均值、标准偏差等。简言之，如果伪随机样本是作为原始数据流出现，而不是人工生成的样本，那么则无法确定它们是 Uniform（0,1）的独立样本。

伪随机数的一个优点在于，可以在程序开始时手动设置初始字节数组。在这种情况下，它被称为"种子"。这样做可以使程序变得完全确定，并且可以在两次运行中精确地重现相同的结果。这意味着以下内容：

• 如果随机程序中存在一个只是偶尔发生的错误，可以完美地重现该错误，并找出问题所在。

• 通过在脚本中设置种子，可以完美重现分析结果，因为这些分析结果将被仔细检查。

• 在编写测试时，可以设置种子并确保输出完全符合预期。

• 通常，需要有两段代码才能确保工作是一样的（可能是概念证明和生产版本）。最简单的方法是确保它们在相同的输入下产生相同的输出。如果代码包含对随机数字的调用，则这变得不可能，除非将它们都设置为有相同的随机种子。

18.4　非离散型、非连续型随机变量

从数学角度而言，随机变量既不离散又不连续。例如以种植树木的高度为例，在给定的时间点中，其中不发芽的一部分高度为 0。这是在该高度下的有限概率质量。而那些发芽树木的高度则为在一定范围内的任意值。

这并不是在处理抽象的概率分布，而是对有限数据集的处理。混合分布的出现就像其他连续值数据中有多个相同的数字一样。计算平均值、中值和其他度量标准也都是完全相同的过程。

遇到的问题在于探索性可视化。如果以之前提到的树为例做关于树高度的直方图，将会在高度为 0 处看到一个巨大的峰值。直方图的钟形曲线部分将被压扁到不可见的程度。更好的可视化包括两张图：饼图显示非零值和零值的比例；还有一个直方图显示非零高度。

以下脚本模拟此类数据并显示两个可视化文件：

```python
import numpy as np
import pandas as pd
import matplotlib.pyplot as plt
z = np.zeros(1000)
x = np.random.exponential(size=1000)
data = np.concatenate([z, x])
pd.Series(data).hist(bins=100)
plt.title("Huge Spike at Zero")
D = pd.Series(data)
X = pd.Series(x)
D.hist(bins=100)
plt.title("Huge Spike at Zero")
plt.show()
(D>0).value_counts().rename(
    {True:'> 0', False:'= 0'}).plot(kind='pie')
plt.title('Breakdown by equal/greater than Zero')
plt.show()
X.hist(bins=100)
plt.title("Distribution When > 0")
plt.show()
```

朴素直方图如图 18.3 所示。

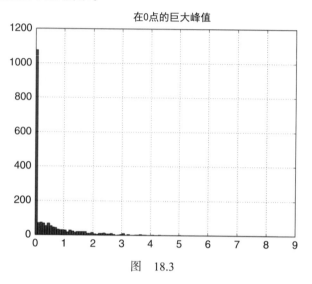

图　18.3

饼图 / 直方图组合如图 18.4 所示。

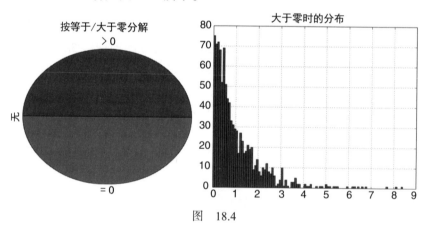

图　18.4

　　根据第一个直方图中的峰值，可以将混合分布看作在一个或多个位置处具有"无限高峰"的 pdf，并且非峰值曲线下的面积小于 1。这在数学上是不严谨的，但却有助于理解。严谨 cdf 在每个峰值都会跳变。

18.5　记号、期望和标准偏差

　　现在对一些关键概念已经熟悉，接下来将深入介绍一些标准符号和术语。

　　正如已经看到的，"随机变量"（RV）是一种能够转变为不同结果的量。通常使用大写字母（例如 X）来表示随机变量，小写字母 x 表示变量的特定值。

　　一维随机变量如果是离散的，则由概率质量函数描述；如果是连续的，则由概率分布函数（pdf）描述。

还可将随机变量返回一个随机的 d 维向量。概率质量函数和概率密度的概念自然产生。唯一的限制是其为非负，并且概率和为 1.0（或者在连续随机变量的情况下，曲线之下涵盖的面积为 1.0）。除非另有说明，通常默认为随机变量。

如果写作

$$E[X]$$

是指随机变量 X 的平均值。这里的 "E" 是指 "期望值"，是均值的另一种形式。不连续随机变量的预期值被定义为

$$E[X] = \sum_i i p_i$$

连续随机变量的预期值定位为

$$E[X] = \int x f_X(x) \mathrm{d}x$$

通常由 μ_X 表示随机变量 X 的期望值。

一般来讲，随机变量的函数 $g()$ 有

$$E[g(X)] = \int g(x) f_X(x) \mathrm{d}x$$

这与离散变量相似。许多关键的概率概念可以根据不同函数的期望值来定义。根据期望值定义某个事物的关键例子是方差和标准偏差。X 的 "方差" 被定义为

$$\mathrm{var}[X] = E\left[|X - \sigma_X|^2 \right]$$

标准差是方差的二次方根：

$$\sigma_x = \sqrt{\mathrm{var}[X]}$$

标准偏差可以用来粗略衡量 X 与 μ_X 的距离。

请注意，使用 $E[g(X)]$ 可以对离散或连续的随机变量使用相同的符号，这就非常方便。

18.6　独立概率、边际概率和条件概率

通常需要同时考虑两个随机变量 X 和 Y。如果已知一个变量，能以此了解另一个变量吗？具体来说，假设变量是离散随机变量，令 p_{xy} 表示 $X = x$ 和 $Y = y$ 的概率。

X 的 "边际" 概率质量函数为

$$\Pr[X = x] = p_x = \sum_y P_{xy}$$

类似地

$$\Pr[Y=y]=p_y=\sum_x P_{xy}$$

如果重视一个随机变量而忽略另一个，那么就是概率分布。

另一方面，由已知的 X 值推断 Y 的情况，那么就可以在给定 $X=x$ 时，得到每个 y 的条件概率：

$$\Pr[Y=y|X=x]=p_{y\,|\,X\,=\,x}=\frac{p_{xy}}{\sum_g p_{xy}}$$

条件概率在贝叶斯统计中起着重要的作用。

给定 $X=x$，通常想知道 Y 的期望值，表达如下：

$$E[\,Y\,|\,X=x\,]$$

这些关于 Y 的统计值与 X 的取值条件相关。X 和 Y 的相关性定义为

$$\mathrm{Corr}[X,Y]=\frac{E[(X-\mu_X)(Y-\mu_Y)]}{\sigma_X\sigma_Y}$$

这是随机变量之间线性关系的度量，其形式为 $Y=mX+b$。

如果已知随机变量 X 和 Y 中的任一个，并不能获取另一个随机变量的相关信息，则 X 和 Y 是独立随机变量。在数学上意味着

$$p_{xy}=p_x p_y$$

需要指出的是，独立性是一个非常强大的标准，这比仅仅说相关性为 0 要强得多。

18.7　重尾的理解

关于概率分布最重要的理解之一就是"重尾"。直观地说，这是指最大值出现的频率。人类身高是非重尾的一个很好的例子，因为从来没有一个人身高超过 10ft。然而净资产是重尾分布，因为偶尔会出现个比尔·盖茨。

重尾分布在数据科学中非常普遍，特别是基于 Web 的应用程序。作者见过的包括网络流量（一些网站比其他网站更受欢迎）以及在线拍卖中的出价。

了解重尾分布很重要，这是因为当事情为重尾分布时，通常用概率分布做的事情都不起作用（至少不是同样的方式）。

众所周知，重尾分布的平均值很难估计。如果一个房间里有 100 个人，那么这些人的平均净资产可能会有很大的差异——一个千万富翁即可极大地提升平均净资产。

为了了解重尾分布的实现，以下脚本将模拟从帕累托分布中抽取的重尾序列。在 x 轴上绘制 N，并在 y 轴上绘制前 N 个样本的平均值。从图 18.5 中可以看出，

1000多次试验的平均值并没有收敛到一个理想的平均值。相反，当有一个非常大的奇异值时，平均值偶尔会跳变，然后随着后来的样本逐渐趋于平稳。随着时间的推移，只有越来越大的异常值才会引起均值的大幅反弹。所以跳变越来越稀少，但确实存在。如果一直运行模拟，平均值会增加到无穷大。

```python
import numpy as np
import matplotlib.pyplot as plt
np.random.seed(10)
means = []
sum = 0.0
for i in range(1, 1000):
  sum += np.random.pareto(1)
  means.append(sum / i)


plt.plot(means)
plt.title("Average of N samples")
plt.xlabel("N")
```

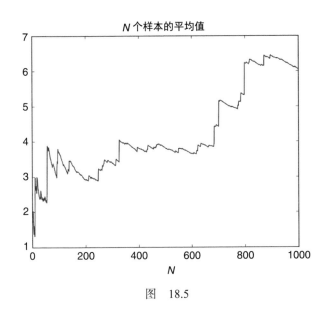

图　18.5

重尾分布有很多，但并不是所有的重尾分布都会呈现无限增长的平均值。在真实情况中，大多数会增长一段时间，最终稳定于一个有限的平均值，但这需要很长时间。

因此，计算重尾分布的平均值是一个不确定的命题。重围分布的平均值对许多应用程序来说是无用的。它不是一个"典型"的价值，大部分样本都远低于平均值，只是少数异常值太大而已。

中位数和分位数等指标对于重尾具有鲁棒性，它们总是有同样合理的解释。

但是在许多应用中，它们并不特别有用，因为大的异常值正是感兴趣的值。

所以，请确认正在学习的过程是否可能是重尾的。如果是，请确保使用适当的分布谨慎对其进行建模。

18.8　二项分布

二项式（n, p）的分布是抛硬币 n 次得到正面的次数，其中每次抛掷正面的独立概率为 p。关于二项分布的关键理解如下：

- 它可以取 0~n 的任何值。
- 平均值为 np，并且概率质量函数在此达到峰值。
- 标准偏差为 $\sqrt{n}$。这意味着随着 n 的增大，概率分布将越来越大并且在 np 附近达到峰值。

推导二项式 (n, p) 的概率质量函数的精确公式很有用。n 次抛掷硬币得到 k 次正面的特定序列概率为 $p^k(1-p)^{n-k}$。这是因为在掷硬币时，掷出正面的概率为 p，掷出反面的概率为 $1-p$，当掷硬币 n 次时，有 k 次会掷出正面，$n-k$ 次掷出反面。所以在计算 p_k 时，只需思考一下有多少个这样的序列。如何在 n 次投掷硬币中掷出 k 次正面是一个组合问题，不在本书的考虑范围内。假设 n 非常大，则：

- 如果 $k=0$，则只有一个可能的序列：n 次反面。
- 同样地，如果 $k=n$，则只有一个序列：全为正面。
- 如果 $k=1$，则会有 n 种可能的结果。

确切的公式表示为 $\binom{n}{k}$，即从 n 个元素中选择 k 个元素。它与 $\binom{n}{k} = \dfrac{n!}{k!(n-k)!}$ 等价，其中 $x! = x(x-1)(x-2)\cdots \times 3 \times 2 \times 1$ 称为 "x 的阶乘"。

要从 NumPy 中的二项分布采样，可以表示如下：

```
import numpy as np
sample = np.random.binomial(200, 0.3)
```

18.9　泊松分布

泊松分布用于模拟可能发生许多事件的系统，并且所有事件都相互独立，但平均而言，只有少数时间会发生。一个很好的例子就是会有多少人在某一天访问一个网站，世界上有数十亿人可以访问这个网站，但平均而言，也许只有几百人会访问这个网站。

假设采用二项式 (n, p) 分布。将 n 设置得非常大，将 p 设置得足够小，则

$$np = \lambda$$

式中，λ 是固定常数。

在使得 n 大而 p 小同时 λ 不变的约束下，二项分布将收敛于泊松分布。概率

质量函数由下式给出：

$$p_k = e^{-\lambda} \frac{\lambda^k}{k!}$$

要从 NumPy 中的泊松分布中采样，可以表示如下：

```
sample = np.random.poisson(200)
```

18.10　正态分布

正态分布是非常重要的一种概率分布，也称为高斯分布。它是典型的钟形曲线，其 pdf 为

$$f(x) = \frac{1}{\sqrt{2\pi\sigma^2}} e^{-(x-\mu)/2\sigma^2}$$

式中，μ 是其平均值；σ 是标准偏差。

这种正态分布通常称为 $N(\mu, \sigma^2)$。pdf 将在后面显示。

正态分布最重要的性质是其概率密度紧密聚集在均值附近，尾巴较小，并且不大可能会出现大量异常值。出于这个原因，简单的用正态分布来拟合数据可能会产生严重问题。通常在进行曲线拟合之前，识别并移除主要异常值是常用方法，如图 18.6 所示。

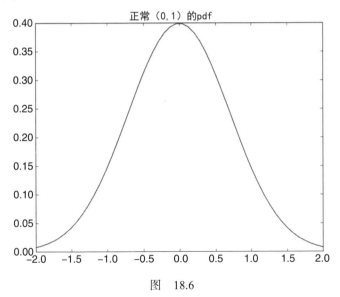

图　18.6

从理论上讲，正态分布被作为最有名的概率分布，是因为如果有足够多的时间采样并对结果进行平均，许多分布将收敛于正态分布。这适用于二项分布、泊松分布以及任何可能遇到的其他分布（从技术上讲，任何一个分布的平均值和标

准偏差都是有限的）。

这被归结于"中心极限定理"中：

中心极限定理　设 X 是具有有限的均值 μ 和标准差 σ 的随机变量。令 X_1，X_2，$\cdots$，X_n 是 X 的独立样本序列。然后当 n 趋向于无穷大时：

$$\sqrt{n}\left(\frac{1}{n}\sum X_i - \mu\right) \to N\left(0, \sigma^2\right)$$

18.11　多元高斯分布

本章中的大部分分布都是单变量的，并且不会以显著的方式推广到更高维度，而正态分布是一个例外。正态分布可以定义任意维度 d。密度函数类似于一个"山丘"，它在分布的平均值处达到峰值，并且总体呈现为椭圆形。

在二维中，图 18.7 所示形状可以让读者了解这些椭圆体的外观。

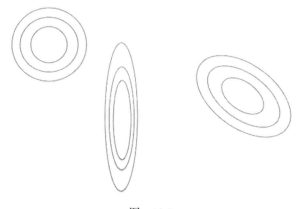

图　18.7

应该注意到，椭圆体可以向任何方向伸展，不必沿着某一个轴伸展。

单变量正态分布用均值 μ 和方差 σ^2 进行参数化，均值和方差都是浮点数。对于多变量高斯分布，参数是 d 维向量 μ 和 $d \times d$ 矩阵 Σ。Σ 称为"协方差矩阵"，其第 (i, j) 分量为 $\mathrm{Cov}[X_i, X_j]$，其中 X_i 和 X_j 分别是随机的第 i 和第 j 个分量。

在 d 维点 x 处的 pdf 是

$$f(x) = \left(2\pi\right)^{-k/2} \, |\Sigma|^{-1/2} \, e^{-\frac{1}{2}(x-\mu)'\Sigma^{-1}(x-\mu)}$$

多变量高斯分布具有与单变量高斯相同的优点和缺点。这在数学处理上很方便，并且有很多定理可以证明其收敛性。另一方面，它的尾部非常小，因此不适用于大的异常值。

18.12 指数分布

指数分布随机变量的 pdf 如图 18.8 所示。

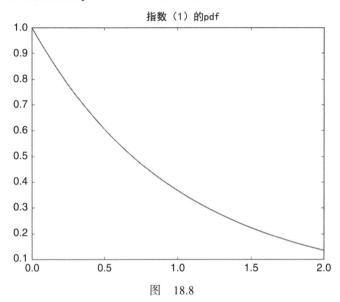

图   18.8

指数应用在很多方面，而其在模拟某些事件发生的时间或事件之间的时间长度时最有用。比方说，对于进入商店的人，每个时刻人们走进商店的概率是一个较小的固定值，并且每个时刻都是互相独立的。在这种情况下，事件之间的时间量将呈指数分布。

指数分布由其平均值 θ（事件之间的平均时间）进行参数化。有时会使用 $\lambda = 1/\theta$（事件发生的平均速率）对其进行参数化。

指数分布的 pdf 是

$$f(x) = \begin{cases} \dfrac{1}{\theta}\mathrm{e}^{-x/\theta} & x \geqslant 0 \\ 0 & \text{其他} \end{cases}$$

在 NumPy 中对其进行采样，可以表示如下：

```
np.random.exponential(10)
```

在很多应用中，指数分布的关键属性是"无记忆"。无论等待事件发生的时间有多久，剩余的等待时间仍然遵循相同的指数分布。一个事件在下一个时刻是否发生，与之前已发生的其他事件无关。

指数分布的无记忆特性通常被认为是重尾分布与非重尾分布的分界线。如果已经等待了一个事件发生的时间为 x，那么期望等待的时间比刚开始的时间长还是短呢？指数随机变量不会有任何结果。相比之下，20 岁的人可能倾向于再等 20 多年，但 90 岁的人可能不会。因此年龄并不是重尾的。街上随机的一个人不太可能是百万富翁，但是如果碰巧挑选到的人都至少有 1000 万美元，那么百万富翁的可能性就大很多。因此，净资产是重尾的。

18.13　对数正态分布

重尾分布是对数正态分布，对其理解和模拟很简单。同时，对数正态分布的平均值和标准差都是有限的，对于所有现实世界的现象都是如此。

对数正态分布的 pdf 如图 18.9 所示。

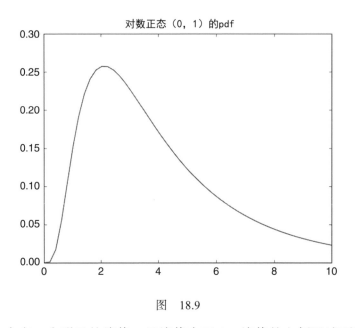

图　18.9

该分布中有一个明显的峰值，且峰值大于 0。峰值的左侧迅速下降，在 $x = 0$ 时变为 0.0。在右边逐渐变窄，会使其有规律地出现大的异常值。

对数正态分布最好这样考虑：从正态（μ，σ^2）中抽取一个 x 值，则 e^x 是对数正态分布的。

要在 NumPy 中对其进行采样，可以表示如下：

```
np.random.lognormal(mu, sigma)
```

18.14　熵

熵是一种衡量随机变量"随机性"的方法，概念来自信息论领域。直观地说，公平硬币的随机性要高于 99％出现正面的硬币。同样，如果一个正态分布的标准差很小，那么它的概率质量将紧紧地围绕它的平均值分布，且它比更大标准差的分布随机性更差。

熵的概念很难准确给出，这里将尽力给出易懂的解释。首先假设随机变量 X 是离散的。关键在于随机变量的某些结果比其他结果"出乎意外"，熵是 $E[\text{Surprise}[X]]$。接下来的问题是如何量化必然结果 $X = x$。标准的做法是

$$\text{Surpise}[X = x] = -\ln(p_x)$$

在那种情况下，熵变成了

$$H[X] = E[\text{Surpise}[X]] = -\sum_x p_x \ln(p_x)$$

如果 X 是一个连续的随机变量，则定义为

$$H[X] = -\int f(x) \ln(f(x)) \mathrm{d}x$$

选择对数作为"惊喜"的措施看起来可能是任意的，但事实并非如此。直觉上，人们希望惊喜是概率的函数，所以

$$\text{Surpise}[X = x] = f(p)$$

式中，f 是函数。

希望这个函数有 3 个关键属性，前两个非常简单：

- $f(1.0) = 0$
- $p \to 0$，$f(p) \to \infty$

第 3 个属性有些微妙。假设有两个相互独立的随机变量 X 和 Y。在这种情况下，一个随机变量不应该受另一个随机变量的影响。这意味着：

- $f(p_{X=x} p_{Y=y}) = f(p_{X=x}) + f(p_{Y=y})$

总之，基于这些限制要求，需要使用对数。

熵应用在许多情况中。最常见的可能是，当选择概率分布用于某种目的时，希望挑选一个概率分布，它能反映这种情况中大量无知的因素，因为对此并不了解。这通常会给出选择一个分布（或一个分布族）而不是另一个分布的严格标准。例如：

- 如果需要在 1~N 上定义离散随机变量，则最大熵分布将为每个数字指定概率 $1/N$。

- 如果需要在区间 $[a, b]$ 上定义连续随机变量，则最大熵分布为 Uniform(a, b)。

无论何时做熵最大化，某些限制都是必要的。例如，如果在所有实数上定义一个随机变量，可以通过在非常大的区域内将概率质量详细地分布出来，从而使熵任意大。

关于熵的最后一个问题是离散型和连续型随机变量的定义是不等价的。假设试图将离散定义应用于 Uniform(a, b) 随机变量，可以通过选择大数 n 来实现，将

$[a, b]$ 划分为 n 个等距间隔，并查看它落入的区间的熵。得到的熵是

$$H = -\sum_{i=1}^{n} \frac{1}{n} \ln\left(\frac{1}{n}\right)$$
$$= \sum_{i=1}^{n} \frac{1}{n} \ln(n)$$
$$= \ln(n)$$

当 n 很大时这个表达式是无限的。思考这个问题的方法是，对于连续的随机变量，永远无法准确猜测样本的确切结果，因为必须准确无误地保留小数位。所以从这个意义上说，连续的随机变量总是有无限惊喜。这就是为什么使用不同的定义反映是否可以做出接近正确猜测的原因。

很少在数据科学工作的过程中计算熵，但是只要开始了解工具的构造和理论特性，它就无处不在。

18.15 延伸阅读

1）Ross, S, Introduction to Probability Models, 9th edn, 2006, Academic Press, Waltham, MA。

2）Feller, W, An Introduction to Probability Theory and its Applications, Vol. 1, 3rd edn, 1968, Wiley, Hoboken, NJ。

18.16 术语

伯努利随机变量 随机变量，用概率 p 来描述硬币的翻转。

二项式随机变量 随机变量，即 n 个概率为 p 的硬币投掷正面的数量。

中心极限定理 一个定理，描述了来自概率分布的许多样本的平均值是如何正态分布在分布均值附近的。它适用于被采样样本的分布具有有限的均值和标准差的情况。

连续随机变量 随机变量，用于获取连续集合中的值，例如实数。任何单个数字的概率都是 0，否则由 pdf 来描述该变量。

累积分布函数（cdf） 如果 $F()$ 是随机变量 X 的 cdf, 那么 $F(x) = \Pr[X \le x]$。

离散随机变量 随机变量，表示离散集合中的值，例如{正面，反面}或整数。

熵 衡量一个随机变量是多么不可预测的。对于离散随机变量，它是 $H[X] = -\sum_i p_i \ln(p_i)$。对于连续的随机变量，它是 $H[x] = -\int f(x) \ln(f(x)) dx$。这些定义并不等同。熵是连续和离散随机变量需要用不同方法来处理的少数几个领域之一。

期望值 随机变量或随机变量函数的平均值。

指数随机变量 随机变量，针对随机变量为非负数的。其概率密度在 0 处达到峰值，并呈指数下降。它经常被用来对随机事件序列中的事件之间的时间进行建模。

高斯 正态分布的另一个名称。

重尾分布 尾巴比指数分布更重的分布。实际上，这意味着较大的异常值比指数分布更频繁。

指数正态分布 特定的重尾分布。通过从正态分布采样并取出该值的指数来获得其样本。

Memoryless 指数分布的一个性质。如果知道 $X > x$，则 $X - x$ 的分布与 X 的原始分布相同。

正态分布 典型的"钟形曲线"。具有单个清晰峰值的概率分布，其对称地分布在峰值的每一侧，并具有非常细的尾部。

泊松随机变量 在非负整数上定义的随机变量。它被用来模拟有多少事件发生，在实际中，当无数事件发生时，只有少数是可预期的，而这些事件是彼此独立的。特定一天内浏览网站的流量通常被建模为泊松随机变量。

概率密度函数（pdf） 描述连续随机变量概率分布的函数。随机变量 X 的 pdf必须是非负的，曲线下的面积总和为 1.0。只有部分 pdf 下的区域是 X 在该区域发生的概率。

概率质量函数 用于离散随机变量的 PDF 的模拟。它是一个函数，它表示随机变量的每个可能结果并给出发生的概率。

伪随机数 由计算机生成的一系列数字，但实际上它们表现得好像是随机生成的。

随机变量 随机事件的数量表现。

标准偏差 衡量随机变量与其平均值相差多远的度量。它被定义为方差的二次方根。

统一的随机变量 取值范围在 $[a,b]$ 内的连续随机值。然而在这个范围内，pdf是趋于平坦的，每个区域的可能性相同。

方差 $\mathrm{Var}[X] = E[(X - E[X])^2]$。

第 19 章
统计学

很多数据科学应该被认为是统计学的一个子集。统计学、数据科学和机器学习被认为是不同的事情，这在很大程度上是历史遗留问题。这些学科在很大程度上是独立发展的，侧重于非常不同的问题，因此它们已经变得不同了，以至于本书将它们作为单独的东西来对待。

大多数数据科学家通常情况下并不需要对统计学有透彻的了解。当然，统计学是有些人的基本工具，但对于数据科学来说，它并不像人们所期望的那样有用，然而通常在统计课上学到的那种批判性思维则是非常重要的。统计学在数据分析方法和假设设定方面极其严谨。数据科学更侧重于如何从数据中提取特征，通常有足够的数据可用，不需要过于在意。但是数据科学家需要对大量数据所提供的价值保持敏感，并且在缺乏数据时能够打破严格方法的限制。

本章将涵盖统计学中的几个关键主题。在每种情况下，它都将关注每个主题背后的关键思想、见解和假设，而不是严格推导每个公式。

19.1 统计学透视

大多数数据科学家不需要统计学看起来似乎很荒谬。他们显然使用了一些统计工具，例如平均值和拟合线，但如何阐释统计学的基本理论？作者想到的方式是，统计学的基本理论是关于如何处理数据科学家通常不需要担心的数据约束问题。

这些约束中最重要的是样本量。数据科学源于大数据，几乎可以根据定义在数据中畅游。在诸如网络流量等情况下，需要面对超出需求量的数据点以及超出已知范畴的特征。任务是找出解析它的正确方法。一旦完成了从大量数据中提取特征的工作，抽取深层信息就像查看直方图一样简单。

但情况并非总是如此。如果正在测试化肥是否适用于农作物，每个数据点都需要留出一块较大的土地用于试验，然后耗费一年时间在作物的生长周期上。如果正在测试医疗程序是否有效，那么收集的每个数据点实际上都是一个生死攸关的命题。统计学是关于处理这些极其有限的情况，在这种情况下很难判断观察到的模式究竟是事实的真相还是数据的例外。由于分析结果事关巨额财富甚至生命健康，所以统计学往往对每一个细节都非常挑剔。

同样，数据科学家通常拥有如此多的数据，以至于他们通常可以作为一名守护者。但它们并不总是如此，而数据科学家可能犯下的最严重错误之一是在需要更严格方法的情况下并未采取措施。对于理解本章最重要的一点是，需要对应急方法的适用范围保持敏感。如果能够在发生这些问题之前学会发现这些缺陷，即可随时学习所需的统计学知识。

19.2 贝叶斯与频率论：使用上的权衡及不同学派

读者可能已经听说贝叶斯统计和频率统计（又名经典统计）在统计学之间的巨大分歧。在讨论差异的细节之前，需要知道的是，这个差异更多是哲学范畴的，在大多数问题中，它们会给出几乎相同的答案。

贝叶斯统计和频率统计都统计数据，然后用它来构建世界的统计模型（如正态分布）。区别在于可用数据与构建的模型之间的关系。

在经典统计学中，模型应该是数据的"最佳拟合"。为了解决问题，有必要对模型的形式作出一些假设（例如使其成为正态分布），然而在其他方面，将模型参数设置为与数据最匹配。经典统计学中最重要的范例是询问为数据给出的特定模型或特定的一组参数的合理程度，并设定参数以使数据尽可能合理。如果必须进行统计预测，那么则使用这个拟合效果最好的模型。

在贝叶斯统计中，还有额外一层复杂性。人们不仅仅拥有真实世界模型的最佳拟合参数，而且对这些最适合的参数可能会有一个置信度分布。这种置信度分布（数学上等同于概率分布）并不是对任何数据的严格最佳拟合：它代表了关于"真实"概率分布可能是什么不可靠的人类信念。贝叶斯模型以所谓的"先验"开始，它存在于没有任何数据的情况下。先验是可能模型的初始置信分布。随着数据的出现，改进了置信分布，希望能够调整真实世界的"真实"参数。如果想要使用贝叶斯模型进行实际预测，则必须将人们对模型所有可能值的预测进行平均，并用置信度对其进行加权。

如果运气好，贝叶斯模型的训练将会使真实世界的参数变得非常接近频率论统计量的最佳拟合参数，而具有这些参数的模型将会是一个相当不错的世界模型。

频率和贝叶斯统计都有它们的适用场景。贝叶斯方法在有专业背景可以转化成先验知识或者存在很多缺失数据的情况下尤其有用。频率统计通常更易于计算和使用。本章将从频率技术开始，然后转向贝叶斯统计。

19.3 假设检验：关键思想和范例

统计学的一个重要领域称为假设检验。基本的想法是，思考数据的趋势，评估它成为现实世界现象的可能性。假设检验不能解决趋势有多强的问题，它的设计适用于数据过于稀疏而无法可靠地量化趋势的情况。

假设检验的一个典型例子是这样的：有一个可能公平或可能不公平的硬币，扔了 10 次，得到 9 次正面。那么这枚硬币被动手脚的可能性有多大？

首先要认识到的是，不能回答"这枚硬币被动手脚的可能性有多大"的问题。为了得到这个数字，需要一些先验知识或猜测硬币被动手脚的可能性，以及它实际被动手脚的可能性，然而并没有原则性的方法来获取它。

因此，频率统计中的第一个重要想法就是，不是说在给定数据的情况下来判定硬币有多大可能性被动手脚，而是在给定硬币未被动手脚的情况下，评估产生观察数据的可能性。基本上，9个正面只是偶然情况么？可以首先假设硬币是公平的，从而计算这个偏斜数据的可能性，并用它来衡量这个硬币是否是公平的。

所以，假设一个公平的硬币。每个硬币翻转可以是正面或反面，并且它们都是独立的。这意味着有 $2^{10}=1024$ 种可能的翻转序列，并且它们的可能性都相同。可以通过4种方式获取与观察结果的偏斜程度相似（或更偏斜）的数据：

- 可以得到10个正面。这只有一个翻转序列。
- 可以得到9个正面。背面可能出现在任何翻转中，所以有10种方法能够获得9个正面。
- 可以得到10个背面。这只有一个翻转序列。
- 可以得到9个背面。有10种方法可以得到这个结果。

把所有这些情况加起来，有22种方法可以获得与观察结果偏斜程度相似的数据。即 22/1024 = 0.0215，所以只有2%的机会从公平的硬币中得到这样的数据。就作者个人而言，不认为硬币是公平的。

这是基本的程序，需要了解它。现在用更简单的统计术语来描述它。所做的就叫"假设检验"：已经在数据中找到了一个模式，并且通过计算该模式只是一种偶然的可能性来量化其置信水平。

公平硬币的概念被称为"零假设"。通常情况下，零假设意味着在现实世界中没有任何模式：肥料对庄稼没有任何作用，药物不能帮助或伤害病人，硬币是公平的，硬币没有被动手脚。对于一些问题，构造零假设可能会变得非常复杂。

接下来介绍"检验统计量"：根据数据计算出的一个数字，用来量化正在寻找的模式。检验统计量的关键是如果构造零假设，则可以计算它的概率分布。在这种情况下，检验统计量也就仅仅是硬币为正面的次数。一般来说，选择一个好的检验统计量可能是一个棘手的问题。

最后，检验统计量可能与观察值一样极端。基本上，如果将零假设作为给定的数据，那么可能会看到数据中极端的模式。这个数字被称为"p值"。如果 p 值低于某个指定的阈值，则结果称为"统计显著性"，并且通常使用 0.05 作为截止值。该取值是任意的，这里也对其进行了研究：0.01 的 p 值比 0.04 更有意义，但是 0.07 的 p 值也非常重要。

关于假设检验需要特别注意的是，它只是告诉人们存在一种模式，但并不告诉人们该模式实际有多强。它适用于数据量非常少（只能获得这么多数据）的情况。在现实世界中，零假设很少 100% 为真，亚伯拉罕·林肯的铜鼻子的重量在技术上会在投掷硬币时引入一个小小的偏差，如果抛硬币一百万次，会看到它的结果。我想说的是，在大数据情况下，如果模式足够弱，甚至不得不诉诸 p 值，那么该模式肯定太弱而无法具有任何商业价值。

另一个需要注意的是误报。假设做了很多假设检验，并且总是使用 5％ 作为阈值。那么如果没有模式存在，会有 1/20 的可能性发现具有统计意义的东西。这个现象就可以作为研究人员发表论文的依据，尽管其将 p 值设定得非常低。

19.4 多重假设检验

在实际情况中，经常会有几个想要测试的假设，看看它们中的任何一个是否正确。例如，可能会针对不同用户组测试 20 个不同的广告，并查看其中是否有一个广告的点击率（相对于已知的基准点击率）超过了 0.05 的可信度阈值。也就是说，将计算每个广告的 p 值，并认为所有 p 值 <0.05 的广告通过测试。

问题在于，虽然每个广告只有 5％ 的机会通过测试，但很有可能某些广告会偶然通过这些测试。所以这里的想法是，必须收紧广告的 p 值约束，以便在整体测试中获得 0.05 的 p 值。

一个标准的、保守的、令人惊讶的、简单的解决方案称为 Bonferroni 校正。假设有 n 个不同的广告，并且需要一个 α 值作为整体测试的 p 值，然后要求每个广告以一个较小的 p 值 α/n 通过测试。可以得到，如果零假设为真（即没有广告实际上有效），那么产生错误测试结果的概率是

$$\Pr[\text{推送广告}] = 1 - \Pr[\text{失效广告}]$$

$$= 1 - \left(1 - \frac{\alpha}{n}\right)^n$$

$$= 1 - \left(1 - n\frac{\alpha}{n} + \{\text{高阶项}\}\right) \approx \alpha$$

Bonferroni 修正是最常见的多重假设修正，但它是一种人为的严格设定。特别是，它假定每个运行的测试都与其他测试无关：如果测试 X 未通过，那么测试 Y 仍然可能像过去那样通过。但通常情况并非如此，特别是如果不同的测试以某种方式相关。例如，假设有一个关于人的身高、体重和收入的数据库，并且试图查看收入与其他字段之间是否存在显著的统计相关性。身高和体重在人群中有很强的相关性，所以如果高个子的人不富有，那么体重大的人也不会是富有的：他们或多或少可能是同一个人！直觉上，在测试 1.3 个假设或类似的东西，而不是两个。如果是对一个人的身高和体重进行独立测试，那么 Bonferroni 修正是适用的。还有其他复杂的方法可以针对这种情况进行调整，但数据科学家除了 Bonferroni 修正外不太可能需要任何其他方法。

19.5　参数估计

前面提到的假设检验是用来判定效果是否存在，而不是量化其大小。后者属于"参数估计"的范畴，即对表征分布的基本参数进行估计。

在参数估计中，假设数据服从某些函数形式，例如具有平均值 μ 和标准差 α 的正态分布。然后有一些方法来估计这些参数，给出如下数据：

$$\hat{\mu} = \frac{1}{N}\sum_{i=1}^{N} x_i$$

$$\hat{\sigma} = \sqrt{\frac{1}{N}\sum_{i=1}^{N}\left(x_i - \hat{\mu}\right)^2}$$

在这种情况下，这些数字称为样本均值和样本方差。

用统计术语进行分析，$\hat{\mu}$ 和 $\hat{\sigma}$ 都是根据数据计算出的测试统计量。如果丢弃当前数据集，并从真实世界分布中收集了一个相同大小的新数据集，那么 $\hat{\mu}$ 和 $\hat{\sigma}$ 会有一些不同。它们有自己的概率分布，并且它们本身就是随机变量。那么问题是如何将这些随机变量作为真实 μ 和 σ 的指标。

稍后将介绍一般性的置信区间问题，但现在当说到估计量时，应该知道如下两个术语：

• 一致性：在数据集中包含很多不同的数据点的条件下，估计量 $\hat{\mu}$ 收敛到实数 μ，那么这个估计量 $\hat{\mu}$ 是"一致的"。

• 偏差：如果 $\hat{\mu}$ 的期望值是实数 α，则该估计量是"无偏的"。

大多数用到的估计量都满足一致性。$\hat{\mu}$ 和 $\hat{\sigma}$ 都是一致的。但是只有 $\hat{\mu}$ 是无偏的，平均而言，$\hat{\sigma}$ 低于真实的标准差。

这点可能会令人吃惊，对其作如下解释。想象一个最简单的情况，只有两个数据点用于计算平均值和标准差。然后 $\hat{\mu}$ 将被放置在它们之间，使得 $\sum_{i=1}^{N}\left(x_i - \hat{\mu}\right)^2$ 取得最小值。如果将 $\hat{\mu}$ 设置为其他任何地方，那么 $\sum_{i=1}^{N}\left(x_i - \hat{\mu}\right)^2$ 就会更大一些。但是真正的 μ 并未获得，因为 $\hat{\mu}$ 只是对 μ 的一个估计量。这是一个无偏估计，因此 μ 可能大于或小于 $\hat{\mu}$，但无论如何 $\sum_{i=1}^{N}\left(x_i - \hat{\mu}\right)^2$ 都会变大。基本上，使 $\hat{\mu}$ 很适合这里的数据，所以平均而言，样本偏差将小于真实世界的偏差。

标准差的无偏估计量是

$$\hat{\sigma} = \sqrt{\frac{1}{N-1}\sum_{i=1}^{N}\left(x_i - \hat{\mu}\right)^2}$$

这总会比原始表达式稍微大些，但是随着 N 趋于无穷，它们会收敛到同一个数值。

19.6 假设检验：t 检验

t 检验是假设检验的更复杂版本。当需要测量的是一个连续的数字，而不是二元的硬币翻转，并且想评估两个分布的真实平均值是否相同时，它是有用的。例如，如果对曾服用或未服用降胆固醇药物的患者进行胆固醇测量，是否能够自信地宣称其有效性？

直观地说，这是一个简单的问题：绘制每个分布的直方图并观察它们。如果它们的钟形曲线很好而且区别明显，那么分布显然是不同的。如果钟形曲线重叠很多，那要么其平均值非常接近（见图 19.1），要么其扩展范围非常宽（见图 19.2）。

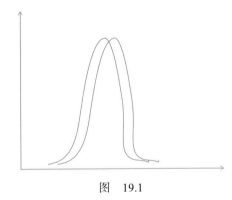

图　19.1

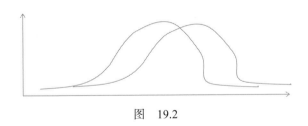

图　19.2

用足够的数据点完成此操作，便可以容易地判定分布是否存在差别。

将这种直觉规约到可以严格计算 p 值的假设检验是非常棘手的问题。它也比前面讨论的抛硬币 p 值复杂得多。所以在给出如何用数学方法解决问题之前，先看看如何用 Python 语言来计算它。有两个数据集，测试的假设是它们的内容是相同的。不知道标准差是多少。如果假设标准差相同，那么分析和计算就容易多了。这种假设通常是默认的，但也可以让它们不同。SciPy 的 t 检验方法叫做 ttest_ind。它产生两个数字：t 分数（稍后介绍）和正在寻找的 p 值：

```
>>> from scipy.stats import ttest_ind
>>> t_score, p_value = ttest_ind([1,2,3,4],
[2,2.2,3,5])
>>> t_score, p_value = ttest_ind(
        [1,2,3,4], [2,2.2,3,5], equal_var=False)
```

现在将简要介绍发生了什么情况。

回顾一下之前的假设检验过程：设定零假设，选择一个检验统计量来获取发现的模式的强度，然后计算检验统计量为异常值的可能性大小。如果检验统计量非常大，则零假设可能为假。

t检验给出了零假设的两个选择：

• 两个数据集来自相同的正态分布。

• 服从正态分布的两个数据集，但标准差可能不同。

重要的一点是，这些假设并没有给出一个概率分布。这与硬币翻转形成对比，通过假设硬币是公平的即可获得抛掷的概率分布。在t检验中，会对一些无法计算的事件产生兴趣，因为这些事件由那些无法指定的参数所决定。

在设定检验统计量时，需要遵循如下规则：

• 计算两个数据集的平均值$\hat{\mu}_A$和$\hat{\mu}_B$并观察它们之间的距离。

• 如果数据集中有更多的点，期望$\hat{\mu}_A$和$\hat{\mu}_B$更接近真实的和。在这种情况下，如果零假设为真，那么$\hat{\mu}_A$和$\hat{\mu}_B$之间的差异应该很小。

• 如果数据集本身具有很大的方差，则$\hat{\mu}_A$和$\hat{\mu}_B$会是真实和的更差近似值，所以$\hat{\mu}_A$和$\hat{\mu}_B$可能会更大。

以下检验统计量（称为t统计量）捕捉如下信息：

$$T = \frac{\hat{\mu}_A - \hat{\mu}_B}{\sqrt{\dfrac{s_A^2}{N_A} + \dfrac{s_B^2}{N_B}}}$$

式中，s_A^2和s_B^2分别是 A 和 B 的样本方差。

通过数学，可以发现T的分布将是相同的，不管分布的均值和方差如何。如果假设总体方差相等，则可以使用一个类似的、更简单的检验统计量。

如果零假设为真，则T将遵循所谓的T分布。T分布看起来非常像均值为0、标准差为1的正态分布，但尾部较厚。如果数据的t统计量特别大或特别小，那么零假设可能为假。

t检验用于检验两个分布的均值是否相同，但是它假定潜在的概率分布是正态的。如果需要，可以设定一个假设不同分布的等效检验。t检验的失败并不一定给出任何关于均值的信息，也可能是由于基本假设存在缺陷。

如果需要检验数据是否确实是正态分布的，则可以通过几种假设检验来实现。其中一种基于z分数的度量可以使用如下：

```
>>> from scipy.stats import normaltest
>>> z_score, p_value = normaltest(my_array)
```

z 分数通过查看数据的尾部厚度并将其与均值附近数据的标准差进行比较来实现检验过程。

19.7 置信区间

当试图从数据中估计真实世界分布的参数时，通常还需要给出置信区间，而不只是一个最佳拟合数。与 t 检验类似，本节将介绍如何使用预定义库，以及使用它们的常见用例。然后再回过头来，以一种更抽象、更通用的方式讨论这些问题，以便可以应用于新的问题。

置信区间最常见的用途是计算基本分布的平均值。如果需要计算其他信息，则可以通过分析数据，将其转换为关于平均值的计算。例如，如果想估计随机变量 X 的标准差。那么，可以发现如下关系：

$$\sigma_X = \sqrt{E\left[(X - E[X])^2\right]}$$

$$\sigma^2{}_X = E\left[(X - E[X])^2\right]$$

因此可以通过找到均值并取二次方根来估计 X 的标准差 $(X - E[X])^2$。如果可以将置信区间用于均值，则也可以将置信区间用于一系列拟估计的其他量。

使用的典型指标是"平均值的标准误差"（SEM）。如果看到 4.1 ± 0.2 的平均值，那么通常 4.1 是通过平均所有数字得到的最佳拟合均值，而 0.2 是 SEM。用 Python 语言计算 SEM 如下：

```
>>> from scipy.stats import sem
>>> std_err = sem(my_array)
```

如果假设基础分布是正态的，那么 SEM 将是估计均值的标准差，并且它有很多很好的数学属性。最值得注意的是，如果 $\hat{\mu}$ 是样本均值，那么间隔

$$[\hat{\mu} - z * \text{SEM}, \mu + z * \text{SEM}]$$

将以 95%、99% 或者任何其他置信度阈值包含均值，这取决于如何设置系数 z。增加这个系数即可增加置信度。表 19.1 显示了 3 种人们想要的典型置信度和相应的系数。

表　19.1

置信度 (%)	系数
99	2.58
95	1.96
90	1.64

"均值以 95% 的置信度在给定的区间内"是非常诱人的，但这有点冒险。真正的均值是否在给定的区间内，并不知道。更严谨的解释是，如果分布是正态的（不管取任何均值和标准差），并且从 N 个样本中计算出置信区间，则该置信区间将以 95% 的置信度包含真实均值。随机性来自于抽样数据，而不在基础分布的固定参数中。

当然，所有这些都来自于真实分布为正态的假设。当放弃这个假设时，关于如何解释置信区间的所有定理都会消失，但在实践中，它们仍然可以正常使用。统计学家已经为其他类型分布研究了替代的区间设定方法，并提供类似的置信度保证，但是在数据科学中并没有经常看到它们。

SEM 置信区间是基于想要确保参数的真实值包含在某个已知置信度的区间内。另一个范例是希望区间包含参数的所有"合理"值。这里的"合理"是根据假设检验来定义的：如果假设的参数有一定的价值，并从数据中计算出适当的检验统计量，会得到一个很大的 p 值吗？

19.8 贝叶斯统计学

与频率统计类似，贝叶斯统计学假定世界的某些方面遵循具有一些参数的统计模型：类似于正面概率为 p 的硬币。频率统计学选择最拟合数据的参数值（也可以添加置信区间），不能人工干预。在贝叶斯统计学中，从参数的所有可能值的概率分布开始，表示对每个值是"正确"的置信度。随着新的数据点加入，随即更新置信度。从某种意义上说，贝叶斯统计学是一种如何根据数据来完善猜测的科学。

贝叶斯统计学的数学基础是贝叶斯定理。对于任何随机变量 X 和 T（可能是向量、二进制变量，甚至非常复杂的变量），其公式如下：

$$P(T|D) = \frac{P(T)P(D|T)}{P(D)}$$

如前所述，贝叶斯定理只是一个简单的概率定理，对任何随机变量 T 和 D 都成立。然而当试图从数据中对真实世界参数 T 进行猜测时，它变得非常强大。在这种情况下，T 实际上不是随机的，它是固定的，却是未知的，T 的"概率分布"是人们自己的置信度的度量，定义在 T 的所有可能取值上。

贝叶斯定理的左边给出了经典统计学中所不具备的东西：给定收集的数据，真实参数等于某个特定值的"概率"。在右侧，该公式需要以下内容：

• $P(T)$：获得数据之前对参数的置信度。

• $P(D|T)$：人们看到的数据有多可能假设参数具有特定值。这通常是已知的或可以很好地建模。

• $P(D)$：查看到数据的概率，对参数的所有可能值进行平均。

举一个具体的例子，有一个可能是男性或女性的用户，但不知道是谁。所以设定了如下的预测，该用户为男性或女性的置信度各为 50%。然后我们又知道该用户是长发，所以更新置信度：

$$P(\text{女性}|\text{长发}) = \frac{P(\text{女性})\ P(\text{长发}|\text{女性})}{P(\text{长发})}$$

$$= \frac{\frac{1}{2}P(\text{长发}|\text{女性})}{\frac{1}{2}P(\text{长发}|\text{女性}) + \frac{1}{2}P(\text{长发}|\text{女性})}$$

$$= \frac{P(\text{长发}|\text{女性})}{P(\text{长发}|\text{女性}) + P(\text{长发}|\text{女性})}$$

人们有时难以记住贝叶斯定理，更新概率的公式有些繁琐。对作者来说，通过特例来理解要容易得多，即女性或男性的相对概率。要更新结果，只需乘以该用户为长发的相对概率即可：

$$\frac{P(\text{女性}|\text{长发})}{P(\text{男性}|\text{长发})} = \frac{P(\text{女性})}{P(\text{男性})} * \frac{P(\text{长发}|\text{女性})}{P(\text{长发}|\text{男性})}$$

19.9　朴素贝叶斯统计学

贝叶斯统计中最棘手的部分通常是计算 $P(D|T)$。这主要是因为 D 本身通常是一个多部分随机变量，通常是一个 d 维向量，并且其中的不同数字可能具有非常复杂的依赖结构。例如，如果想知道是否有人患有糖尿病，可能会测量他们的血糖和糖水平，而这两个数字有复杂的依赖关系，需要深入了解生物学模型。或者如果模型必须自动学习这些关系，则需要大量的实验数据，因为必须查看所有共现事件。

由于这个原因，会经常看到人们使用"朴素贝叶斯"方法。在朴素贝叶斯方法中，简单地假设所有不同的变量都是以 T 为条件相互独立的，即

$$P(D|T) = P(D_1|T) * P(D_2|T) * \cdots * P(D_d|T)$$

现在计算 $P(D|T)$ 只需要用已经观察到的足够数据来描述每个变量与 T 的关系。

朴素贝叶斯假设是数据科学领域中最戏剧性、最细微的过度简化之一，但在实践中非常有效。它倾向于做的主要事情是，如果几个密切相关，它们将集体分类推向某一个方向。例如假设试图确定某人的性别，然后可能会告诉读者，他们长发，他们使用发带，并且他们的头发需要很长时间才能晾干。这些事实中的每一个都适度地支持性别为女性的可能性，所以朴素贝叶斯分类器的置信度将会变得非常高。但实际上，这些事实只是一些描述这个人头发长的替代方式，而且还

有很多长头发的男性。所以分类器可能是对的，但是会具有过高的置信度。

19.10　贝叶斯网络

如果数据中有很多特征，完全拟合 $P(D|T)$ 的模型是不现实的，因为变量之间存在所有可能的相关性。然而在这个不可能的任务和朴素贝叶斯过度简化中，存在一个折中办法，被称为贝叶斯网络。

在贝叶斯网络中，D_i 互相依赖，将这种相关性重新排列，如图 19.3 所示。

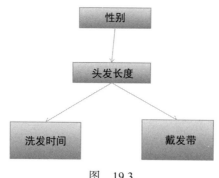

图　19.3

图 19.3 表明性别与头发长度有关系，这就使得能够以某一置信度来预测头发长度。在很多情况下，这是一种因果关系，但并非总是如此。同样，头发长度还可以用来预测洗发水的使用时间，以及他 / 她们是否配用戴发带。但就是这样，性别可能与洗发时间相关，但仅仅因为它与头发长度相关：如以头发的长度作为条件，性别与洗发时间无关。同样，可以根据洗头发的时间来预测人们是否使用发带，但当知道头发长度时，预测就没有意义了。

贝叶斯网络可以被有效地训练和使用。例如在这个例子中，只需要知道性别可能的分布、头发长度的分布、给定性别以及洗头时间的分布和是否戴发带，就可以预测头发长度。

在实际应用中使用贝叶斯网络时，可以通过选择如何构建网络来利用领域专业知识。哪些变量可能会相互影响，或者是独立的，或者是有条件独立的？一般来说，贝叶斯网络的拓扑是由人工构建的，然后在真实世界的数据上进行训练和评估。

在后面的内容中将讨论一些可用于训练和在 Python 语言中使用贝叶斯网络的工具。

19.11　先验概率选择：最大熵或领域知识

如果试图训练贝叶斯分类器，从实验数据中提取基线先验知识将容易些。然而在其他情况下，忽视的是真实完整的，所以不想将任何不切实际的内容作为先验知识。在诸如确定某人性别等事情的情况下，处理这种情况的基本方式是设定相等的基线：50% 的机会是女性，50% 的机会是男性。

有一个数学理论证明了这种方法的正确性：使用具有最大熵的先验分布。之前介绍了概率分布的熵衡量的是概率分布中的不确定性，所以选择使熵最大化的先验知识意味着没有任何先验知识。

回想一下，如果 T 是一个具有 n 个可能状态的离散变量，那么熵定义为

$$H[T] = -\sum_{t=1}^{n} p_t \ln(p_t)$$

在这种情况下，$-\ln(p_t)$ 测量得到特定结果 t，$-p_t\ln(p_t)$ 是 t 对整体熵的贡献。如果 p_t 为 1，那么 $\ln(p_t)$ 将为 0，那么 t 对熵没有贡献。相反，如果 p_t 非常小，那么事件 t 的信息量则很大，但是由于事件 t 的发生概率很低，所以事件 t 对熵的贡献也很小。直观地说，应该有一个使熵最大化的"最佳点"，事实证明，可以通过将每个点 p_t 设置为常数 $1/n$ 来获得此点。

熵的定义对于连续概率分布具有类似的意义：

$$H[T] = -\int f(t) \ln(f(t)) \mathrm{d}t$$

与离散情况类似，如果存在一个有限的间隔（或它们的集合），则最大熵分布是连贯的，并且它只是一个常数值：

$$f(x) = \frac{1}{x_{\max} - x_{\min}}$$

19.12　延伸阅读

1）Janert, P, Data Analysis with Open Source Tools, 2010, O'Reilly Media, Newton, MA。

2）Diez, D, Barr, C & Çetinkaya-Rundel, M, OpenIntro Statistics, 3rd edn, 2015, OpenIntro Inc。

19.13　术语

贝叶斯网络　几个随机变量之间的依赖关系图，用来对随机变量之间的条件依赖关系进行建模。一个好的贝叶斯网络比朴素贝叶斯更强大，但仍然足够稀疏，可以有效地训练数据。

Bonferroni 校正　如果正在同时测试多个假设，则可以调整所需的 p 值以检验假设。它说明了这样一个事实：虽然单个假设通过的可能性不大，但是当测试更多的假设时，其中一些假设通过的概率会增加。

一致估计量　一个在有大量数据的限制下，确保收敛到正确值（假设真实分布与假设的分布属于同一个类别）的估计量。

熵 衡量预测概率分布结果的难度。通常选择先验知识来最大化贝叶斯统计中的熵。

估计量 一个测试统计量，用于估计某个概率分布中的参数，假设数据取自于该概率分布。

假设检验 用于检验数据中的某个模式是否"具有统计学意义"的框架，通过观察该模式在真实现象消失时的出现可能性来实现。

多重假设检验 有多种假设可能为真的假设检验，比如多种药物都在进行临床有效性检验。

朴素贝叶斯 在对目标变量进行条件化时，数据集中的所有特征都相互独立的假设。这使得贝叶斯模型的训练变得非常简单，而且训练出的模型仍然非常有效。

零假设 在假设检验中，零假设是假设在数据中发现的任何模式都只是特例。例如假设 10 次硬币抛掷有 9 次都是正面，认为硬币可能存在偏差。零假设则认为硬币是公平的。

p **值** 如果零假设为真，那么观察到与在数据中看到的一样极端（或更多）的结果的概率。

先验 在贝叶斯统计中，这是在获取任何数据之前对未知变量的置信度分布。

t **检验** 用于确定两种分布的均值是否不同的假设检验。

测试统计量 任何从数据集计算得到的数字。

无偏估计量 一个其平均值与真实值相同的估计量。数据集中的相同均值是其真实均值的无偏估计量。然而样本方差不是真实方差的无偏估计量，它系统性地偏向于更小。

第 20 章
编程语言概念

　　到目前为止，本书一直专注于在更大分析目标的服务中应急使用的脚本。所知的最深入的代码是如何在传统软件工程团队的环境中进行单元测试和工作。

　　本章将退后一步，介绍一些更抽象的编程语言理论方面的概念。这是出于两方面重要的原因：首先，人们不想在一个任务中使用错误的技术来锁住自己，特别是发现自己正在创建一个大型的软件框架时，通常这些考虑将指导人们做出什么时候使用什么工具这类重要的决定；第二，根本上不同的工具需要花一点时间来适应，如果要掌握一个完全不同于之前使用的一个全新的工具，那么对其核心概念的理解将能够减缓这种过渡过程。

20.1　编程范式

　　编程范式是一种思考程序的逻辑结构并在代码中实现它的概念方式，可以将其视为一系列关于如何执行计算的指令、一个输出应该是什么样子的数学规范或者一个其他选项的范围。

　　在深入介绍细节之前，应该知道的第一件重要的事情，那就是现代高级语言或多或少地支持所有的范式。那就意味着，在很大程度上，可以根据什么样的工作能够最好地解决眼前的问题来混合和匹配范式。

　　严格地说，所有的范式都是等价的，任何一个范式完成的计算都可以用其他范式来完成。从概念上考虑，它们却有很大的不同，它们提供不同的应用范畴甚至是不同的独特的气质。

　　有些人关于哪种语言是最好的十分教条，一些语言被冠以"很特别"，但许多范式具有的理论方面的特质，在某种情况下会非常有用。它们在代码的性能和维护方面也趋向于不同。

　　这里将看到的三大范式通常被称为"命令式""面向对象"和"函数式"，将在本章中介绍它们。Python 语言至少能够部分支持它们。

20.1.1　命令式

　　在命令式编程中，代码大部分是计算机遵循的一系列指令。这些可能是诸如将新元素附加到列表，覆盖内存中的现有变量或写入文件之类的东西。

以下 Python 代码是读取包含人口统计信息的 CSV 文件的命令式方法，并计算出每个州人们的平均年龄：

```python
lines = open('data.txt')
broken_lines = [l.split(',') for l in lines]
ages_by_state = {}
for bl in broken_lines:
 state, age = bl[2], bl[5]
 state = state.strip().lower().replace('.','')
 age = float(age)
 if state in ages_by_state.keys():
  ages_by_state[state].append(age)
 else: ages_by_state[state] = [age]
mean_by_state = {}
for state, ages in ages_by_state.items():
 avg_age = sum(ages) / len(ages)
 mean_by_state[state] = avg_age
out_lines = [state + ',' + str(age)
    for state, age in state_age_pairs]
output_text = '\n'.join(out_lines)
open('output.txt','w').write(output_text)
```

20.1.2　函数式

函数式编程很大程度上受到能够避免"副作用"的渴望的启发。副作用是指对现有变量进行的任何修改（例如将一个元素附加到列表或增加一个数字）或程序与外部的任何交互（例如打印屏幕上的内容）。因此，诸如下面即副作用：

```python
print 'Hello world!'
a = a + 1
```

显然，最终希望代码能够真正做到一些事情，所以副作用通常是件好事。但问题在于很难推理代码，命令的哪一步需要掌握（是在增加数字之前还是之后打印它？），并且它有时十分难跟踪。

当使用 Python 语言注释器来帮助正在编写的脚本时，遇到了这个问题。作者收集了一些正在尝试加入的变量，来适配正在构建的统计模型。重新运行脚本的一部分内容，在两次运行之间对逻辑进行了小改动。最终变量状态良好，所以认为代码是正确的。但是当重新运行脚本代码时，事件却再次发生了。事实证明，以前版本的代码已经做了一些必要的修改，作者忘记了这些副作用已经发生了。

在函数式编程中，代码被分解为"纯粹"函数，这些函数写进一些输入（或者可能什么都没有写入）并返回一个输出，但是没有副作用。下面是之前内容中更多相同代码的函数式版本：

```
def normalize_state(s):
 return s.strip().lower().replace('.','')

def mean(nums):
return sum(nums) / len(nums)

def extract_state_age(l):
 pieces = l.split(',')
 return normalize_state(state), float(age)

def get_state_mean(pairs):
 ages_by_state = {}
 for age, state in pairs:
  ages_by_state[state] = \
    ages_by_state.setdefault(state,[]) + [age]
 state_mean_pairs = [(state, mean(ages))
    for state, ages in ages_by_state.items()]
 return sorted(state_mean_pairs, key=lambda p: p[1])

def format_output(state_age_pairs):
 out_lines = [state + ',' + str(age)
   for state, age in state_age_pairs]
 return '\n'.join(out_lines)

lines = open('data.txt')
state_age_pairs = [extract_state_age(l) for l in lines]
output = format_output(state_age_pairs)
open('output.txt','w').write(output)
```

在这个版本中，除了最后 4 行代码外，其他所有代码都只是定义函数。在最后 4 行中，在已有变量的基础上创建了一些变量，但对已经创建的变量不再做任何修改。唯一的副作用是在最后一行。从技术上讲，在 get_state_mean 函数中，修改了变量 ages_by_state，所以这不是在每个层级中的 100%函数代码，但读者明白了这层含义。

函数式编码的真正必杀技不仅仅是将代码编排成"纯粹函数"。它将函数当作自己的变量来处理，可以将函数作为参数传递给其他函数，甚至可以即时生成。以下面的代码为例，它是一个将日期编码为字符串的函数，推算出字符串格式化的方法，并且返回一个函数，该函数将以相同格式从字符串中提取年份：

```
def get_year_extractor(example_date):
    # 不确定  example_date 是否为 YYYYMMDD
    # 或  YYYY-MM-DD 或  MM-DD-YYYY
    if len(example_date)==8: return lambda d: d[:4]
    elif (example_date[4]=='-'
       and example_date[7]=='-'):
       return lambda d: d[:4]
    else: return lambda d: [-4:]
extract_year = get_year_extractor(dates[0])
years = [extract_year(dt) for dt in dates]
```

或者尝试以下内容，这与在分析中看到的内容更为相似：

```
def get_stats(data_lst, f):
    def valid_input(x):
        try:
            _ = f(x)
        return True
    except: return False
    vals = [f(d) for d in data_lst if valid_input(d)]
    return {'num_valid': len(vals),
        'num_invalid': len(data_list)-len(vals),
        'mean': sum(vals) / len(vals),
        'max': max(vals)
}
```

在这个实例中，可以尝试各种定制函数，将每一个函数插入到 get_stats 中，看看它们是如何执行的。

函数式编程非常适用于数据科学，特别是正在进行某种类型的批处理时。从原始数据到最终的分析输出，这是一系列明确的逻辑阶段，无需用户交互或其他难以作为纯粹函数考虑的事物。使用不同的函数即插即用十分简单，并且以新奇的方式传递给数据。在大数据空间中，Spark 是一个函数框架。这是为什么很多人（包括作者自己）尝试尽可能以函数式方法编写代码的原因之一。

函数式编程的一个优点是其性能优良，至少代码被编译而不是被解释。一个函数程序更多的是一个程序逻辑的数学规范，而不是一组计算机命令。至少在理论上，编译器可以查看这些规范并找出实现这些规范的高效方法，比读者可能使用的以命令方式编写代码的方法要好得多。但实际上，编译器通常不是很聪明，它通常以一种相当天真的方式实现。如果函数代码是用解释型语言编写的，那么它肯定会天真地执行并且非常慢。

还有一些控制结构的函数语法可能会变得有点笨重（或者至少第一次看到它时是不直观的）。看看以下两部分代码，它们分别以命令式和函数式做了相同的事情：

```
# 执行版本
my_variable = initial_version
while not my_stopping_condition(my_variable):
    my_variable = my_function(my_variable)
```

```
# 功能版本
def loop_as_function(variable):
    if my_stopping_condition(variable): return variable
    else: return loop_as_variable(my_function(variable))
my_variable = loop_as_function(initial_version)
```

做 100% 的函数式编程需要用递归的方法替换循环，许多人都认为这是一种碍眼的东西。由于所有的嵌套函数调用都需要后台样板文件（诸如 Haskell 这种使用"尾部调用优化"方式的编译过的函数语言要快得多，Python 语言却没有这个特性），因此在 Python 语言中执行也是非常低效的。

函数式编程语言的起源来自于 Lisp，它的历史可以追溯到 1958 年，但现在仍有忠实的追随者。当今流行的大多数是函数式语言，包括 Haskell 和 ML。Scala 极好地诠释了支持函数式编程的语言，尽管它也可以用面向对象的方式编写。

20.1.3　面向对象

面向对象的语言将数据和处理数据的逻辑打包成用户友好的黑匣子，称为"对象"。使用对象时，不必担心数据如何被构建或如何清理该结构，只与对象呈现给人们的称为"方法"的特殊用途函数进行交互。

Python 语言本质上是一种面向对象的语言。用 Python 代码编写或定义的所有东西，包括变量、函数，甚至是导入的函数库都是一个对象。在 Python 语言中采取的每一个行动都是在某个对象上调用的一个方法。

读者可能会反对简单的东西，如整数加法不是对象方法。实际上，"+"只是"__add__"方法中的语法糖，如下：

```
> x, y = 4, 5
> x + y
9
> x.__add__(y)
9
```

有关 Python 语言的有趣之处在于，即使它在技术上来讲 100% 是面向对象的，也不必以这种方式来编写代码。如果阅读作者的代码，会发现作者很少定义自己的类，作者几乎做所有的事情都使用 Python 语言的内置容器对象（例如列表和字典）以及 Python 库提供的对象。所有事情都以对象的形式实现的情况是偶然的，作者的代码看起来像是命令式和函数式的混合体。这一部分是个人品味的问题，一部分反映出作者通常所做的工作。

在面向对象编码方面，代码与外部资源进行交互。诸如用户随意按下按钮的 GUI，就是作为一个对象最好的思路。该对象包含正在使用的所有数据、GUI 的布局规范以及与计算机图形交互所需的任何样板文件。

每按一次按钮都会调用对象中的某个方法，这样就会更改对象的内部状态（即副作用），并且采取一些其他必要的操作。如果有两个互相交互的进程，代码连接到一个 iPhone 或一个交互式网站，或者如果用户进入循环，所有这些通过它们的方法进行对象之间交互的情况都被认为是对象最好的思路。

Python 语言中的所有内容都是一个对象，但通常情况下，它们是预先打包的对象类型，如列表或者整型。面向对象代码的主要特征是对全新类型对象的定义。

这些类型的对象称为"类"。类指定对象的内部结构以及所有关联的方法。可以有很多对象都是同一个类，但是类本身只定义了一次。要了解它的工作原理，先来深入分析一些代码：

```
class Person:
   def __init__(self, name, age):
     self.name = name
     self.age = age
   def talk(self):
     print 'My name is %s and I am %s years old' \
         % (self.name, self.age)
Janice = Person('Janice Smith', 28)
Bob = Person('Bob Jones', 30)
Bob.talk()
```

以上代码使用"_init_"和"talk"的方法定义了一个名为"Person"的类，并创建了两个名为 Janice 和 Bob 的人。

可能会跳出来的第一件事就是愚蠢的"self"这个词。它从哪里来的？它看起来像是函数 _init_ 和 talk 中的一个参数，但是当这些对象被调用时，它会显示不存在。这是什么原因呢？好的，Python 语言的这一方面令很多人存在难以置信的困惑，以至于有些人完全放弃了这种语言，那么本书试着来说清楚。

作为程序员，调用一个对象的成员函数，把它称为my_object . my_function(参数 1，参数 2)。然而在后台，实际的对象在其他参数之前已经默认地作为附加参数传递给函数。所以当编写代码实现这个功能时，代码也接受了附加参数。将这个参数称为"self"只是一个约定，但它却十分普遍。

如果想在成员函数中引用 Person 的年龄，可以说"self.age."。在许多其他面向对象的语言中，只是说"age"，并且它被理解为是操作对象"age"字段（这些语言也不要求该对象是实现函数的参数）。使用 Python 语言虽然是公认的冗长，但是它的代码更具有可读性。

在一个长而复杂的文件中，完全可能在脚本中的其他地方声明一个名为"age"的变量，或者导入一个名为"age"的库。特别是如果其他人实现了 Person 对象，而这里只是在仔细阅读他们的代码，可能不知道 Person 甚至有"age"字段。所以可能停止深入研究代码的其余部分，以确定"age"是否是对象的成员或其他内容。话说"self.name"可以消除所有这些歧义。如果这么做，欢迎讨厌 Python 语言的这个方面，许多优秀的工程师会同意这个看法，但是作者个人喜欢它。

现在明白"self"的含义了，"talk"方法看起来应该非常简单，但是 _init_ 可能是一个谜。特殊用途的函数是在对象创建时就已经建立。当说"Person（'Janice Smith'，28）"时，发生的第一件事是创建了一个空的 Person 对象。然后在后台，它的 _init_ 函数被自己调用，字符串"Janice Smith"，数字 28 作为它的参数。_init_ 函数为这个对象创建了新的"name"和"age"字段并相应地赋值。

读者可能会听到 _init_ 被称为"构造函数"，它在其他语言中的作用相同。从技术上讲，这是不正确的。构造函数在第一次出现时，实际上是用来构造对象。不过在 Python 语言中，该对象存在于 _init_ 被调用之前，它还没有任何数据字段被赋值。

对象和类开始变得非常有趣的地方是何时"继承"发挥作用。可能会定义一个"Animal"类，这是适用于所有动物的方法。但是任何鹦鹉都有鹦鹉和动物的属性，因此也想要一个"Parrot"类，它承载了 Animal 的所有逻辑和成员函数，但增加了其他特定于 Parrot 的函数。在 Python 语言中，代码可能如下：

```
class Animal:
 def __init__(self, name):
   self.name = name
class Parrot(Animal):
 def talk(self):
   print self.name + ' want a cracker!'
Fido = Animal('Fido')
Polly = Bird('Polly')
```

在这种情况下，Parrot 的内部结构与普通动物的内部结构相同，唯一的区别是 Parrot 有一个"talk"函数。如果想为 Parrot 添加额外的内部结构，可以采用以下方法：

```
class Animal:
 def __init__(self, name):
   self.name = name
class Parrot(Animal):
 def __init__(self, name, wingspan):
   self.wingspan = wingspan
   Animal.__init__(self, name)
 def talk(self):
   print self.name + ' want a cracker!'
Fido = Animal('Fido')
Polly = Bird('Polly', 2)
```

在这个例子中，给出了 Parrot 本身的 _init_ 函数，它接受了一个附加的参数并且优先于 Animal 类的 _init_ 函数。在一些面向对象的语言中，当创建 Polly 时，两个 _init_ 函数都会被调用。不过在 Python 语言中，Parrot 的 _init_ 函数完全覆盖了 Animal 的内容，并由编码器来确保真正想要从 Animal 获得的所有内容。Animal._init_ 被提取。在这种情况下，Animal._init_ 不会做任何与 Parrot._init_ 冲突的事情。因此可以自由地在 Parrot._init_ 中调用 Animal._init_。正如成员函数中的"self"这个词一样，这会让代码变得更加冗长和丑陋，但它也使得逻辑更清晰。

就个人而言，作者的代码通常不会使用类继承。一个很大的例外是 Python 语言的一些库提供了一个非常奇特的类，它封装了很多功能，人们编写自己的类并从它那里继承。例如，HTMLParser 类具有浏览和解析 HTML 文本的逻辑。作者经常编写从 HTMLParser 继承的类，并在 HTMLParser 遍历文本时识别并处理特定的信息。

类似于函数式编程，面向对象的范式具有广泛的理论基础，许多人都是真正的纯粹使用者。面向对象的硬核代码几乎完全由定义的类及其成员函数组成，并且能够自由使用类继承和其他奇特的功能。其他一些应该熟悉的事情如下：

• 静态成员数据不与单个对象关联，而是与类本身关联。例如可能存在一个静态整数，用于跟踪当前的一个类存在多少个实例。

• 可能有一个类从多个其他类继承。例如一只 Parrot 既可以是动物，也可以是某个别类。可以用 Python 语言和许多其他语言来做到这一点，但这种情况相对较少。

20.2　编译与解释

"编译语言"和"解释语言"以前有非常明确的含义。近年来的进步已经将这种区分模糊化为更多的连续统一体。首先将回顾之前的含义，然后介绍一些现代变体。

传统上，编译器是一种专用程序，它将人类可读代码翻译为"机器代码"，该段代码仅对原始字节进行操作，并由微处理器直接执行。在执行翻译时，编译器必须知道它正在编写代码的微处理器的细节，以及它希望如何对其机器代码进行格式化。编译器必须就如何将单个高级操作转换为一系列低级操作进行各种判断调用。有些编译器在进行这些判断调用时非常天真，但优化编译器使它们非常明智，甚至可以重新组织大部分程序，行为是相同的，但运行效率更高。

像 C 语言这样的语言被编译，计算机不能以任何直接的方式"运行" C 代码，首先必须将代码编译成机器代码。由于计算机可以实际运行它，因此产生的代码块被称为"可执行文件"，但是可执行文件不包含它最初用 C 语言编写的痕迹。最初的机器代码可以用任何编译语言编写，甚至可以直接以机器代码的形式一次写入 1B，并且可执行文件是相同的。

理解编译语言的一个重要概念是在"运行时"和"编译时"发生的事情之间的差异。代码中的语法错误在尝试编译时通常立即会显示出来。编译器将无法执行其翻译，并会抛出一个错误，而且很快就会发现搞砸了某些东西。其他时候，代码会编译得很好，而且只有当计算机实际上尝试运行机器代码时才会发现问题。这个发现可能会在运行几小时或者甚至在将产品推送给消费者之后发生。出于这个原因，编译器设计中的大量工作归结为在编译时试图找出问题。

与诸如 C 语言的编译语言相比，有诸如 Python 语言之类的翻译语言。解释器是一种特殊用途的程序，可以一次读取一行并执行代码。解释器本身就是一堆机器代码，最初是用诸如 C 语言编写的。Python 代码由解释器程序执行，但从不翻译成机器代码。

一般来说，编译语言相对于解释语言来说非常快速和高效。这部分是因为解释型语言必须承担在运行时解析每行代码的开销，部分原因是编译器没有机会在其中构建优化。但是解释型语言可让人们随意地逐行调试代码，而且不用担心后台会发生什么。

如果有人需要，他们可以为编译语言（如 C 语言）编写一个解释器，同样也可以编译一个解释型语言（如 Python 语言）的编译器。某些语言在某些情况下发生了这种情况，但这种情况非常罕见。一个像 C 语言这样的解释器会彻底"杀死"性能，这是首先使用 C 语言的全部原因。如果想编译 Python 语言，编译器不能总是推断出关于该程序的关键事情（例如哪些变量是哪种类型），用以考虑有效的编译代码。

好的，事情就是这样的，现在是灰色中间区域。当告诉读者 Python 语言被解释时，作者实际上撒了谎。过去许多语言实际上都是真正的被解释，但是 Python 语言可以被翻译成称为"字节码"的中间表示形式。如果从命令行打开解释器，Python 语言将一次运行一行。但是如果一次运行所有 Python 脚本，或者导入了库，则首先将其转换为字节码。这远不是传统意义上的编译，因为字节码与原始 Python 语言处于相同的抽象级别，并且提供最低的性能优化。

更多的灰色区域是 Java 语言。Java 语言也编译为中间字节码，但 Java 字节码相对于原始 Java 语言来讲是非常低级的。实际上，解释器被称为"Java 虚拟机"（JVM），因为字节码不像常规编程语言，更像是低级机器码。Java 编译器在生成字节码方面进行了大量优化，因此可以获得编译语言的大部分性能优势。JVM 大多只提供内存管理和对计算机资源的访问许可。

微软公司使用的 .NET 框架与 JVM 非常相似。C # 语言本质上与 Java 语言相同（最初，它们被计划开发成为相同的语言，但随后受到企业政策的阻碍），并以相同的方式编译为 .NET 字节码。

对于 JVM 和 .NET，实际上有很多种语言可以编译成相同的字节码，即使 Java 语言和 C # 语言是佼佼者。所以字节码真正开始成为了这些软件环境的通用语言，实际的机器代码是虚拟机器进行处理的一种事后考虑，在某种程度上针对计算机运行的内容进行。

编译和解释的模糊不清甚至发生在计算机的核心。在不涉及太多历史细节的情况下，英特尔公司将其基本机器代码从所谓的 CISC 模型（特别是 x86）更改为更高效的 RISC 模型。但是这样做会使所有以前编译的代码淘汰，因此它们将硬编码逻辑写入芯片，在可执行文件运行时将编译的 x86 代码转换为 RISC 代码。

因此实际上，应该把"编译"看成将一种语言的代码翻译成了某种低级语言。相反，应该将"解释"视为执行代码的"机器"（虚拟机或物理机）的插入代码。

最后还有一个复杂的问题。"即时"（JIT）编译有时会在写入时发生，而另一种解释型语言正在运行。也许编译器在编译时不能保证列表只包含整数。然而随着程序的运行，保证可以成为可能，并且处理列表的代码可以用新的知识即时重新编译。这是很大的开销，但有时候，JIT 编译会带来巨大的性能提升。

20.3　类型系统

除了它实现的编程范式，语言的特征还在于它的"类型系统"。代码中定义的每个变量都将具有与其关联的类型，例如整数、库、字符串或自定义类。对一个对象执行操作需要知道它是什么类型，以便知道如何解析对象的底层字节并实际执行操作。这是一个大型的理论学科，它致力于研究类型系统并定义它们的属性，但是不需要知道它。实际上只有两个应该熟悉的主要概念：事物是"强"还是"弱"类型；是"静态"还是"动态"类型。

20.3.1　静态类型与动态类型

如果计算机在编译代码时计算出所有变量的类型，则这个语言为"静态类型"。这允许编译器以最有效的方式存储和处理数据。动态类型在代码运行之前是未知的，这意味着将会有一些附加的样板文件来记录哪些变量是整数、字符串、列表等。

Python 语言是动态类型语言的一个很好的例子。解释器是用 C 语言编写的，在后台下，每个变量都作为一个称为 PyObject 的 C 结构来执行。PyObject 结构的一个功能是跟踪每个变量的类型。这种方法有很多开销。最简单的，必须在 RAM 中存储更多的东西：不仅仅是实际数据，还有类型元数据。另一个问题是，在代码可以对变量执行一些操作（例如"+"）之前，它必须首先检查该变量的数据类型，以及在这种情况下操作意味着什么。动态类型在灵活性方面具有许多优点，但是需要付出巨大的性能成本。

另一方面，在诸如 C 语言的静态类型语言中，编译器只是将每个操作转换为适当的字节级操作，而不是为数据类型或任何方法的查找存储任何显式引用。

许多解释型语言都有一种特定类型的动态类型，有时称为"鸭子类型"。这意味着，曾经被调用变量的每一操作在它调用时如果被定义，那么该变量被认为是"正确"类型。术语"鸭子类型"来自这样一个想法，即如果它有一个 quack() 方法和一个 walk() 方法，不妨称它为鸭子。

在编译语言中，最重要的步骤之一是让编译器找出每个变量的数据类型，因为这将决定每个子程序应该如何在字节操作级别进行操作。在很多语言中，比如 C 语言，必须明确地做到这一点，并告诉计算机每个变量是什么类型（因此含蓄地说，它应该如何以字节存储该变量）。在一些更现代的编译语言中，不必显式地声明类型，编译器中有精心设计的机制来检查代码并推断出变量是什么类型。

20.3.2　强类型与弱类型

与语言是动态还是静态类型相比，类型强度是一个非常模糊的概念。粗略地说，这意味着语言在多大程度上迫使持续使用类型和操作。下面举一些例子：

- 将字符串与其他类型组合。Python 语言是强类型的：

```
>>> c = "hello" + 5
```

- 这里会抛出一个错误。然而许多其他语言会猜测是把 5 变成一个字符串，并将 c 设置为 "hello5"。
- 混合整数和浮点数。Python 语言的弱类型是 "3/2" 和 "3.0 / 2" 都是有效的表达式，但是它们会返回不同的值（分别为 1 和 1.5），因为整数和浮点除法是不同的操作。Python 语言猜测在 3.0 / 2 中真实意思是 2.0，并执行相应的除法。但是像 OCaml 这样的语言实际上会产生编译时间错误，必须明确地将 2 变成 2.0，然后再进行除法计算。
- C 语言是一种强类型代表性语言，因为不得不声明代码中每个变量的类型，并且如果类型不匹配，代码将不会编译。但是也可以强制计算机将任意大小的字节看作特定类型的数据，随机字节可能构成或可能不构成该类型的有效实例。
- 请记住，内存的底层字节没有类型化，C 语言可以获得这种灵活性，而更高级的语言则可以为它提供安全层。

20.4　延伸阅读

1）Scott, M, Programming Language Pragmatics, 4th edn, 2015, Morgan Kaufmann, Burlington, MA。

2）Martin, R, Clean Code: A Handbook of Agile Software Craftsmanship, 2009, Prentice Hall, Upper Saddle River, NJ。

20.5　术语

匿名函数　从未给出明确名称的函数。当它们作为参数传递到另一个函数中时，它们通常在写入时进行定义。

编译器　一种软件程序，可将人可读的源代码转换为更适合实际运行的低级语言。这通常是虚拟机的机器码或字节码。

构造函数　在内存中构造用户定义对象的子例程，包括正确初始化其所有内部状态。

鸭子类型　一种类型系统，如果定义了每个所调用的操作，那么这个变量被认为具有正确的类型。

函数式编程　一种编程范式，其中代码主要由纯函数组成。

命令式编程　代码主要由副作用组成的编程范式。

继承　在面向对象编程中，这是定义了一个新的类，它继承了先前存在的类的逻辑和方法。

JIT 编译　即时编译。

即时编译 在运行时编译部分解释型语言，以获得性能优势。

面向对象的编程 一个编程范式，代码主要由定义的新类和对象组成，这些类和对象掩盖了其内部状态并呈现可由其他对象访问的 API。

编程范式 一种思考程序运行的方式，并将其分解成逻辑块的方法。

纯功能 返回一个值并且没有副作用的子例程。

副作用 程序状态中由函数执行引起的任何更改。副作用包括修改内存中的现有变量并将输出写入屏幕或文件系统。

类型安全 在一段代码中执行这些操作，并且只会发生在适当类型的变量上。

虚拟机 一种解释低级字节码（如 Java 字节码）并操纵硬件和操作系统之间接口的软件。

第 21 章
性能和计算机内存

本章讨论可以使代码更快运行的方法，它大致可分为两个不同的主题：

• 理论上算法运行速度是抽象的，它不依赖于计算机或者是算法执行的细节，无须了解有关于此主题的大量信息，主要是如何避免一些潜在的灾难性错误。

• 各种可检测的性能优化，主要涉及是否充分利用计算机的内存和缓存。

与这些主题相关的第一个事情是指出哪种算法是最基础的，且理论上比其他算法更好。第二个主题是关于如何为正在使用的抽象算法提供实际性能增益。

21.1 示例脚本

以下脚本检查解决了同一问题的两种不同方法：给定一个项目列表，数数有多少个条目是其他条目的副本条目，每个算法需要多长时间来为项目列表的不同长度和时间进行分配。

解决问题的两种方法如下：

• 对于列表中的每个元素 x，计算出它在列表中出现的次数。如果它出现多次，则它即副本。这里的关键是，计算 x 的出现次数需要搜索整个列表并检查元素是否等于 x。也就是说，对于列表中的每个元素，遍历整个列表。

• 保留一个库，将列表中的元素映射到它发生的次数，然后遍历列表并且更新此库。最后，将所有大于 1 的计数加起来。

为了能够说得更清楚，将这些方法表示为 $O(n^2)$ 和 $O(n)$：

```
import time
import matplotlib.pyplot as plt
import numpy as np
def duplicates_On2(lst):
    ct = 0
    for x in lst:
        if lst.count(x) > 1: ct += 1
    return ct
def duplicates_On(lst):
    cts = {}
    for x in lst:
        if cts.has key(x):
```

```
            cts[x] += 1
        else: cts[x] = 1
    counts_above_1 = [ct for x, ct in cts.items()
        if ct > 1]
    return sum(counts_above_1)
def timeit(func, arg):
    start = time.time()
    func(arg)
    stop = time.time()
    return stop - start
times_On, times_On2 = [], []
ns = range(25)
for n in ns:
    lst = list(np.random.uniform(size=n))
    times_On2.append(timeit(duplicates_On2, lst))
    times_On.append(timeit(duplicates_On, lst))
plt.plot(times_On2, "--", label="O(n^2)")
plt.plot(times_On, label="O(n)")
plt.xlabel("Length N of List")
plt.ylabel("Time in Seconds")
plt.title("Time to Count Entries w Duplicates")
plt.legend(loc="upper left")
plt.show()
```

数据中存在噪声，因为在实际的计算机上运行了它还有其他进程，可以使这个过程或多或少花费一些时间，但是一些趋势仍然很明显。当列表很短时，这两种算法是相当的，$O(n^2)$往往更好（见图21.1）。但是随着列表变长，差距开始扩大，$O(n^2)$开始花费更长的时间。再次尝试，当列表长度达到50时，得到如图21.2所示内容。

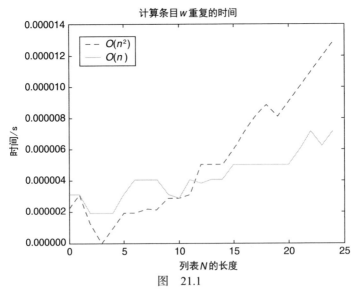

图 21.1

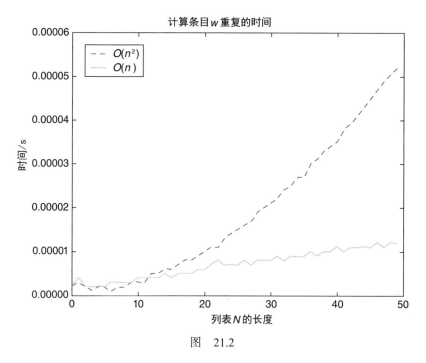

图 21.2

可以看到，随着列表变长，$O(n)$ 成为解决问题更好的方法。这与正在使用的计算机无关，也与在 Python 语言中进行操作无关：它是一个从根本上更好的算法。

21.2 算法性能与 Big-O 符号

抽象地讨论算法的理论性能的标准方法称为 Big-O（"大 O"）符号。

在前面提到的例子中，有一个 $O(n)$ 和一个 $O(n^2)$ 的算法。直观地说，$O(n^2)$ 算法意味着，以大输入为限，算法的运行时间将近似于某个常数 n^2。同样，如果是 $O(n)$ 算法，那么它将近似为常数 n。可以在给定的图中形象地看到这一点：一条曲线或多或少是一条直线，另一条曲线类似于抛物线。

有关使用 Big-O 符号评估算法的两个关键问题：

• 代码实际需要花费多长时间涉及许多其他因素，例如正在运行的计算机以及算法中每个步骤的执行效率。在前面提到的例子中，$O(n)$ 算法实际上比 n 需要更长的时间，因为使用了特别低效的实现。

• 在限制输入大小的情况下，Big-O 符号的差异将会表现在两种算法的运行时间上。

基本上，Big-O 符号不会告诉算法运行一步需要多长时间，但它确实告诉步数是如何随着输入大小的函数而增长的。

算法的 Big-O 性能通常被称为"复杂性"。这是一个术语不幸的选择，因为算法采取的步骤数与这些步骤的复杂程度无关。事实上，根据作者的经验，不那么"复杂"的算法通常是最难理解的，因为人们会通过各种复杂的技巧来减少 Big-O

的复杂性。但术语是普遍的，所以作者会使用它。

仔细看看 $O(n^2)$ 算法，列表中有 n 个元素。对于每个元素 x，调用列表的 count() 方法，循环遍历列表，检查是否与 x 相等，这意味着有 n^2 次比较。由于它们是按顺序编写的，所以代码运行的时间大约是所需比较时间的 n^2。

另一种算法也循环遍历列表，但是对于给定的元素 x，它仅检查 x 是否在 cts 库中，并根据需要更新该库。在后台，库的实现不管它有多少个元素，都需要一段固定的时间。也就是说，检查和更新库需要 $O(1)$ 的时间。所以，外部循环有 n 次迭代，每个迭代需要 $O(1)$ 的时间，总运行时间为 $O(n)$。

一般来说，数据科学代码不应该有一个 $O(n^2)$ 算法在整个数据集上运行，除非确定这样做。迄今为止，在本书（训练分类器、不同相关操作等）中展示的每项基本数据科学操作在它执行良好时（以及展示的库都具有高效的实现）均具有良好的渐近性能，因此可能不太会意外运行 $O(n^2)$ 算法。它的发生确实是灾难性的。如果读者自己编写核心算法，将不得不非常敏锐地警惕它们的复杂性。

21.3　一些经典问题：排序列表与二分查找

举例来说，本节将展示如何通过两个经典问题来计算算法的 Big-O 复杂性：搜索列表中的元素并对列表进行排序。

假设有一个长度为 n 的列表，想查找其中是否有元素 x。可以执行下面的算法：

```
Input:
    List L of length n
    x
Initialization:
    i = 0
Algorithm:
    For i in 1, 2, …, n:
        If L[i] == x: Return True
    Return False
```

假设得到 $L[i]$ 并将其与 x 比较作为 $O(1)$ 操作，并且可以看到这可以发生多达 n 次。因此，搜索算法是 $O(n)$。

现在假设列表已排序。这个假设允许一个更有效的算法，称为二分查找。它如下所示：

```
Input:
    List L of length n
    x
Initialization:
    i = 0
    j = n-1
```

```
Algorithm:
    While True:
        y = L[(i+j)/2]
        If y== x: Return True
        Elif j==i or j==i+1: Return False
        Else:
            If y>x: j = (i+j) / 2
            Else: i = (i+j) / 2
```

该算法的复杂度更加难以分析。观察的关键是，在主循环的每次迭代之后，i 和 j 之间的距离除以 2，然后在这个较小的问题上重新运行循环。如果 $T(n)$ 是给定 n 的运行时间，那么就可以看到

$$T(n) = O(1) + T\left(\frac{n}{2}\right)$$

可以反过来扩大 $T(n/2)$ 来看看：

$$T(n) = O(1) + O(1) + T\left(\frac{n}{2^2}\right)$$

$$T(n) = O(1) + O(1) + O(1) + T\left(\frac{n}{2^3}\right)$$

$$T(n) = O(1) + \cdots + O(1) + T\left(\frac{n}{2^k}\right)$$

每次展开 $T\left(\dfrac{n}{2^k}\right)$，就会产生附加的 $O(1)$ 运行时间。可以继续扩展直到 $\dfrac{n}{2^k}$ 变为 $O(1)$。这将会在 $\log_2 n$ 步后发生，所以可以看到二分查找是一个 $O(\log n)$ 算法。对于 n 是大数来讲，这将比 $O(n)$ 快得多。

二分查找的效率提出了排序列表需要多长时间的问题。最显而易见的算法如下：

```
Input:
    List L of length n
Initialization:
    NewList = Empty list
Algorithm:
    While L contains elements:
        mn = min(L)
    delete mn from L
    NewList.append(mn)
Return NewList
```

假设计算 $mn = \min(L)$ 需要循环遍历所有的 L，然后假设从 L 删除它需要 $O(1)$ 的时间。在这种情况下，循环将首先计算长度为 n 的列表的最小值，然后它将成为长度为 $n-1$，然后是 $n-2$ 的列表，依此类推。总的来说，这将是

$$n+(n-1)+(n-2)+\cdots+2+1=\frac{n(n+1)}{2}=2n^2+\frac{n}{2}=O(n^2)$$

因此，可以看到排序列表的明显方法需要二次时间，这应该会告诉读者，有更好的方法来进行排序。

优越的排序方法称为归并排序（MergeSort）。它通过将 L 分成两个相等大小的块，递归地归并排序，然后将两个已排序的列表归并成单个排序列表来工作。它看起来如下：

```
Function MergeSort
Input:
    List L of length n
Initialization:
    NewList = Empty list
Algorithm:
    If len(L)=1: Return L
    Else:
        L1 = L[1:len(L)/2]
        L2 = L[len(L)/2:]
        S1 = MergeSort(L1)
        S2 = MergeSort(L2)
        Return Merge(M1, M2)
```

归并函数如下：

```
Function Merge
Input:
    Lists L1, L2
Initialization:
    NewList = empty list
Algorithm:
    While ~L1.isEmpty() and ~L2.isEmpty():
        If (L1[0] <= L2[0]) or L2 is empty:
            mn = L1[0]
            Delete L1[0]
        Else:
            mn = L2[0]
            Delete L2[0]
        NewList.append(mn)
If ~L1.isEmpty(): NewList.extend(L1)
Elif ~L2.isEmpty(): NewList.extend(L2)
Return NewList
```

如果 n 是其最长输入的长度，归并函数将是 $O(n)$。这意味着如果 $T(n)$ 是归并排序长度为 n 的列表的时间，那么

$$T(n) = O(n) + T\left(\frac{n}{2}\right) + T\left(\frac{n}{2}\right)$$

$$T(n) = O(n) + 2T\left(\frac{n}{2}\right)$$

$$T(n) = O(n) + 2\left(O\left(\frac{n}{2}\right) + T\left(\frac{n}{4}\right)\right)$$

$$T(n) = O(n) + O(n) + 2T\left(\frac{n}{4}\right)$$

$$T(n) = 2O(n) + 2T\left(\frac{n}{4}\right)$$

$$T(n) = kO(n) + 2^k T\left(\frac{n}{2^k}\right)$$

可以将其分解，直到 $n/2^k$ 约为 1，即 $k \approx \log_2 n$。这将会给出：

$$T(n) = \log_2(n)O(n) + 2^{\log_2(n)}O(1) = O(n\log n)$$

21.4　摊销性能与平均性能

Big-O 复杂性的一个限制是它是最糟糕的性能。然而在现实中，有些情况下算法的 Big-O 复杂性非常差，但观察到的代码运行时间可以很好地缩短。

最简单的例子是某些故意随机化的算法，其运行速度可能会很慢，但几乎肯定会运行得很快。快速排序（QuickSort）算法就是这方面最著名的一个例子，相比之前给出的归并排序，它是典型地排序列表的一种更好的方式。它也有 $O(n\log n)$ 的运行时间，这个算法如下：

```
Function QuickSort
Input:
    List L of length n
Initialization:
    NewList = Empty list
Algorithm:
    elem = random element of L
    lessthan = [x for x in L if x<elem]
    morethan = [x for x in L if x>elem]
    sortedless = QuickSort(lessthan)
    sortedmore = QuickSort(morethan)
    return sortedless + [elem] + sortedmore
```

如果通过随机因素调用 QuickSort（包括递归调用），则该算法将为 $O(n^2)$，它会选择列表中元素的最大值 。QuickSort 是 $O(n^2)$ 最坏的情况，但平均为 $O(n\log n)$。

Big-O 符号的另一个重要警告称为"平摊分析"。如果正在执行许多操作来修改正在运行的程序中的数据结构，那么"平摊分析"就会发挥作用。通常不能设计它，因此所有的操作都需要 $O(1)$ 的时间，但可以使它在一段时间内平均为线性。

一个很好的例子是 Python 库。通常，向库中添加新元素是 $O(1)$ 操作：它不依赖于库中已有多少元素。随着越来越多的元素的加入，库中的内部结构（将在后面描述，它被称为"哈希图"）开始填满，偶尔数据必须重新组合才能腾出更多空间。对包含 n 个元素的库进行重新组合是 $O(n)$ 操作，所以随着库的增大，这些重新组合会付出越来越大的代价。然而它们也变得更加罕见，所以很多变化所花费的平均时间是 $O(1)$。

这个脚本和它生成的图形演示了它是如何工作的。从一个空的库开始，然后一次添加一个元素，直到其中有 1000 万个元素。记录每次添加所需的时间，然后将其全部绘制出来。大多数添加花费固定较少的时间，但偶尔一个添加会引起库中的数据重新组合，并且使得花费的时间激增（见图 21.3）：

```python
import time
import matplotlib.pyplot as plt
times, d = [], {}
for i in range(10000000):
    start = time.time()
    d[i] = i
    stop = time.time()
    times.append(stop-start)
plt.plot(times)
plt.xlabel("dictionary size")
plt.ylabel("time to add an element (seconds)")
plt.show()
```

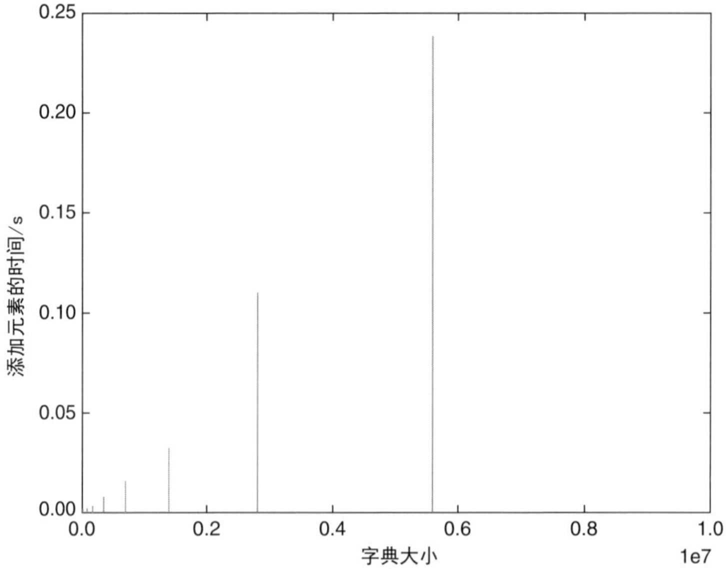

图　21.3

21.5 两个原则：减小开销和管理内存

Big-O 复杂性告诉人们如何确保代码扩展，并偶尔帮助避免做出灾难性的糟糕的设计选择。现在继续讨论更常见的问题，这些问题涉及正在使用的计算机以及正在使用的工具。这些不会改变代码的 Big-O 复杂性，但是它们可以很容易地确定代码运行速度是否足够快，可以进行任何实际应用。

本章的其余部分将讨论提高代码性能的具体技巧，但是这些技巧均被归为两大类，简要回顾如下：

• 减少开销。执行的许多操作都会产生一定的开销，特别是在一个循环内一遍又一遍地重复它们。这些小的性能代偿会被累加。

• 更好地利用计算机的内存和缓存。

减少开销的想法是不言自明的。了解如何破解计算机内存有点复杂，并值得进行一些研究。尤其是这种情况，因为根据作者的经验，内存问题在数据科学中相比开销来讲更可能是一个大事件。

计算机存储器也称为 RAM（随机存取存储器）。这个术语并不意味着它有任何实际的随机性，相反计算机可以快速访问任何区域的内存。它所需的时间因计算机而异，但可以在大约 100ns 的时间内将 1B 的数据移动到 RAM 能够处理的任何地方。

计算机只有有限的 RAM。如果强制计算机运行的数据量超过物理内存的数量，则可能发生两件事情：程序将运行失败，或者操作系统将在 RAM 和数据存储介质（如硬盘）之间争夺更多数据，这是一个非常耗时的操作，称为"分页"。因此，管理内存的第一个原则之一就是不占用太多内存。

在 RAM 中，内存并不完全相同。计算机将在所谓的缓存中存储一部分 RAM 的副本，这是一种具有快得多的读 / 写时间（大约快一个数量级）的内存。当尝试读取 RAM 的 1B 时，计算机首先在缓存中查找。如果该字节存储在那里，它只是读取副本，只有在"缓存缺失"的情况下才依靠实际的 RAM。同样，如果程序需要修改 1B，它将首先查找缓存副本，如果它找到 1B 就会修改它。计算机会定期将变化从缓存写回到 RAM 中。

实际上，通常有几个等级的缓存，每个缓存都比它下面的缓存更小、更快速。程序的运行时间通常由处理器在顶层缓存中寻找数据的频率来支配。

RAM、硬盘和各种缓存等级一起构成了"内存层次结构"，其中每一层速度都比较快，但比它下面的要小。计算机每次需要一段数据时，都会在层次结构的顶层寻找，然后是它下面的，以此类推，直到找到数据。如果一个数据位于层次结构的最下方，那么访问它可能非常慢，部分原因是访问本身很慢，但也是因为人们把时间浪费在层次结构更高级的数据中寻找数据。出于这个原因，在内存层次结构的高层次中发现数据的频率往往是程序性能最重要的贡献者。

21.6 性能技巧：在适用的情况下使用数字化库

在 NumPy 的数组上操作（直接或通过 Pandas 等库）比在 Python 对象上操作更有效率。以下代码将查看增加数字列表的所有元素（Python 列表和 NumPy 数组）所需的时间。它将 Python 语言 / NumPy 比例作为列表长度的函数进行绘制，并且可以看到该比例开始很高并且会越来越糟（见图 21.4）。

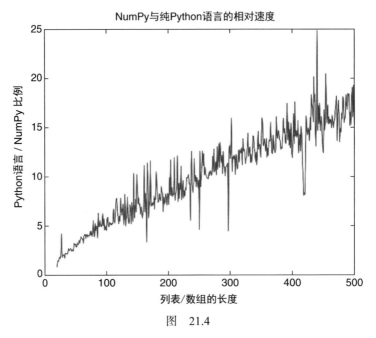

图 21.4

有两个重要因素可以促成这一点：

• 在纯 Python 语言中添加 1 到一个数字要比在 NumPy 中花费更长的时间。这是因为 Python 语言直到运行时才知道该数字是一个整数。它必须检查每个数字的数据类型是什么，以及如何计算 "$x + 1$"。这种额外的开销是 Python 语言比 NumPy 慢的一个固定的因素。

• 与 NumPy 数组相比，Python 语言数据结构占用了更多空间，因为它还必须携带指定每个列表元素数据类型的元数据。所有这些额外的内存意味着在 Python 语言中比在 NumPy 中能够更快速地填充高层缓存，这意味着 Python 语言对于长列表来说会相对越来越差。

```
import time, numpy as np, matplotlib.pyplot as plt
def time_numpy(n):
    a = np.arange(n)
    start = time.time()
    bigger = a + 1
    stop = time.time()
    return stop - start
```

```
def time_python(n):
    l = range(n)
    start = time.time()
    bigger = [x+1 for x in l]
    stop = time.time()
    return stop - start
n_trials = 10
ns = range(20, 500)
ratios = []
for n in ns:
    python_total = sum([time_python(n)
        for _ in range(n_trials)])
    numpy_total = sum([time_numpy(n)
        for _ in range(n_trials)])
    ratios.append(python_total / numpy_total)
plt.plot(ns, ratios)
plt.xlabel("Length of List / Array")
plt.ylabel("Python / Numpy Ratio")
plt.title("Relative Speed of Numpy vs Pure Python")
plt.show()
```

21.7 性能技巧：删除不需要的大型结构

在代码运行的任意时刻，创建的所有对象都将争夺缓存中的空间。如果摆脱了不再需要的对象，那么要顾忌分级存储器体系中更高层的那些对象也将被删除。

删除不再需要的数据结构，从而释放它们正在使用的内存的过程称为"垃圾回收"。Python 语言会自动执行一定数量的"垃圾回收"。例如在函数完成运行后，其中定义的所有不能再访问的变量都将被标记为最终删除。

但是 Python 语言在删除数据结构时非常保守，因此可以通过手动删除对象来释放大量空间。

这是使用关键字"del"完成的，如下：

```
>>> del my_object
```

21.8 性能技巧：尽可能使用内置函数

Python 语言的内置函数是用非常高效的 C 代码编写的，调用一个函数只会导致一次性能损失，这是调用任何函数所固有的。下面的代码比较了通过使用 sum()函数和使用循环所需的时间，将所有列表中的数字加起来。在作者的电脑上，后者需要大约 14 倍的时间：

```
l = range(10000000)
start = time.time()
_ = sum(l)
stop = time.time()
time_fast = stop - start


start = time.time()
sm = 0.0
for x in l: sm += x
stop = time.time()
time_loop = stop - start
print "The ratio is", time_loop / time_fast
```

21.9 性能技巧：避免不必要的函数调用

每次调用 Python 函数时，都会有一定的开销。下面的代码比较了循环遍历列表并将其所有值相加与循环遍历列表并调用一个函数将所有值相加两种方式所用的时间。后者需要（在作者的计算机上）大约两倍的时间：调用一个函数所需的开销等于移至循环的下一次迭代所需的时间，再加上实际执行加法所需的时间：

```
add_nums = lambda a, b: a+b
l = range(10000000)
start = time.time()
sm = 0
for x in l: sm += x
stop = time.time()
time_fast = stop - start
start = time.time()
sm = 0
for x in l: sm = add_nums(sm, x)
stop = time.time()
time_func = stop - start
print "The ratio is", time_func / time_fast
```

21.10 性能技巧：避免创建大型新对象

一个常见的性能错误是在现有的对象里创建大型新对象，而这些对象可能已被更新。例如：

```
>>> myList = myList + [1, 2, 3]
```

和

```
>>> myList.extend([1,2,3])
```

会有同样的效果。但是第一个将涉及创建一个新列表，将 myList 的所有内容复制到该列表中，并删除旧的 myList。这是一个 $O(n)$ 操作！第二个是摊销的 $O(1)$，并且作者已经看到将总是失败的计算转化为快速计算。

21.11　延伸阅读

1）Scott, M, Programming Language Pragmatics, 4th edn, 2015, Morgan Kaufmann, Burlington, MA。

2）Petzold, C, Code: the Hidden Language of Computer Hardware and Software, 2000, Microsoft Press, Redmond, WA。

21.12　术语

摊销复杂度　被执行多次的一个操作平均的 $O(1)$ 性能。有时候，它可能是 $O(n)$ 甚至更糟，但非常少见，平均为 $O(1)$。

Big-O 符号　如果其渐近性能为 n，则算法 $O(f(n))$ 是由 $f(n)$ 得到的上界，再乘以某个常数因数。

缓存　一个低延迟的内存块，可以存储 RAM 中的某些数据以便更快速地访问。

缓存缺失　当一个程序在缓存中查找一段数据但没有找到它时，该程序必须执行更昂贵的操作从普通 RAM 中进行读取。

复杂度　用 Big-O 符号测量的算法的渐近性能。

垃圾收集机制　删除内存中不再需要的数据结构，从而释放空间。

迭代器　一种抽象化的编程，一次提供一个值。通常，只有一些很少的值会同时保存在内存中，因此迭代器非常好地利用了缓存。

第 III 部分
专业或高级主题

  本书的其余部分将涵盖几个高级主题。这里讨论的一些东西确实是高级主题，它们在数据科学中通常很有用，但很多数据科学家从不需要。深度学习就是一个很好的例子。

  但在其他情况下，将充实已经讨论过的主题。关于代码的具体细节和更抽象的理论方面将会少一些。这样做的一个重要原因是标准技术往往因为某种原因无法正常工作。例如可能需要调整机器学习模型的工作方式，以便以特定方式适应异常值。如果发生这种情况，将不得不重新考虑标准技术所基于的假设，并设计适合情况的新技术。

第 22 章
计算机内存和数据结构

本章与计算机性能相衔接，将更详细地描述计算机程序内存的布局方式以及数据如何在内存中编码。然后将转向一些常用的最重要的数据结构，并解释它们的物理布局如何产生它们的性能特征。

为了使事情具体化，本章将使用 C 语言进行讲授。C 语言是一种低级语言，可以对程序如何使用内存进行非常细致的控制。主要的 Python 解释器与世界上许多最重要的代码类似，都是用 C 语言编写的，因为它可以让工作非常高效。本章并不是 C 语言的速成课，但它足以让读者了解关键数据结构是如何执行的以及它们是如何构成 Python 语言的基础的。

22.1　虚拟内存、堆栈和堆结构

操作系统最重要的工作之一是允许计算机上的多个不同进程共享相同的物理 RAM。它是通过为每个进程提供一个"虚拟地址空间"（VAS）来完成的，它可以用来存储正在运行的数据。该过程适用于 32 位操作系统中 $0\sim2^{32}$-1 和 64 位操作系统中 $0\sim2^{64}$-1 的任何位置的数据。每个位置正好包含 1B 的数据，在进程执行的同时，有效地址的有限范围会给进程设置一个硬性的上限（但非常大）。

操作系统负责处理 VAS 中的哪些地址与物理 RAM 中的哪些位置相对应。它也可能会改变这种映射，在 RAM 中，缓存的不同层和长期磁盘存储器之间移动数据。尽管如此，从程序的视角来看，VAS 无处不在。

VAS 中的进程无法随意访问数据，它必须首先请求操作系统留出一些物理 RAM 并将其与 VAS 中的地址进行匹配。如果进程曾尝试访问 VAS 中 OS 尚未分配到的位置，则称为"分段错误"。对于使用诸如 C 语言等低级语言的人来说，分段错误是令人头疼的一类错误，但在 Python 语言等语言中却不存在这种问题。当不再需要 VAS 中的空间时，进程就会"释放"内存，通知 OS 该地址范围不再需要，并且可以将物理 RAM 分配给另一个进程。

22.2　C 程序实例

好的，现在知道内存是如何布局的了，下面来看一些 C 代码。这是著名的"hello,world"程序，它只是在屏幕上显示"hello,world"，但它说明了 C 程序的基本特征：

```
#include <stdio.h>
#include <stdlib.h>

int main(void) {
  printf("hello, world\n");
  return 0;
}
```

关于 C 程序最重要的事情是存在称为"main"的主程序。顾名思义，这将是程序从开始就运行的主程序。在 Python 语言中有一个是可选的名为"main"的函数，对于"main"没有什么神奇之处；在 C 语言中，这个函数是绝对必要的。人们说"int main"，因为 main 函数返回整数 0，当程序完成时它会传递给操作系统。第一行是说包含 stdio 库，其中包含用于显示到屏幕的"printf"函数。

有几种方法来编译和运行这些代码。在作者的电脑上（安装了开发工具包的 Mac 系统），它看起来如下：

```
$ # 假设代码位于名为 mycode.c 的文件中
$ gcc mycode.c
$ # a.out 是可执行文件的默认名称
$ ./a.out
hello, world
```

22.3 内存数据类型和数组

前面的代码只是展示了一个 C 程序的基本语法，该程序很好理解，不再详述。真正有趣的东西是 C 语言定义它的类型。

下面来看一段更有趣的代码，看看它的作用是什么：

```
#include <stdio.h>
#include <stdlib.h>

int main() {
 // chars，即单个字符
 char mc = 'A';
 printf("The char is %c\n", mc);
 // 双精度，即浮动数
 double d = 5.7;
 printf("The double is %d\n", d);
 // 整数数组
 int myArray = {1,3,7,9};
 for (int i=0; i<4; i++) {
  printf("The %ith number is %i\n", i, myArray[i]);
 }
return 0;
}
```

这里有两个重要的事情。首先，除了整数还有其他数据类型。有一个是"double"型，用于保存十进制数，如5.9。还有一个"char"型，它是字符的简称，它可以容纳一个单字节字符，如字母或数字。

在内存中的每一个数据类型都占用了固定数量的字节。占用多少字节取决于计算机，作者的计算机使用4B用于整型（int），关键是大小是固定的。

myArray变量是所谓的"整数数组"，也可以有任何其他固定大小数据类型的数组。在后台，数组的字节只是将所有构成整数的字节连接在一起。

在这段代码中，使用for循环遍历数组并输出所有值。语句

```
for (int i=0; i<4; i++)
```

是C语言进行循环的方法。这意味着有一个称为i的整数，将其用于循环的索引。i将被初始化为0，并且会为每个新循环增加数值。当i不再小于4时，循环将终止。

数据类型占用固定数量的字节是数组操作的一部分。因为整数都占用相同数量的字节，并且myArray只是将这些字节连接在一起，所以很容易从myArray中提取第i个元素。它只是从myArray的开始到被$i*$抵消的字节组（一个int中的字节数）。这是计算机告诉人们一个int在哪结束和另一个在哪开始的方法，无论数组大小如何，这都是取出第i个元素的$O(1)$操作。

当使用NumPy时，所有的数字都作为C语言数组存储在后台。这就是为什么它们占用如此小的空间并且操作起来非常快：它最终只是对原始字节进行操作的C语言for循环。这也是为什么NumPy数组与Python列表不同的原因，它们被限制为仅包含相同类型的数据，所有元素必须具有相同的大小，并且对它们的特定逻辑操作必须对应于底层字节的相同操作。

22.4　结构

现在已经了解了原子、固定大小的类型和它们的数组，下面来看看最简单的复合数据类型：struct。以下是一些示例代码：

```
#include <stdio.h>
#include <stdlib.h>
struct Person {
  int age;
  char gender;
  double height;
};
typedef struct Person Person;
int main() {
  Person Bob = {30, 'M', 5.9};
  printf("Bob is %f feet tall\n", Bob.height);
  return 0;
}
```

看下面的代码：

```
struct Person {
  int age;
  char gender;
  double height;
};
typedef struct Person Person;
```

第一部分定义了新的数据类型，名为 "struct Person"。结构 Person 包含一个名为 age 的整数，一个名为 gender 的字符和一个称为 height 的双精度型。用两个字来写 "struct Person" 非常难看，但实际上它只是一个单一的东西。因此，纯粹为了标记方便，"typedef" 行定义术语 "Person" 等同于 "struct Person"。

为了描述代码中发生了什么，通常会用这些代码编制 Person，如图 22.1 所示。

Bob	
Age	30
Gender	M
Height	5.9

图　22.1

类似于原子数据类型，Person 将占用固定数量的字节。Person 的字节只是它们的 Age、Gender 和 Height 的字节，所有字节连接在一起形成更大的连续字节数组。字段的顺序由编译器进行选择，由于性能原因可能会抛出一些间隔字节。编译后的代码不会提及 Person 的 "gender" 字段，它只会讨论从 Person 开始位置偏移一定距离的字节。

类似于原子类型，可以在内存中拥有结构数组，可以高效地访问它们的数据。如果有 Person 的长数组，并且想要第 n 个 Person 的 gender，那么它将仅仅是从数组开始由 $n*$（Person 字段的字节数）偏移的字节 +（gender 字段的偏移量）。

22.5　指针、堆栈和堆

有一个非常重要的数据类型，在之前没有提到：指针。指针被存储为整数（即它是固定大小的），但是它将索引存储在存储器的特定字节的 VAS 中。这允许人们引用 VAS 中任意位置的数据，这可能是任意大小和复杂度的对象或数组的开始。

下面看看比前面代码更为复杂的版本。

```
#include <stdio.h>
#include <stdlib.h>
struct Person {
  int age;
  char gender;
  double height;
  struct Person* spouse;
};
typedef struct Person Person;
void marry(Person* p1, Person* p2) {


  p1->spouse = p2;
  p2->spouse = p1;
}
int main() {
  Person Jane = {28, 'F', 5.5, NULL};
  Person Bob = {30, 'M', 5.9, NULL};
  marry(&Jane, &Bob);
  printf("Janes spouse is %f feet tall\n",
    Bob.spouse->height);
  printf("Bob is %f feet tall\n", Bob.height);
  return 0;
}
```

首先要注意的是 Person 结构现在有一个新的字段叫 Person 类型的"spouse"。数据类型 Person * 不是 Person，而是内存中某个字节的指针，它将被解释为 Person 中的第一个字节。这样一个 Person 不仅可以包含关于单个人的数据，而且还涉及了其他人。

特殊术语 NULL 意味着指针实际上并不指向任何东西，在后台，它被存储为全 0。当首次初始化结构时，将如图 22.2 所示编制它们。

Bob	
Age	30
Gender	M
Height	5.9
Spouse	

Jane	
Age	28
Gender	F
Height	5.5
Spouse	

图 22.2

下一行代码调用"marry"函数，可以看到两个 Person* 作为它的参数。"& Bob"是一种特殊的语法，意味着一个指向 field 结构的指针，对于 & Jane 也是如此，所以正在给它想要的。还有一点需要注意的是，使用" - >"而不是"."来访问有关结构的成员。通过指针将函数传递给结构称为"按引用传递"。

marry() 函数的结果是修改内存中的两个对象，使其看起来如图 22.3 所示。

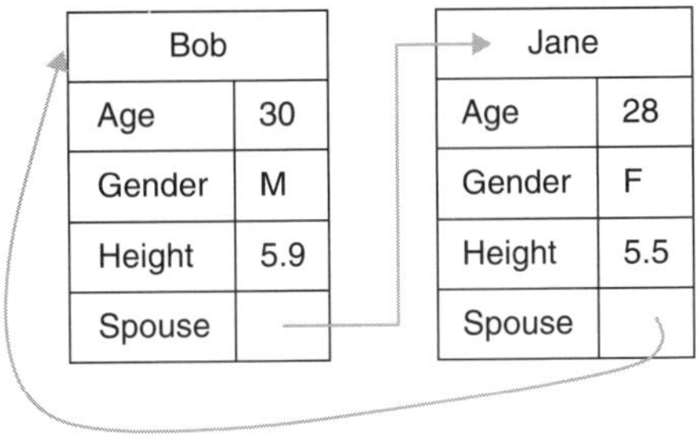

图　22.3

当将 Bob 和 Jane 传递给 marry() 函数时，就进行了所谓的"按引用传递"：将指向 Bob 和 Jane 的指针传递给 marry() 子例程，因此 marry() 所做的任何更改都将发生在内存里的原始数据结构上。当 marry() 完成时，它所做的更改将会持续。

这可能让读者想起，在 Python 语言中，对象总是按引用传递。这意味着如果传递一个可变对象，比如列表或库，它的改变如下：

```
>>> A = {1:1, 2:4, 3:9}
>>> B = A  # pointer to the same dict
>>> B[4] = 16
>>> A[4]
16
```

通过引用传递的替代方法是"传值"：当想将一个数据结构传递给一个子例程时，就制作一份数据结构的副本并将它放置在子例程知道去哪里查找的地方。这是更高性能的情况，因为计算机不再需要浪费时间跟随指针并获取它们指向的数据。但是在每次要将其传递到子例程时要复制整个（可能是巨大的）数据结构，这会导致计算成本升高。

压倒性的理由是通常使用堆而不是堆栈，由于涉及子例程工作方式的技术原因，编译器必须知道所有数据结构在编译时有多大。前面的代码就是这种情况，因为只创建了两个 Person 结构。

但是如果想要创建 Person 的一个数组，并让用户告诉人们每次运行代码应该有多少，那么该数组必须放入堆中。这涉及在运行时从操作系统请求分配给定大小的堆空间块。程序运行时，还会涉及告诉操作系统何时不再需要内存。

下面来看更多的代码，给 Person 结构一个指针，指向数组的子组。malloc() 函数用于请求堆中的空间，它在堆中的某处分配内存并返回指针指向的第一个字节：

```
struct Person {
  int age;
  char gender;
  double height;
  struct Person* spouse;
  int n_children;
  struct Person* children;
};
```

```
typedef struct Person Person;
void marry(Person* p1, Person* p2) {
  p1->spouse = p2;
  p2->spouse = p1;
}
int main() {
  Person Jane = {30, 'M', 5.9, NULL};
  Person Bob = {28, 'F', 5.5, NULL};
  marry(&Jane, &Bob);
  printf("Jane is %f feet tall\n", Jane.height);
  printf("Bobs spouse is %f feet tall\n",
    Bob.spouse->height);
  int NUM_KIDS = 5;
  Jane.n_children = NUM_KIDS;


  Jane.children = (Person*) malloc(
    NUM_KIDS*sizeof(Person));
  Bob.n_children = NUM_KIDS;
  Bob.children = Jane.children;
  for (int i=0; i<NUM_KIDS; i++) {
   Person* ith_kid = &Jane.children[i];
   if (i<3) ith_kid->gender='M';
   else ith_kid->gender='F';
  }
  int n_sons = 0;
  for (int i=0; i<NUM_KIDS; i++) {
   if (Jane.children[i].gender=='M') n_sons++;
  }
  printf("Jane has %i sons\n", n_sons);
  free(Jane.children);
  return 0;
}
```

现在Person不仅包含Person*配偶（spouse），还包含Person*孩子（children）。

children会指向在内存中Person结构的一个数组，它可以是一个或长或短的数组且必须放在堆中。既然查看字节本身，那么就无法确定Person数组何时结束，因此还必须跟踪数组的长度，需要int n_children来跟踪。

除了"free（Jane.children）"，其余大部分代码现在应该是有意义的。这是通知操作系统 VAS 中的内存范围不再需要的方式。

如果没有释放堆中的内存，这被称为"内存泄漏"，这是一个非常容易编写的bug。当程序运行时，它会不断地在堆中分配新的变量，忘记它们在那里，直到所有的内存被占用并且程序崩溃。下面的代码看起来应该永远运行，但是当所有的堆空间被占用时它最终会失败：

```
Person* bob;
while(true) {
  // 在堆中创建新 Person 并在其上指向 bob
  // 但是，不会释放前一个 Person 空间
  bob = malloc(sizeof(Person));
}
```

已经在堆中分配的内存，不再有指向的指针被称为"孤立的"。

在继续之前，应该注意作者的代码在这里一直是非常草率的。作者写的通俗易懂，但请不要像这样编写专业代码！特别是，作者忽略了指针是否指向了内存中的有效位置。例如，当分配 children 时，应该确保 spouse 和 children 的指针都是 NULL 或指向有效位置。通常不必担心自己编码中的这些问题，因为像 Python 这样的语言会为人们处理所有的样板文件。但是如果想了解 Python 语言的工作原理，这就是接下来后台的工作了。

22.6　关键数据结构

前面介绍了固定大小结构的关键概念、结构数组和指针。本节将展示如何将这些元素混合在一起用以创建各种复杂、高效的数据结构。这里只向读者展示其中的一部分，但这些结构是 Python 语言和使用的其他软件的基础。

22.6.1　字符串

因为字符串是 Python 语言中的一种原子类型，它可能看起来会违反直觉，因为它们不是 C 语言中的一个。这是因为字符串的长度是可变的，所以它们必须在堆上创建并且程序必须跟踪它们的长度。字符串通常存储为字符型（char*），指向解释为字符的字节数组（通常使用 ASCII 码编码）。

有两种主要的方法来跟踪字符数组的长度：

• 现在，将 char* 包在一个结构中是很常见的，它可以跟踪有多少个字符以及其他可能的信息。一个简单的例子如下：

```
struct MyString {
  char* characters;
  int n_chars;
};
```

• 为了节省空间，过去通常用最后一个字节为 0 来表示 char* 的结束。这样的 char* 被称为"以空字符结尾"。这种方法处理起来比较麻烦，而且要花更多的时间，但是它占用的 RAM 少一些。

22.6.2　可调数组

内存数组的问题在于，尽管它可以修改其元素，但它的大小是固定的。添加一个新元素将需要分配一个足够大小的新数组，复制原始数组并放入最后一个元

素。这是一个 *O*(*n*) 操作！

可调数组将其变为 *O*(1) 摊销操作。这里的想法是在数组中分配比实际需要更多的空间，并在追加时向额外空间中添加新元素。C 代码可以如下：

```
struct AdjustableList {
  int array_size;
  int n_chars;
  char* characters;
};
```

内存的布局可以如图 22.4 所示。

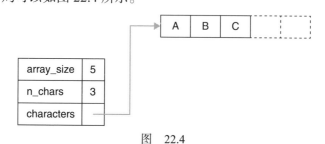

图　22.4

当分配的数组最终填满时，将不得不制作一个新的，并以高成本复制第一个内容。但通常的做法是每次将数组的大小加倍。在这种情况下，复制操作在列表增加时成本会增加一倍，但是操作频率会减少一半。这使得 *O*(1) 的净成本在所有的添加中平摊。

对象的 Python 列表是后台和可调数组，但不同之处在于它不是一个整数或任何事物的数组，它是一个指向任意 Python 对象的指针数组。所以代码

```
myList = [1, 2,  []]
```

会导致内存布局看起来如图 22.5 所示。

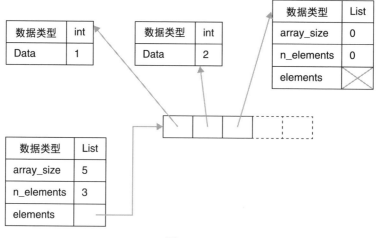

图　22.5

22.6.3　哈希表

数组的关键限制是只能用整数索引它们。真的，可以将数组看作从整数到值的映射。但是在其他情况下，希望采用一个更灵活类型的映射，如字符串。这是通过由数据结构组成的哈希表来实现的。

哈希表的关键特征是哈希函数。哈希函数在计算中无处不在，因此它们很重要。一个哈希函数 $f()$ 接收任何输入类型所需的对象 x，并输出一个整数，范围为 $0\sim N$。哈希函数 $f()$ 有 3 个重要的属性：

- 它是确定性的，在给定相同输入的情况下始终返回相同的整数。
- 需要 $O(1)$ 时间来计算任意 x 的 $f(x)$。
- f "面向随机。"对于一个随机 x，$f(x)$ 几乎可能是任何整数。如果 $x != y$，那么几乎可以肯定 $f(x) != f(y)$。

基本上，哈希函数是一种将输入的信息以确定的方式混淆成一个数字的方法。

假设有一个关键码值要存储，哈希表的关键思想是，仍然将数据存储在数组中，但数组中的索引由哈希表中的值给出。这意味着查找元素仍然是 $O(1)$ 时间，因为计算哈希函数是 $O(1)$。通常在哈希表中，底层数组是指针数组，如果没有元素被散列到数组中的该位置，则指针将为 NULL。与前面提到的可调整大小的数组一样，指针可以指向具有任意以及不同大小的对象。

哈希表在 Python 语言中起着核心作用。库在哈希表下实现，命名空间也是如此，它将变量名映射到包含数据内存中的对象里。同上所创建的用户定义类的实例。因此整个 Python 语言只是在围绕着哈希表的语法糖，而且它确实是非常真实。

它会周期性地发生两个不同的 x 和 y，并且将有 hash(x) = hash(y)。这种不便导致在哈希表的实际实现中出现两个警告：

- 通常，不能只是将值存储在哈希表中。必须在数组的位置中给出关键码值，以便可以比较原始密钥本身。

- 可以尝试在数组中的某个位置将关键字 x 散列，并且已经有一个不同于 x 的关键字 y。有时候，这可以通过建立一个如何查看并在数组中找到空单元的协议来解决。其他时候，数组中的单元格指向另一个结构，其目的是跟踪映射到该单元格的任何值。

在某些时候，哈希表开始填满，底层数组中的大多数单元格保存许多不同的值。此时，必须经历一个名为"重新哈希"的非常昂贵的操作，在内存中分配一个新的更大的哈希表，它需要一个新的哈希函数，它将值映射到更大范围的整数。然后遍历原始表中的所有的关键码值对，并将它们放入新的更大的对中。这是一个 $O(n)$ 操作，但是如果每次将数组大小增加一个常数，那么添加新元素将变为摊销 $O(1)$。

22.6.4 链表

链表是实现一些已知类型对象列表的轻量级方法。有一个两字段的结构体：这是一个实例，正在创建一个列表和指向列表中下一个元素的指针。列表中的最后一个元素指向 NULL。

例如，以下是整数链表的一些潜在代码：

```
struct LinkedListNode {
  int Value;
  LinkedListNode* next;
};
```

图 22.6 所示是列表 [5，4，7，8] 在使用它存储时的样子。

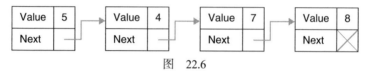

图　22.6

链接列表具有巨大的缺点，在查找元素时是 $O(i)$ 操作，而不是 $O(1)$。然而链表（除了它们的简单性）的一大优点是，如果有一个指向想要放置它位置的指针，则可以在 $O(1)$ 时间内为它们添加一个新元素。这是纯粹的 $O(1)$ 时间，不是摊销。

伪代码看起来像这样：

```
Input: LinkedListNode* currentNode, int n
Algorithm:
  LinkedListNode* newNode = new LinkedListNode(n)
  newNode->next = currentNode->next
  currentNode->next = newNode
```

而内存中的操作看起来如图 22.7 所示。

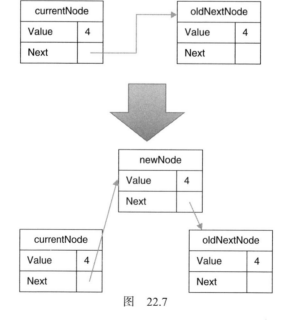

图　22.7

请注意算法的第二行必须在第三行之前发生。如果调换了顺序，就会在 newNode 处指向 currentNode，然后将 newNode 指向自身，如图 22.8 所示。

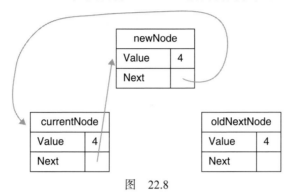

图 22.8

现在，这个列表反过来循环，看起来像是无限长的，而原始列表的其余部分已经孤立，并且仍在内存中。

这是非常容易搞砸的指针操作，这是使诸如 Python 等高级语言非常吸引人的事情之一。另一方面，如果愿意努力获得使所有的细节正确，那么 C 代码可以实现而 Python 语言只能是梦想。

22.6.5 二叉搜索树

还有一个想要介绍的是基于指针的数据结构：二叉搜索树（BST）。在 BST 中，每个节点都包含一个数值，并且有两个子树而不是一个，通常称其为"左子树"和"右子树"。确保在每个时间点，每个节点右子树都有值，并且它们大于或等于所讨论的节点，而左边的节点具有小于或等于的值。BST 可以如图 22.9 所示。

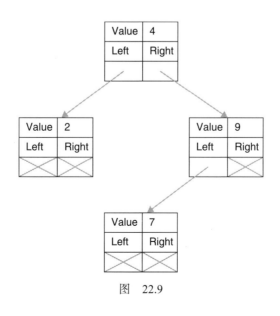

图 22.9

假设树中的每个节点在其左节点和右节点都有大致相同的子节点（所谓的平衡树），则 $O(logn)$ 操作用于查看给定的数字是否在树中或添加了一个新的数字。其次，这不是摊销性能。查找一个值是否在 BST 中的搜索算法，伪代码可以是这样：

```
BST_Search
Input: Node* currentNode, int n
Algorithm:
  If currentNode==NULL: return False
  Elif n < currentNode->value:
    return BST_Search(currentNode->left, n)
  Else:
    Return BST_Search(currentNode->right, n)
```

关于指针、数组和魔法还有很多要说的和要做的。作者很想参与其中，但一部分原因是因为作者花了很多年在初级低级编程上，在数据科学家的日常实践中，不需要使用这些信息，因此如果发现自己编写低级算法，请将本章作为入门参考。

22.7　延伸阅读

1）Petzold, C, Code: the Hidden Language of Computer Hardware and Software, 2000, Microsoft Press, Redmond, WA。

2）Scott, M, Programming Language Pragmatics, 4th edn, 2015, Morgan Kaufmann, Burlington, MA。

3）McDowell, G, Cracking the Coding Interview: 189 Programming Questions and Solutions, 6th edn, 2015, CareerCup。

22.8　术语

二叉树　一个数据结构，其中每个节点都有指向两个子节点的指针，在其左侧和右侧。

哈希表　将可散列关键字映射到值的数据结构。它通过将关键字散列到范围 $[0, N]$ 并在长度为 N 的数组中将该散列用作一个索引来实现。

哈希函数　对于 $y! = x$，确定性函数将关键字 x 转换为与 hash（y）不同的整数。

堆　虚拟地址空间中动态分配内存所在的范围。

链接列表　一个数据结构，其中每个节点都有一个指向下一个节点的指针。最后一个节点有一个 NULL 指针。

孤立内存　VAS 中的内存不再有指向，这使得无法释放内存。

内存泄漏　一部分程序在不释放内存的情况下清除堆中内存指针。

按值传递　将数据结构的副本传递给子例程。通过这种方式对副本进行更改并不会影响原始版本。

按参数传递　将指向数据结构的指针传递给子例程。通过这种方式对对象所做的更改会影响原始对象。

指针　虚拟地址空间中某个位置的地址。该地址标记数据对象中指向的第一个字节。

栈　虚拟地址空间中涉及低级别子例程的范围。

结构　一种数据类型，它组合了更原始的固定大小类型的几个数据字段。该结构本身是固定大小的，其字节表示只是其组成数据字段的连接字节表示。

虚拟地址空间　计算机进程用于存储其操作的所有数据的字节数组。操作系统处理逻辑地址与其在 RAM 中的物理位置之间的映射。

VAS　虚拟地址空间。

第 23 章
最大似然估计和最优化

本节将讨论两个主题，其涵盖了本书大部分内容的数学和计算基础。目标是以一种有理论意义的方式来帮助构造新问题，并且可以实际通过计算机解决问题。

23.1 最大似然估计

最大似然估计（MLE）是构建数据科学中一大类问题的一种非常通用的方法：

• 有一个以某些参数为特征的概率分布，称为 θ。例如在一个正态分布中，θ 只包含两个数字：均值和标准差。

• 假设真实世界的过程是用这个家族的概率分布来描述的，但是不对 θ 做任何假设。

• 有一个名为 X 的数据集，它来自真实世界的过程。

• 找出概率 $P(X|\theta)$ 最大化的参数 θ。

大部分的机器学习分类和回归模型都属于这个范畴。它们在假设的函数形式上有很大的不同，但都至少隐含地假设了一个。在数学上，"训练模型"的过程真的减少到计算参数 θ。

在 MLE 问题中，几乎总是假设 X 中的不同数据点彼此独立。也就是说，如果有 N 个数据点，那么假设

$$P(X|\theta) = \prod_{i=1}^{N} P(X_i|\theta)$$

在实践中，找到最大化对数概率的参数 θ 而不是概率本身通常更容易。用对数把乘法变成除法，这样就可以最小化：

$$\log(P(X|\theta)) = \sum \log(P(X_i|\theta))$$

通常，MLE 有两个重要的问题。首先是过度拟合，特别是当数据集很小时，很有可能得到那些能很好地预测数据的参数，但是概括起来却非常糟糕。最流行的替代方案是贝叶斯方法，它通常难以理解，实施起来比较复杂，而且运行速度较慢。此外，贝叶斯方法涉及一个非常敏感的问题，即如何选择优先级。

MLE 的另一个问题是实际计算最优 θ 的逻辑问题。在某些情况下，有一种整洁的封闭形式的解决方案，人们在纸笔时代可以真正解决问题，那么这些案例往往是历史上最重要的解决方案。一般而言，对于 MLE 问题没有封闭形式的解决方案，我们必须依赖数值算法给出好的近似值。这属于本章的另一主题数值优化的范畴。

23.2　一个简单实例：直线拟合

为了说明，在 MLE 上下文中重现简单的最小二乘拟合。在这种情况下，幸运的是，可以用一些代数和微积分得到一个封闭的解决方案。

假设 y 是 x 的线性函数加上一些随机噪声，并且噪声为正态分布。可以看到对于给定的 x 值，Y 的概率密度是

$$f_Y(y) = \exp\left\{-\frac{\left((mx+b)-y\right)^2}{2\sigma^2}\right\}$$

想得到的最小化的 MLE 表达式是

$$\begin{aligned}
L &= \log\left(P\left(X\,|\,\theta\right)\right) \\
&= \sum_{i=1}^{N} \log\left(P\left(X_i\,|\,\theta\right)\right) \\
&= \sum_{i=1}^{N} \log\left(P\left(X_i\,|\,m,b,\mu,\sigma\right)\right) \\
&= \sum_{i=1}^{N} \log\left(\exp\left\{-\frac{\left((mx_i+b)-y_i\right)^2}{2\sigma^2}\right\}\right) \\
&= \sum_{i=1}^{N} -\frac{\left((mx_i+b)-y_i\right)^2}{2\sigma^2} \\
&= \frac{-1}{2\sigma^2}\sum_{i=1}^{N}\left((mx_i+b)-y_i\right)^2
\end{aligned}$$

为了使这个表达式达到最大值，L 关于 m 和 b 的导数必须是 0。所以说：

$$0 = \frac{\partial L}{\partial m} = \sum_{i=1}^{N}\frac{\partial}{\partial m}\left((mx_i+b)-y_i\right)^2 \propto \sum_{i=1}^{N}\left((mx_i+b)-y_i\right)*x_i$$

$$0 = \frac{\partial L}{\partial b} = \sum_{i=1}^{N}\frac{\partial}{\partial b}\left((mx_i+b)-y_i\right)^2 \propto \sum_{i=1}^{N}\left((mx_i+b)-y_i\right)$$

如果将两边都除以 N，那么这些方程就变成了

$$0 = m\left(\frac{1}{N}\sum_{i=1}^{N}x_i^2\right) + b\overline{x} + \left(\frac{1}{N}\sum_{i=1}^{N}x_iy_i\right)$$

$$0 = m\overline{x} + b + \overline{y}$$

可以通过求解这些方程来找到复杂（但是封闭形式）的解决方案：

$$m = \frac{\left(\dfrac{1}{N}\sum_{i=1}^{N}x_iy_i\right) - \overline{x}*\overline{y}}{\left(\dfrac{1}{N}\sum_{i=1}^{N}x_i^2\right) - \overline{x}^2}$$

$$b = -\overline{y} - m\overline{x}$$

这个过程阐明了普通的最小二乘法。它不再仅仅是一种标准的黑盒技术，如果对这个世界做出某些假设，这就是正确的技术。特别是，假设 y 是 x 的线性函数加上一些正态分布的噪声，但是这真的是一个正确的假设吗？

如果 x 是某人的收入，y 是他们房子的价格，那么可能想要使用不同的模型，其中噪声项的标准差与 x 成比例。这是因为如果每年赚 5 万美元，那么 2 万美元的房价就非常重要，如果赚了 50 万美元，那么就无足轻重了。在这种情况下，作者想使用

$$L = \sum_{i=1}^{N}\log\left(\exp\left\{-\frac{\left((mx_i + b) - y_i\right)^2}{2(\beta x_i)^2}\right\}\right)$$

其中房价的标准差是人的收入的 β 倍。这个表达式可能没有封闭形式的解决方案，但可以得到一个近似的数值解。

最小二乘法的另一种变化是使用正态分布。在现实生活中，人们有时会购买远远高于或低于他们平均财产的房屋，所以可能想要一个比正态分布允许更多离群值的分布。

所接受的离群值的范围是无限的，但底线是 MLE 不是盲目信任标准技术，而是让人们理解现实世界，将其转化为概率模型，并将其直接转入到模型中。

23.3 另一个例子：逻辑回归

一个更复杂的例子是逻辑回归分类器。回想一下，在逻辑回归中，x 将是一个向量，y 将为 0 或 1。它给出的分数是

$$p(x) = \sigma(w \cdot x + b) = \frac{1}{1 + \exp(w \cdot x + b)}$$

式中，w 是一个向量；b 是一个常数。

逻辑回归是基于 $p(x)$ 在真实世界的 x 点处概率为 1 而不是 0 的概率模型。相反，$1-p(x)$ 将是 0 的概率。给定训练数据中的整个 x 值，看到的特定 y 值的可能性是

$$L = \left(\prod_{y_i=1} p(x_i)\right)\left(\prod_{y_i=0}(1 - p(x_i))\right)$$

逻辑回归中的训练阶段发现 w 和 b 可以最大化这个表达式。

23.4 最优化

最优化是解决以下问题的一种方法：

给出函数 $f(\theta)$，其中 θ 是 d 维向量。

也可以给出几个函数 $g_i(\theta)$。

找出最小化 $f(\theta)$ 的 θ，与所有 i 的 $g_i(\theta) \leq 0$ 一致。

根据作者的经验，学生在首次学习最优化时会经历 3 个不同的阶段：

- 什么鬼东西？最优化的概念是如此普遍以至于没有意义。具体内容呢？
- 哦，我的天哪，一切都是最优化问题！这是生命、宇宙和一切的解决方案！
- 好的，事实证明，很多事情都不是优化问题。原则上优化问题中的绝大多数在实践中无法解决，但仍然有很多问题可以解决。

数值优化是许多 MLE 问题在现实世界中得到解决的方式，但在许多其他应用领域也很有用。

举一个简单的例子，如前所述，MLE 容易过度拟合。这可以通过增加惩罚条款来改善，惩罚那些可能被过度拟合的参数。例如通过逻辑回归，可以添加一项来惩罚大的特征权重：

$$L = \left(\prod_{y_i=1} p(x_i)\right)\left(\prod_{y_i=0}(1 - p(x_i))\right) - \lambda\sum_i |w_i|$$

式中，λ 是设置的正参数。

这不再是一个有效的 MLE 问题，但它仍然完全适合最优化的范畴。事实上，它现在是 LASSO 回归。

通过获取特征权重的绝对值，LASSO 回归适度惩罚小权重和大权重。但是也可能想要非常严厉地惩罚大的权重，以确保没有任何特征主导分类。这可以通过增加一个惩罚项来实现，这个惩罚项是对权重的二次方，而不是取它们的绝对值：

$$L = \left(\prod_{y_i=1} p(x_i)\right)\left(\prod_{y_i=0}(1 - p(x_i))\right) - \lambda_1\sum_i |w_i| - \lambda_2\sum_i |w_i|^2$$

这种变化称为弹性网正则化。

大多数情况下，作为一名数据科学家，可以使用现成的算法，并知道如何单独

解释每一种算法。如果必须制定自己的方法，那么最优化是批判性思考问题的最有力的工具之一。

任何好的数值计算包都将具有可以视为黑匣子的数值优化例程。输入要最小化的函数的句柄，并可能将最初的估计值作为最优值。优化器将通过一些方法逐渐调整初始估计值，直到它接近最佳值并返回。所有数值优化程序都以这种方式工作，通过生成一系列估计值（希望如此！）收敛到最佳解。

问题是，这并不总是有效的。优化失败的主要方式有两种：

- 估计顺序将在某个方向无限延伸，而不是收敛到最佳值。
- 估计值收敛在一个值上，但它是"局部最优"。这个估计值比它附近的任何值都要好，但比其他位置的另外一个估计值更糟糕。

很明显，当第一个最优化发生时，最好的选择是使用不同的初始估计值重新启动它。

第二个问题更加隐蔽。最简单的方法是尝试各种不同的初始估计值，看看是否所有表现最佳的值都汇聚到同一个地方。如果是这样，那么这可能是最佳的。然后再一次，它可能不是，读者不可能真的知道。

23.5 节将给出一个关于数值优化例程运行时发生的问题的直观概念。它也将解释所谓的"凸优化"，这是一大类优化问题，保证算法收敛于正确的解。如果能找出一种方法来表述最优化问题使它是凸的，那就是最棒的。

23.5 梯度下降和凸优化

当试图理解优化算法的工作原理时，脑中浮现最好的画面是蒙着眼睛漫步在山丘中。山的高度是目标函数的值，所处位置的 x/y 坐标是估计值矢量的分量。在这个例子中，隐含地假设 $d = 2$。

在优化算法的每一步中都有两个问题需要回答：

- 应该走什么方向？假定想下山，但有很多方法可以确定精确的路径。
- 应该朝这个方向走多远？

几乎所有的最优化算法都可以归结为回答这两个问题的方法。很好地回答它们，希望能在尽可能短的时间内找到自己的谷底。

在进一步讨论之前，先来定义一些术语：

- x 表示插入到目标函数中的长度为 d 的实数向量。
- $f()$ 是目标函数。
- "可行区域"是所有 $g_i(x) \leq 0$ 的所有 x 的集合。
- $\nabla f(x)$ 将是 f 在 x 上的梯度。如果之前没有见过梯度，那么它们是一个多变量的微积分。$\nabla f(x)$ 是一个从 x 开始指向它的方向的矢量，它的增长速度是最陡的。基本上，梯度是直接向上的。梯度矢量越长，增量越陡。
- 随着数值算法的进展，x_0，x_1，$\cdots$ 将是每一步中的最佳估计值。

• x^* 将是问题的解决方案。

如果算法运行良好，则 $|x_{n+1} - x_n|$ 和 $|x^* - x_n|$ 将随着 n 变大而趋于 0。如果想象 x 是二维的，那么希望算法的进展如图 23.1 所示。

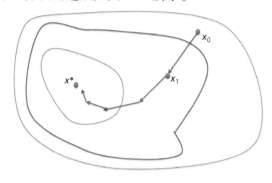

图　23.1

以下是选择方向的一些方法：

• 在某些情况下，可以推导一些微积分并得出一个关于目标函数梯度的封闭公式。如果将梯度乘以 −1，则方向就指向最陡峭的下坡，称为 "梯度下降"。可能会记得它来自多变量微积分。

• 一般来说，无法获得梯度，所能做的就是将目标函数作为选择的任意一点来评估。在这种情况下，一个简单的实现就是依次尝试每个维度，小数量地增加估计值，重新计算目标函数，然后朝目标函数维度下降最多的方向移动。这个方向可能会相对接近梯度。

• 如果真的很幸运，可以使用微积分来推导出目标函数的 "Hessian"，这是一个给出所有二阶偏导数的矩阵。这也是一个微积分概念，比梯度更先进。在梯度和 Hessian 之间，可以将目标函数近似为一个抛物面然后向抛物面的中心移动。

• x_{n+1} 的梯度可能非常接近 x_n 的梯度。为了能够估计梯度，在 x_{n+1} 周围采样点的计算成本非常高。但是也许可以保留一个正在运行的估计值，只在 x_{n+1} 邻域中的几个点处估计 $f()$，并用它来更新在 x_n 处的估计梯度。

• 同样的，可以保持对 Hessian 的运行估计。

许多算法将以梯度下降的最佳尝试开始，但在它接近最优值（收敛趋于更快）时逐渐切换到使用 Hessian。

至于应该走多远，只要它在收敛，通常想要朝所选择的方向前进。直觉上，如果目前正在更加陡峭地收敛，期望距离会更远。出于这个原因，一个常用的技术是采用梯度估计，设置初始步长，并尝试 $x_n + \nabla f(x_n)$。如果 $f()$ 降低，则尝试 $x_n + \alpha \nabla f(x_n)$，其中 α 是一个大于 1 的参数。只要 $f()$ 减小，继续将步长乘以 α。相反，如果 f 高于 $x_n + \alpha \nabla f(x_n)$，然后将步长除以 α 直到 f 开始减小。

就步长而言，希望避免两个大问题。首先是采取小步长，迅速减小它们的大小，以致需要很长时间才能收敛。如果过快地减少它们，甚至可能会收敛到一个没有达到最小值的点，如图 23.2 所示。

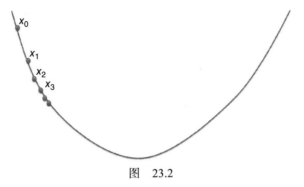

图　23.2

第二个问题是如果经常超出最小值，则如图 23.3 所示。

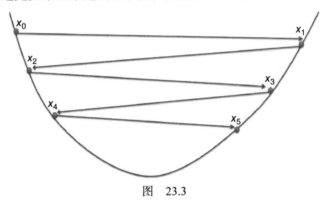

图　23.3

这是达到最小值的非常低效的方式。如果超调太远，实际上可以增加 $f()$！

即使有一个可靠的算法可以明智地做出所有这些选择，灾难仍然会发生。该算法通常会收敛于一些局部最优解，但在这里说的任何东西都不能保证它是最好的解决方案。如果从 x_0 接近局部最优解开始，那么算法可能会落入它的坑中，如图 23.4 所示。

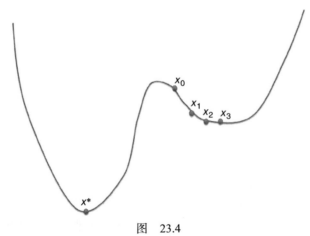

图　23.4

如果想保证这不会发生，那么将不得不看看凸优化。

23.6　凸优化

如果一个优化问题满足一定的数学约束条件，且保证任何合理的数值算法收敛于 x^*（如果存在），则称它为"凸"。马上给出一个凸问题的技术定义，但直观上，它意味着以下内容：

- 目标函数是"碗形"。
- 如果从可行域的任何一点沿着一条直线到可行域中的任何其他点，将完全停留在可行域内。

第一个约束意味着这个函数除了在"碗"中间有单个全局最小值，没有局部最小值。不能像图 23.4 那样陷入坑中。

第二个约束意味着从 x_n 到 x^* 有一条位于可行域内的线。如果情况并非如此，那么可能会遇到如图 23.5 所示的情况。

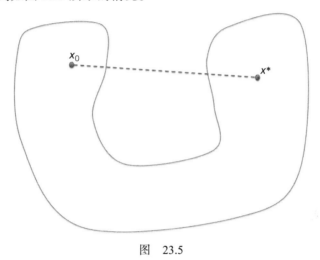

图　23.5

在这里用实线绘制了可行域的边界。梯度下降可能会使算法在可行域的边界上出现，并且会在那里停止。函数 $f(x)$ 没有局部最小值，但是如果限制在这个非凸可行域，它仍然可行。

如果 f 是碗形，那么它被称为"凸"。如果可行域符合标准，那么它也被称为"凸"。是的，人们过度使用这个词。

如果对于任何两个点 x 和 y，空间区域是凸的，则从 x 到 y 的线段也位于该区域中。这样想一想：如果将 Saran 保鲜膜紧紧包裹在该区域，那么保鲜膜就会在每个点都触及该区域。

函数 f 被认为是凸的，对于空间中的任何点 x 和 y 以及 0 和 1 之间的任意数 α 有

$$f(\alpha x + (1-\alpha)y) \leqslant \alpha f(x) + (1-\alpha)f(y)$$

凸性是一个非常严格的条件。如果写出一个随机函数，它不太可能是凸的。很多人花费大量时间将非凸性问题重构为等价的凸性问题，或者证明某些类型的问题是凸的。从理论上讲，几乎没有中间地带：如果问题是凸的，那么任何半途而废的优化算法都会收敛到正确的答案（好的算法会完成得更快）。如果它不是凸的，那么就没有保证。

这并不意味着如果问题不是凸的，就应该放弃希望！机器学习方面的大部分工作都涉及不凸的问题（或者至少没有人证明它是凸的），但是已经完成了很多出色的工作。这只是代替坚如磐石的定理，必须根据经验法则和实证结果来做。对于某些类型的问题，优化算法对于非凸的东西非常适用，并且这是一个悬而未决的问题。

23.7　随机梯度下降

在许多最优化问题中，目标函数是许多简单函数的总和。例如，在 MLE 中，经常尝试最优化：

$$\log\big(P(X\,|\,\theta)\big)=\sum_{i=1}^{N}\log\big(P(X_i\,|\,\theta)\big)$$

式中，θ 是模型（可能只有少数几个）的参数集合；N 是训练数据集中（通常非常大）的点数。计算 $\log(P(X|\theta))$ 的梯度可能在计算上受到限制。

随机梯度下降（SGD）的思想是可以通过为 i 取一个值然后计算 $\log(P(X|\theta))$ 的梯度来近似梯度。通过随机选择或遍历整个数据集，算法中的每一步选择一个新的 i。

SGD 的一个变化属于 "mini batch"（"迷你批次"）SGD。在这里，选择多个数据点，并根据它们计算梯度。这里的想法是选择足够多的点，以便更好地了解某个点处的实际梯度，但是计算梯度在足够少的点上计算仍然是可行的。这往往比朴素 SGD 收敛得更快。

23.8　延伸阅读

1）Boyd, S & Vandenberghe, L, Convex Optimization, 2004, Cambridge University Press, Cambridge, UK。

2）Nocedal, J & Wright, S, Numerical Optimization, 2nd edn, 2006, Springer, New York, NY。

23.9　术语

凸优化　可行域和目标函数都是凸的最优化问题。这保证了大多数优化算法将收敛到全局最优。

凸函数　直观地说，这是一个"碗形"函数。

凸区域　d 维空间的区域，例如若有两个点 x 和 y 在该区域内，则 x 和 y 之间的线段也在该区域中。

全局最优值　最小化目标函数在可行域中的位置。

梯度　比如有一个函数 f，它代入一个 d 维向量 x 并且输出一个实数，那么 f 在 x 处的梯度就是指向 f 在最急剧增加方向上的向量。梯度越长，f 就越陡峭。函数的梯度通常可以使用多变量微积分的工具来计算。

梯度下降　一种优化算法，试图计算目标函数在估计点 x 处的梯度，然后通过沿该梯度行进到新点来减少目标函数，以此重复。一般来说，这个过程将会收敛到一个局部最优解。

最优化　数值计算中的一个领域，着重于寻找最小化某些目标函数的输入向量，可能受输入的某些约束。

目标函数　接受一个向量并输出实数的函数。最优化的目标是找到最小化目标函数的输入。

局部最佳　在可行域里的点 x，目标函数在 x 的某个半径的任意点处低于（或等于）x 的值，然而它可能不是整个可行域的最佳点。

最大似然估计　通过设置分布的参数（例如在拟合高斯情况下的平均值和标准差）来匹配一个概率分布，以便最大化得到的观察数据的概率。

MLE　最大似然估计。

随机梯度下降　一种优化方法，通过随机选择数据点和仅基于这些点计算梯度，从而估计梯度。

第 24 章
高级分类器

本章将深入探讨一些更先进的机器学习算法。在本书的第 I 部分，有一章关于机器学习的分类，那么为什么不把这些材料放在那里呢？

作者的规则是，之前内容中的分类器可以用作黑匣子。是的，当然可以对它们进行剖析、分析它们为什么工作得良好或不良的原因、用它们来提取更高级的特性等。但可以开箱即用，它们可能会工作得很好。

本章中的分类器是一门黑暗艺术，真正为机器学习专家设计，而非普通的数据科学家。它们有很多内部结构，必须由用户规划出来，也有许多不同的参数可以调优（任意多个，取决于结构的复杂程度），并且关于如何做出这些决定没有好的预先答案。读者将不得不批判性地思考计划解决的问题，设计适合这些问题的分类器，然后尝试不同的参数和布局以找到最好的方法。如果搞砸了，分类器可能会表现得很糟糕。

作为这些额外工作的交换，可以使用当今世界上最强大的分类器。这是谷歌公司和微软公司的核心。它用于解决一些棘手的问题，比如识别 Facebook 上随机出现的照片中的人、Siri 根据手机中发出的乱码命令来判断想要什么，以及确定图像是否足够安全以便在图像搜索中显示随机人员。很快，像这样的算法可能会驾驶汽车。

将在这里讨论的两类分类器分别是深度学习和贝叶斯网络。深度学习是下一代神经网络中一种广泛的类别，这是由于训练它们所需要的数字技术的一些进步而得以实现的。第二类模型是贝叶斯网络。

由于这些都是科学家们很少需要的深层主题，因此本章的内容将相对粗略。本章将主要关注说明关键思想和如何使用它们的示例代码。

最后，应该给读者一个个人限定词。想澄清一点，作者不是这方面的专家。数据科学是一个很大的领域，本章中的主题是作者在解决实际问题时没有太多机会使用的东西。但作者知道的足够多了，可以给读者一些关键的想法，告诉读者如何编写一些简单的应用程序，并且如果读者想了解更多信息，可以指出正确的方向。

24.1 函数库注解

作者在本书中努力尝试使用相对标准化的库来给出示例代码。它们工作得很好，被广泛使用和信任，希望人们在 5 年后仍然会使用它们。

本章中讨论的主题没有这样的库。有很多竞争的软件，而且哪些软件包会名列前茅还有待观察。作者仍然会向读者展示他自己使用的库编写示例代码，但读者应该知道这些库仍处于初级阶段。文档很糟糕，存在缺陷，并且 API 将来可能会发生变化。这是一个好机会，随着动量转移到它们的竞争对手那里，这些库很有可能会过时。

深度学习主要的库是 Theano 和 TensorFlow。然而它们是极低水平的库，专为深度学习具有深厚的数学知识的人设计。相反，作者将使用 Keras，这是一种用户更友好（但用户友好程度不高，这仍然是深度学习）的库。Keras 专注于如何构建深层网络，而不是关于它如何得到训练的数字细节。

对于贝叶斯网络，作者使用 PyMC。这个库最初是为了帮助人们使用一种称为马尔可夫链蒙特卡洛（MCMC）模拟的数值技术而创建的。MCMC 适用于各种应用程序，其中之一是贝叶斯网络。这是 PyMC 真正流行的应用程序，现在使用这个库，几乎不需要注意后台运行的 MCMC 算法。

24.2　基础深度学习

回顾第 23 章，最简单的神经网络就是感知器。感知器是由"神经元"组成的网络，每个神经元接受多个输入并产生单个输出。图 24.1 显示了一个示例图。

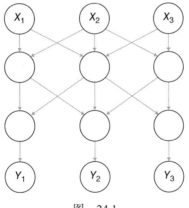

图　24.1

带标记的节点对应于分类的输入变量或输出变量的范围，其他节点是神经元。第一层中的神经元将所有原始特征作为输入。它们的输出作为第二层的输入，以此类推，最终最后一层的输出构成程序的输出。在最后一层之前所有的神经元层都被称为隐层。

感知器只有一个隐层。最简单的深度学习就是所谓的"深度网络"——具有多个隐层的神经网络。

现在，先不讨论更多的理论，来看看在图 24.1 中构建简单的神经网络的代码：

```
from keras.models import Sequential
from keras.layers.core import Dense, Activation
model = Sequential([
    Dense(3, input_dim=3, activation='sigmoid'),
    Dense(3, activation='sigmoid')
])
model.compile(

    loss='categorical_crossentropy',
    optimizer='adadelta')
```

此时，模型具有从机器学习中所熟悉的普通 train() 和 test() 方法。

下面来看看发生了什么：

• Keras 中最简单的神经网络类型是序列模型，这意味着有多层神经元层相互堆叠，每层都进入下一层。

• 这里看到的第一层是密集层（Dense）。input_dim = 3 意味着前一层中有 3 个节点，每个节点都将其输出送往当前层中的每个节点，当前层中也会有 3 个节点。

• 激活参数说明每个节点应如何将所有输入压缩为单个输出。在这个例子中，使用通常的 sigmoid 激活函数，尽管还有其他的激活函数。这完成了隐层神经元。

• 还有另一个密集层，它将所有隐藏输出发送到 3 个节点中的每一个。请注意，这里不需要指定 input_dim，因为它等于上一层输出的维度。

• 最后，在 Theano 或 TensorFlow 中将模型编译为低级别的实现。这与训练是不同的——只是配置数字运算机器，以便可以进行训练。"损失"参数说明当需要训练模型时，应该将哪种类型的目标函数最小化。"优化器"指定了用于进行实际训练的算法。

下面是一个更完整的代码示例，它在单个隐层中构建一个包含 50 个神经元的神经网络，并使用它对 Iris 数据集中的数据点进行分类。请注意，在预处理步骤中，将花的物种转变为三维向量，其维度对应于正确的物种，设置为 1：

```
import sklearn.datasets
from keras.models import Sequential
from keras.layers.core import Dense, Activation
import pandas as pd
from sklearn.cross_validation import train_test_split
ds = sklearn.datasets.load_iris()
X = ds['data']
Y = pd.get_dummies(ds['target']).as_matrix()
X_train, X_test, Y_train, Y_test = \
    train_test_split(X, Y, test_size=.2)
model = Sequential([
    Dense(50, input_dim=4, activation='sigmoid'),
    Dense(3, activation='softmax')
])
```

```
model.compile(
  loss='categorical_crossentropy',
  optimizer='adadelta')
model.fit(X_train, Y_train, nb_epoch=5)
proba = model.predict_proba(X_test, batch_size=32)
pred = pd.Series(proba.flatten())
true = pd.Series(Y_test.flatten())
print "Correlation:", pred.corr(true)
```

为了让读者对神经网络的精确程度有所了解，作者花了一些时间把这个示例代码放在一起。例如如果在隐层中有 10 个神经元而不是 50 个神经元，那么它的表现会在训练 / 测试的不同时间之间随机波动。有时候，相关性会达到 0.6。其他时候，它们会非常接近 0 甚至有几次会是负数。作者凭经验发现，拥有 50 个节点能使性能在 0.6 左右更加稳定。

24.3　卷积神经网络

卷积网络是神经网络最重要的扩展之一，在分类图像或声音时尤为重要。在软件中，它们以"卷积"层的形式出现。

卷积网络部分灵感来源于人类神经学。在人类的大脑中，在处理图像的最初阶段，在视野的特定区域，有专门研究非常原始模式的神经元。当右上视野的某一部分出现斜线时，可能会有一个触发点。事实上，与视野附近区域相对应的神经元往往在大脑皮层附近彼此相邻。通过这种方式，它们的激活模式将人们看到的东西的扭曲版本绘制到大脑表面上。视觉系统的后期部分将对前面层做同样的事情。如果容许过度简化，那么第 1 阶段在视野的不同部分可能有神经元在各种斜坡上检测直线。第 2 阶段将会有神经元将相邻的神经元与第 1 阶段的神经元结合起来，如果那些倾斜的线条合在一起形成一个正方形，那么就会被激活。在最高级别上，神经元对一些特定的事物做出反应，比如 Homer Simpson 的照片。

神经网络中的卷积层有一些"过滤器"，每个"过滤器"在图像中寻找特定的模式。每个过滤器都有一个"内核"：一个小的数字矩阵，当它被看作一个图像时，就像这个过滤器检测到模式。为了检测图像各个部分的图案，将内核遍布整个图像，并取内核与其重叠的像素的点积。通常，将它向上 / 向下滑动固定像素数量，向左 / 向右滑动固定（可能不同）像素数量。这个过程被称为原始图像和内核之间的"卷积"。

图 24.2 显示了一个卷积的简单版本，每次滑动内核时都会移动 3 个像素：

内核

0	1	0	0
0	1	0	0
0	0	1	0
0	0	0	1

图像

0	2	0	0	0	0	0
0	0	0	0	0	0	0
0	0	0	0	0	3	0
0	1	0	0	0	0	0
0	0	0	0	0	0	0
0	0	0	3	0	0	0
0	0	0	0	0	0	0
0	0	0	0	0	0	0

卷积

2	3
1	0

图　24.2

卷积图像中的值现在表示图像在这一点上看起来像内核的程度。在神经网络中，可以有一个或多个卷积层互相注入，并且每个卷积层可以有多个不同的过滤器。

图像也可以有多个与每个像素相关联的数字。例如在一个典型的彩色图像中，在一个点上，有 3 个值表示红色、绿色和蓝色的数量。在这种情况下，内核将是三维数组。

作者还在图像的卷积上下文中介绍了这一点。虽然这是最著名的应用，但卷积的数学运算对于一维信号 (如时间序列) 同样适用。在这类领域中，卷积网络对于语音识别等领域非常有用。

24.4　不同类型的层以及张量到底是什么

TensorFlow 软件的名称说明了神经网络的数学基础，至少对那里发生的事情有一些了解是十分重要的。"张量"一词有许多技术性的定义，但通俗地说，它通常用来描述进行线性运算的多维数组。理解这个观点对于真正构建复杂的神经网络非常重要，因此下面来回顾一下。

基本神经网络的输入是一维数组，其输出也是一维数组。二维卷积网络的输入是一个二维数组，其输出是一维的。一般而言，网络的每一层都将张量作为输入，并产生张量作为其输出。

大多数神经网络发生的事情都由这些张量上的线性运算组成。取一个普通的带有 sigmoid 激活功能的层，它的运作方式如下：

• 它接受输入，可以将其视为张量。

● 每个节点都接受其输入的加权组合。或者除了许多系数为 0 的，它取所有输入的加权组合。

● 如果有 d 个输入和 n 个节点，并且每个节点都是输入的线性组合，这实际上只是将输入矢量乘以一个 $n \times d$ 的矩阵。

● 最后，将 sigmoid 函数应用于加权和向量中的每个元素。这是唯一不是线性的部分。

网络层完全由其权重系数矩阵表征。在实现方面，所做的大部分工作可以归结为线性代数。

神经网络中的卷积层完全是线性的。从概念上讲，它用二维张量乘以四维张量，并且输出是另一个二维张量。

请注意，卷积神经网络的输入是二维，但最终的输出通常是一维，所以需要有一个从二维切换到一维的层。通常该层也是完全线性的，它是一个平面化层，它接受一个维度为 $d \times n$ 的二维张量并输出包含所有相同值的长度为 $d \times n$ 的一维张量。这只是将输入张量乘以三维张量，所有值都是 0 或 1。

24.5　实例：MNIST 手写数据集

学习卷积网络的标准数据集被称为 MNIST，其中包含 70000 个手写数字图像，每个图像是 28 像素 ×28 像素。本节将在 MNIST 数据上运行一个卷积网络。

首先要澄清的一个问题是，在 Keras 中，二维卷积神经网络预期的输入阵列是四维的：

● 第一个维度是正在查看的数据点。

● 第二个维度是 "通道"。在代码中，只有一个通道，因为图像的每个像素只有一个浮点数。在彩色图像中，可能有 3 个通道，分别是红色、绿色和蓝色。一般来说，可以有更多。

● 第三个和第四个维度是输入图像中的行数和列数。

这个例子适用于迄今为止讨论过的所有图层类型，以及其他一些图层类型：dropout。dropout 层是减少神经网络中过度拟合的一种强制手段。一个 dropout 取一个参数 p，表示零值的概率。在每次训练迭代中，dropout 层将接收一个张量，将其值的随机分数 p 设置为 0，然后将数组传递到下一层进行训练。

下面的代码将获取 MNIST 数据集并训练一个卷积神经网络。请注意，必须连接到互联网才能运行此代码，并且这样做需要相当长的一段时间，因为它会在运行时获取 MNIST 数据集：

```
import theano
import statsmodels.api as sm
import sklearn.datasets as datasets
import keras
from keras.models import Sequential
```

```
from keras.layers.core import Dense, Activation,
Dropout, Flatten
import pandas as pd
from matplotlib import pyplot as plt
import sklearn.datasets
from keras.layers.convolutional import Convolution2D,
MaxPooling2D
from sklearn.cross_validation import train_test_split

from sklearn.decomposition import PCA
from sklearn.cluster import KMeans
from sklearn.metrics import silhouette_score,
adjusted_rand_score
from sklearn import metrics
from sklearn.cross_validation import train_test_split
from sklearn import datasets
import sklearn
from sklearn.datasets import fetch_mldata
dataDict = datasets.fetch_mldata('MNIST Original')
X = dataDict['data']
Y = dataDict['target']
X_train, X_test, Y_train, Y_test = \
    train_test_split(X, Y, test_size=.1)
X_train = X_train.reshape((63000,1,28,28))
X_test = X_test.reshape((7000,1,28,28))
Y_train = pd.get_dummies(Y_train).as_matrix()


# 卷积层需要四维输入，因此重塑了二维输入
nb_samples = X_train.shape[0]
nb_classes = Y_train.shape[1]
# 设置了一些超参数
BATCH_SIZE = 16
KERNEL_WIDTH = 5
KERNEL_HEIGHT = 5
STRIDE = 1
N_FILTERS = 10
# 适配这个模型
model = Sequential()
model.add(Convolution2D(
    nb_filter=N_FILTERS,
    input_shape=(1,28,28),
    nb_row=KERNEL_HEIGHT,
    nb_col=KERNEL_WIDTH,
    subsample=(STRIDE, STRIDE))
)
model.add(Activation('relu'))
```

```
model.add(MaxPooling2D(pool_size=(5,5)))
model.add(Dropout(0.5))
model.add(Flatten())
model.add(Dense(nb_classes))
model.add(Activation('softmax'))
model.compile(loss='categorical_crossentropy',
optimizer='adadelta')
print 'fitting model'
model.fit(X_train, Y_train, nb_epoch=10)
probs = model.predict_proba(X_test)
preds = model.predict(X_test)
pred_classes = model.predict_classes(X_test)
true_classes = Y_test
(pred_classes==true_classes).sum()
```

24.6   递归神经网络

到目前为止，神经网络最大的优点之一是，与正常的机器学习模型相似，它们处理独立分类的点。如果给它们提供一系列的点，它们将对每一个点进行分类，而不参考其他点。从本质上讲，它们在处理某个点后无记忆。

递归神经网络（RNN）有一种原始类型的记忆，以"递归"层的形式存在。递归层接受两种输入：前一层的输出和它处理最后一个点的同一递归层输出。也就是说，在对一个点进行分类时，一个递归层的输出将被传递回这个层下一个点。因此，循环网络是处理时间序列数据的理想方法。将特定的含义赋予一个递归层的输出是非常困难的，但是可以给读者一个概念：输出可以对给定当前点的下一个点进行预测编码。它还可以对长期记忆的某个点进行编码。

有许多类型的递归层可用，它们在分类之间保留了各种不同类型的内存。最可能看到的是：

• 基本递归网络：这将只记得层的最后一个输出，并在下一个分类期间将其输入反馈。

• LSTM。这代表"长期的短期记忆"，它清楚地记住了过去很长时间内的选择事件。这与基本的 RNN 相反，对于 RNN，它对事件的记忆会随着时间的推移而衰减。

以下示例代码使用内置的时间序列数据集作为示例，用于在 Keras 中训练和测试递归神经网络。训练数据是一个张量形状（num_sequences，timestamps_per_sequence，num_dimensions）。在这种情况下，每个矢量只有 1 维，但每个序列中有 11 个测量值：

```
import sklearn.datasets
from keras.models import Sequential
from keras.layers.core import Dense, Activation
from keras.layers.recurrent import LSTM, GRU
import statsmodels as sm
df = sm.datasets.elnino.load_pandas().data
X = df.as_matrix()[:,1:-1]
X = (X-X.min()) / (X.max()-X.min())
Y = df.as_matrix()[:,-1].reshape(61)
Y = (Y-Y.min()) / (Y.max()-Y.min())
X_train, X_test, Y_train, Y_test = (
 train_test_split(X, Y, test_size=0.1)
model = Sequential()
model.add(GRU(20, input_shape=(11,1)))
model.add(Dense(1, activation='sigmoid'))
model.compile(loss='mean_squared_error',
optimizer='adadelta')
model.fit(X_train.reshape((54,11,1)),
  Y_train, nb_epoch=5)
proba = model.predict_proba(X_test.reshape((7,11,1)),
batch_size=32)
pred = pd.Series(proba.flatten())
true = pd.Series(Y_test.flatten())
print "Corr. of preds and truth:", pred.corr(true)
```

24.7　贝叶斯网络

下面简要回顾一下本书前面介绍的贝叶斯统计。有一个随机变量 $D = (D_1$,
D_2, …, D_d) 被认为代表数据，有一个随机变量 Y 代表试图推断的潜在的东西。
直观地说，想要得到 $P(Y|X)$，Y 是具有一定值的概率，给定观察到的数据 X。贝
叶斯统计的关键方程是

$$P(Y \mid D) = \frac{P(D \mid Y)P(Y)}{P(D)}$$

取右边项，有以下 3 点：

• $P(Y)$ 被称为"先验概率"，这是对 Y 可能具有的不同值的初始置信度。这是
贝叶斯统计哲学上有争议的部分，因为 $P(Y)$ 实际上只是人们主观信心的一个度量，
但这里将其视为数学概率。

• $P(D|Y)$ 是神奇发生的地方。假设 Y 的基础值，得到数据的概率。实际上，
这比 $P(Y|D)$ 更容易思考和建模。进行贝叶斯分析的大部分工作都涉及如何建模
$P(D|Y)$ 并将模型与数据相匹配的问题。

• $P(D)$ 是查看数据 D 的概率。为了得到这个概率，必须对 Y 的不同可能值进

行平均，这相当复杂。然而在实践中，几乎不需要实际计算 $P(D)$，因为它只是一个归一化项，所有 $P(Y|D)$ 加起来为 1。通常，只对 Y 的不同值的相应概率感兴趣。

$P(D|Y)$ 是一个非常复杂的术语，因为一般来说，各个 D_i 之间可能有复杂的依赖结构。朴素贝叶斯的假设是

$$P(D|Y) = P(D_1|Y) * P(D_2|Y) * \cdots * P(D_d|Y)$$

也就是说，如果知道 Y，则 D_i 在条件上都是彼此独立的。一般来说，这不是真的，用"贝叶斯网络"来表示变量之间的依赖关系，如图 24.3 所示。

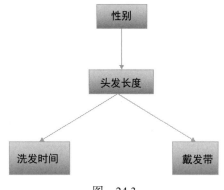

图　24.3

这个网络表示，知道一个人的性别可以告诉人们他 / 她的头发可能有多长，而头发的长度反过来可以用来预测一个人是否系了发带。可能女人比男人更喜欢系发带，但那只是因为女性更喜欢留长发。在留长发的人群中，性别与发带没有关系，留短发的人群也是如此。

在使用贝叶斯网络时，通常由读者作为用户来选择网络的拓扑，以及每个变量如何依赖影响它的概率模型。训练数据用于拟合依赖关系的实际参数。

网络拓扑是可以将专家知识或直觉插入模型的地方。从这个意义上讲，贝叶斯网络几乎与神经网络相反，它们倾向于引入直觉和深入的理解，而神经网络几乎是不可能理解的。

与其他机器学习模型类似，有两种方法可能需要使用贝叶斯网络模型：可以使用它们进行预测，也可以剖析训练好的模型，以此深刻理解正在学习的内容。

24.8　训练和预测

当在第 23 章讨论朴素贝叶斯分类器时，对所有分类都有一个先验的置信度 $P(Y)$，然后有精确的模型 $P(D|Y)$，这些数据看起来像在不同类别上。描述 $P(D|Y)$ 的模型参数是精确已知的。通常，这些参数是通过训练数据上的最大似然估计来学习的，这就为过度拟合问题打开了大门。

一般而言，在贝叶斯网络中，模型参数本身对它们具有置信度分布。在进行

训练之前，对这些参数可能会有些先验知识，并根据训练数据提高人们的置信度。当需要对未来的点进行分类时，必须将对所有可能模型配置的预测进行平均，并用人们的置信度对其进行加权。这意味着概率将与一个非常复杂的积分成正比：

$$P(Y \mid D) \propto P(Y) \int_\theta \mathbf{置信度}\ (\theta) P(D \mid Y, \theta)\, d\theta$$

置信度 (θ) 来自于先验值 θ 和训练数据。这是一个非常复杂的（有时是不可能的）积分，贝叶斯网络的实践者经常使用数值逼近而不是直接计算它。

24.9　马尔可夫链蒙特卡洛理论

PyMC 是一个用于将贝叶斯网络拟合为真实数据的 Python 库。不幸的是，它不是一般意义上的分类器。如果想用拟合的模型进行预测，那么必须自己做。但是 PyMC 将承担拟合一个可能非常复杂的模型的重任，而这正是这项工作的主要内容。

称 Θ 为 θ 的所有值的正确训练分布，并考虑到先验和训练的数据。Θ 在 θ 处的概率密度将来自 24.8 节中积分的置信度 (θ)。PyMC 不直接向人们提供在计算上难以处理函数的置信度 (θ)，而是从分布 Θ 中给出随机样本。然后可以通过对所有样本简单地求和来估计积分。

作者不想在这里进行深入讨论，因此没有给出太多的理论，PyMC 使用了称为"马尔可夫链蒙特卡洛"（MCMC）的技术来拟合 Θ。运行 MCMC 仿真将提供一系列关于 θ 的预测，在许多时间戳上，从训练分布 Θ 中采样。称第 i 个预测为 θ_i。这意味着，例如许多 MCMC θ_i 的平均值被保证收敛到 Θ 的实际平均值。

然而 MCMC 不保证的是后续来自 Θ 的独立样本的预测。恰恰相反，每个预测都与之前和之后的预测相关联。这意味着 θ_n 将与 θ_{n+1} 相关，而 θ_{n+1} 又将与 θ_{n+2} 相关。那么 θ_n 也将与 θ_{n+2} 相关，只是不如 θ_{n+2} 的相关性强。如果相关性迅速衰减，那么 θ_i 将几乎相互独立。但是如果它们的相关性非常高，那么在得到一个合适的 Θ 近似值之前，它可能需要很多很多的样本。

如果将 Θ 的概率分布考虑作为一个景观，可以将 MCMC 过程想象为随意漫步在景观上，保证在更可能的区域花费更多时间。有一个数学保证，即在无限量的行走极限中，在任何一个区域花费的时间将与该区域内 Θ 的概率成正比。但在实际中，取决于从哪里开始、步子有多大、它可以任意长时间到达一个特定的高概率区域。

θ_i 的自相关是 MCMC 模型最大的问题。MCMC 模型的内部机制可以调整，这应该会减少自相关。但是做好这件事很棘手，并没有太多的工作保证。

诸如所有的理论狂人一样，这在实践中通常不是问题。在很多情况下，前几个 θ_i 将会严重错误，因为在一个不太可能的位置开始，但很快它们会很可靠地收敛到最适合的值，而这些值很少偏离适合的值很远。

虽然从一个不太可能的情况出发是一个问题，因为它会扭曲要计算的任何统计数据。所以经常做的是选择一个合适的大数 N，然后丢弃 $\theta_1 \sim \theta_N$，即所谓的老化（burn in）。之后分布被假定为"足够稳定"。

24.10 PyMC 实例

Scikit-learn 有一个内置的玩具数据集，该数据集提供了波士顿地区几个城镇的住房统计数据。作者将拿出其中的一些统计数据，向读者展示适用于图 24.4 所示贝叶斯网络的 PyMC 代码。

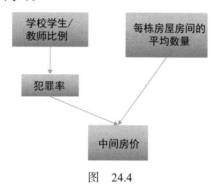

图　24.4

这里的想法是，糟糕的教育体系会导致更高的犯罪率，反过来也会降低房价。事实上，差学校也会直接影响房价，但人们忽略了这个模型。

下面将对变量及其关系作如下假设：

• 学生 / 教师的比例是指数分布，从数据中获得平均值。

• 城市犯罪也将呈指数分布，然而它的平均值将是某个常数 A 乘以学生 / 教师的比例。需要从数据中拟合 A。

• 城镇的平均房间数量将呈正态分布，数据中存在均值和标准差。

• 一个城镇的平均房价将呈正态分布，平均值为 $B*$ { 房间数量平均值 }*（C-{ 犯罪率 }）。这里 B 和 C 是必须拟合的未知参数。

• A、B 和 C 均有指数分布的先验，均值为 1。

为了使用 PyMC，需要在 Python 文件中完整地声明该模型，将其称为 mymodel.py。将下面的代码放入 mymodel.py 中：

```
import pandas as pd
import sklearn.datasets as ds
import pymc
# 制作 Pandas 数据帧
bs = ds.load_boston()
df = pd.DataFrame(bs.data, columns=bs.feature_names)
df['MEDV'] = bs.target
```

```
# 未知参数是 A、B 和 C
A = pymc.Exponential('A', beta=1)
B = pymc.Exponential('B', beta=1)
C = pymc.Exponential('C', beta=1)
ptratio = pymc.Exponential(
  'ptratio', beta=df.PTRATIO.mean(),
  observed=True, value=df.PTRATIO)
crim = pymc.Exponential('crim',
  beta=A*ptratio, observed=True, value=df.CRIM)
rm = pymc.Normal('rm', mu=df.RM.mean(),
  tau=1/(df.RM.std()**2), value=df.RM, observed=True)
medv = pymc.Normal('medv', mu=B*rm*(C-crim),
  value=df.MEDV, observed=True)
```

请注意以下代码：

- 每当声明一个变量时，指定表征它的族和参数。
- 可以使变量的参数具有固定值，或者可以让它们呈现由其他变量定义的值。
- 如果数据被实际观测到，则可以写入 observed = True，并传入观察值。

一旦拥有这个文件，可以这样训练它：

```
import pymc
import mymodel
import matplotlib.pyplot as plt
S = pymc.MCMC(mymodel)
S.sample(iter = 40000, burn = 30000)
pymc.Matplot.plot(S)
plt.show()
```

这就意味着它丢弃了前 30000 次仿真，然后根据接下来的 40000 次计算统计数据。它将产生如图 24.5 所示的平面图，它显示了 B 在仿真过程中的演变。

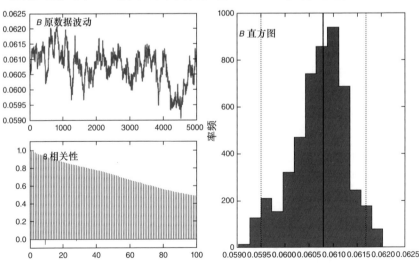

图　24.5

在右边看到 B 值的直方图，它们的中心位置相当集中，大约在 0.0605 附近。左上方是收集的 B 在演变过程中的数据。从直方图中可以看出仿真已经达到平衡，可以利用这些数字了。从技术上讲，有一个风险是仿真还没有进入 Θ 的很大的领域，而运行时间稍长就会明显改变动态。但是看看那些看起来不太可能的图。

24.11　延伸阅读

1）Koller, D & Friendman, N, Probabilistic Graphical Models: Principles and Techniques, 2009, The MIT Press, Cambridge, MA。

2）Goodfellow, I, Bengio, Y & Courville, A, Deep Learning, 2016, MIT Press, http:// www.deeplearningbook.org/。

24.12　术语

贝叶斯网络　将随机变量排列成有向图结构，其中每个图都有条件地独立于除直接父节点以外的所有节点。

卷积神经网络　一个神经网络，其中一个层接受输入与内核进行卷积。通常内核会在数据中捕获特定的、相对较低级的模式。卷积层的输出将表明在输入数据的每个部分呈现多少模式。

深度神经网络　具有异常高层数的神经网络。

深度学习　最近在神经网络中发生的广泛发展的广义术语。

马尔可夫链蒙特卡洛　一种适合于拟合贝叶斯网络模型参数的仿真技术。

神经网络　一种机器学习模型，灵感来自于生物大脑神经元的连接。

递归神经网络　一个神经网络，其中一个层的输出可以被反馈回该层。

张量　一组浮点数，数组中可以有任意多个维度。

第 25 章
随机建模

随机建模是一种高级概率工具的集合，用于研究一个随时间且随机发生的过程，而不是单个随机变量。这可能是股价随时间的波动，访问者到达网页，或者是机器在运行过程中在内部状态之间移动。

没有被时间所束缚，任何连续的东西都可以被研究。这包括哪些单词遵循一段文字中的其他单词、动物的下一代是如何变化的以及在不同的环境中温度是如何变化的。首先使用随机分析的是研究 DNA 中核苷酸的序列。

本章将给出几个主要概率模型的概述，从最重要的模型开始：马尔可夫链。将讨论它们是如何相互关联的、它们描述了什么情况以及可以用它们解决什么问题。

25.1 马尔可夫链

到目前为止，要理解的最重要的随机过程是马尔可夫链。马尔可夫链是一系列随机变量 X_1, X_2, …它们被解释为系统在连续时间点的状态。目前，假设 X_i 是离散的 RV，只能接收有限数量的值。

每一个 X_i 都有相同的状态集。马尔可夫链最明确的特征是 X_{i+1} 的分布可以被 X_i 所影响，但是如果知道 X_i，它是独立于之前所有的 RV 的。也就是说：

$$P(X_{i+1} = x \mid X_1, X_2, \cdots, X_i) = P(X_{i+1} = x \mid X_i)$$

作者喜欢用卡通的方式来思考这个问题。假设有一堆睡莲叶子和一只在它们之间随意跳跃的青蛙，在任何时候，青蛙都知道它在哪一片睡莲叶子上，而这些状态决定了青蛙下一步跳到其他睡莲叶子的可能性（或者它可能只停留在当前的睡莲叶子上）。但青蛙有失忆症，它没有记忆它在任何之前的步骤中发生过什么，或者它已经跳了多长时间，所以它下一跳的概率分布只是它现在的位置的函数。

如果有 k 个不同的睡莲叶子，将这些转换概率排列成一个 $k \times k$ 的矩阵。第 i 行对应于第 i 个睡莲叶子。鉴于目前在第 i 个睡莲叶子上，该行中的第 j 个元素将是跳到第 j 个睡莲叶子上的概率。这意味着转换矩阵中的每个元素都必须大于或等于 0，并且每行的总和为 1.0。知道 X_1 的转移矩阵和初始概率分布，就完全表征马尔可夫链。

绘制马尔可夫链是很常见的，特别是在箭头指向状态的图中，那些 k 很小的链。图 25.1 所示是作者编制的特定马尔可夫链，用来描述天气。

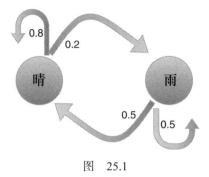

图　25.1

在这个模型中，晴天有 80% 的概率接下来是另一个阳光明媚的日子，下雨后第二天将有 50%/50% 的雨或晴。马尔可夫链的转换矩阵如图 25.2 所示。

	晴	雨
晴	0.8	0.2
雨	0.5	0.5

图　25.2

如果系统中存在 k 个状态，并且处于第 i 个状态，那么可以将其表示为在 i 处等于 1.0 且在其他地方为 0 的 $k \times 1$ 行向量。调用状态向量 p，向量 p 也可以有多个非零分量，只要它们都是非负的，并且它们的总和为 1。在这种情况下，p 表示可能状态的概率分布。如果想知道下一个时间步的分布，简单地用转换矩阵 T 乘以 p：

$$p_{i+1} = p_i T$$

一般而言：

$$p_{i+m} = p_i T^m$$

X_{i+1} 仅受 X_i 影响的事实被称为"马尔可夫假设"，这是使马尔可夫链在数学和计算上都容易处理的关键。马尔可夫假设在状态转换图中是隐含的，因为每个状态都没有指示如何到达那里，它只显示下一步可能要去哪里。

在许多应用中，马尔可夫假设并不成立，例如通过在文本中使用 X_i 表示单词来粗略地建模自然语言是很常见的。如果有一个词，是缺失或者是模棱两可的，马尔可夫链可以用来找出这个词最有可能是什么（后面会详细介绍）。问题在于一个只包含上下文单词的马尔可夫链是非常不合适的。

典型的解决方案是让 X_{i+1} 不仅依赖于 X_i，而且还依赖于返回到 X_{i-m-1} 之前的几个值。这被称为 m 阶马尔可夫链。严格地说，一个 m 阶的马尔可夫链相当于一个加强的一阶马尔可夫链。如果定义一组新的随机变量：

$$Y_1 = (X_1, X_2, \cdots, X_m)$$

$$Y_2 = (X_2, X_3, \cdots, X_{m+1})$$

$$Y_3 = (X_3, X_4, \cdots, X_{m+2})$$

那么 Y_i 将表现为一个有序的马尔可夫链。它只是一个有 k^m 个状态的数字，并且状态转换中的所有数字都会覆盖前一个概率为 0 的 X_i。在工业规模中，自然语言的马尔可夫链，如 $m=6$ 是常见的。

英语中有很多单词，这一数字上升至 6 次方是个天文数字。这将给人们提供一些在使用大型马尔可夫链时遇到的实际问题的思路。当状态数量变得非常大时，不可能获得足够的数据来匹配转换矩阵，并且在计算上难以处理。在这些情况下，可以利用各种启发法和性能优化。

25.2　两类马尔可夫链、两类问题

大多数实用的马尔可夫链有两种类型："不可约非周期性"和"吸收性"。它们具有不同的数学属性，并且应用于类型非常不同的系统。

不可约的非周期马尔可夫链有两个关键特性：

• 可以在有限的时间步长内从任意状态到任意其他状态。

• 没有状态是"周期性的"。也就是说，不会有这样奇怪的情况发生，那就是只能在奇数步或类似的事情之后回到特定的状态。如果对未来看得足够远，随时有可能处于任何状态。

这些性质保证了无论马尔可夫链从什么状态开始，在很长一段时间内，它都会有一个"稳态"的行为在任何状态下。在每个状态中长期分布的可能性也称为"均衡分布"。不可约非周期马尔可夫链保证具有唯一的均衡分布。分布概率是 k 维向量，其中第 i 个分量给出的是第 i 个状态的概率。典型地，这个向量被称为 π。

画的天气图是不可简化（不可约）的，而且是不定期的：不管今天的天气如何，1000 天内下雨的概率在功能上只是晴天的一部分。自然语言是另一个例子，不管现在看到什么词，在一百万个单词中它可以是任何东西。而且图在功能上与一百万个词和第一个词相同。

如果想找到稳态分布 π，可以通过求解来实现线性代数方程：

$$\pi = \pi T$$

以及约束：

$$\sum_i \pi_i = 1$$

一个概念上简单（尽管可能在计算上很昂贵）的方法大致是回顾一下：

$$p_{i+m} = p_i T^m$$

在 m 很大的限制下，无论 p_i 如何，p_{i+m} 都会收敛到 π。由于无论 p_i 如何都是如此，这意味着 T_m 的行必须大致彼此相等，因此 π 也是如此。所以如果重复自身乘以 T 直到它收敛，结果矩阵的行将近似等于 π。

在吸收态马尔可夫链中，有一些状态（可能有几个）的概率总是 1.0。如果青蛙着陆在这个睡莲叶子上，那么它会永远待在那里。吸收态马尔可夫链用于终止建模过程，例如访问者访问网站的行为。他们可能会浏览也许还会返回，但最终他们会以"已购买"状态或"离开我们的网站"状态结束。吸收态马尔可夫链也可以用来模拟最终崩溃的物理机器的生命周期或最终死亡的病人。

有时候，会看到吸收态马尔可夫链描述通常使用不可约链的情况。自然语言通常使用不可约链，但如果试图对短文本进行建模（例如电子邮件或文本消息），则可能需要添加一个吸收"消息已完成"状态。

对于不可约马尔可夫链，常常提出以下问题：

- 什么是长期均衡分布 π？
- 给定现在所处的状态，在状态概率分布接近 π 之前需要多少步？
- 平均来说，从状态 A 到状态 B 需要多少步？
- 给定现在所处的状态，在 5 个时间步中的概率分布是多少？

不可简化（不可约）的马尔可夫链也是一系列其他概率模型的基石，本章其余大部分内容将详细介绍。

在吸收态马尔可夫链中，更有可能提出以下问题：

- 给定现在的位置，进入吸收态需要多久？
- 给定现在在哪里，有多大可能进入每个吸收态？
- 在最终被吸收之前，可以期望访问状态 A 多少次？

25.3　马尔可夫链蒙特卡洛

在第 24 章中，已经看到了马尔可夫链的一个相当先进的应用。它的细节超出了本书的范围，但是因为正在详细讨论马尔可夫链，所以想指出它的联系。

回想一下，本书使用了一种称为"马尔可夫链蒙特卡洛"（MCMC）的技术来估计给定观测的贝叶斯网络的训练参数。回顾一下做了什么：

- 用一个贝叶斯网络来描述几个变量之间的关系，用 θ 来表示表征网络特征的参数。该网络的拓扑是指定的，但未经过训练，所以 θ 未知。
- 有 θ 的先验分布，反映了对 θ 的"真实"值的初始置信度。
- 有一个考虑为该网络生成的数据集。
- 考虑到先验和数据，有一种自然的方式来"评分"任何特定的参数 θ。这是 θ 的先验概率乘以这里看到的数据的概率：

$$S(\theta) = \Pr(\theta)\Pr(\text{数据} \mid \theta)$$

- 这些分数没有定义概率分布，因为无法保证它们相加（或整合）到 1.0。但是如果将每个分数除以所有分数的总和，那么将具有所有可能在 θ 上概率分布，表明它们有多可能（在贝叶斯意义上）是真实参数。

用 π 来表示 θ 在所有可能值上的分布。可以知道 π 完全表征了本书的思路并猜测 θ 的正确值。然而有一个 π 的向导就是这个潜在的非常复杂的函数 $S(\theta)$。已经知道 $S(\theta)$ 与 $\Pr(\theta)$ 成正比，但不知道比例常数。

只知道函数 $S(\theta)$，如何对 π 进行推理呢？

这个问题通常的解决方案是 MCMC 仿真。它通常生成一系列的样本序列 θ_i，构成了一个马尔可夫链，其稳态分布等于 π。这意味着它可以生成足够多的样本，它们会给出 π 的代表性抽样，并且可以使用它们来估计 θ 的平均值或其他期望的统计数值。

有很多 MCMC 算法，在这里不再详述。粗略地说，为了生成 θ_{i+1}，从 θ_i 开始，然后添加一些随机扰动 Δ 并设置 $\Phi=\theta_i+\Delta$。Φ 是 θ_{i+1} 的候选值。使用 Score(θ) 和 Score(Φ)，在概率上要么接受 Φ 作为新的 θ_{i+1}，要么抽样另一个 Δ 并再试一次。这样，θ_{i+1} 是 θ_i 的概率函数，但只有 θ_i。

如果使用 MCMC 算法来接受 / 拒绝 Φ，并且以潜在的 θ 的每一种可能性都能达到的方式对样本 Δ 进行采样，那么可以保证此马尔可夫链的稳定状态为 π。如果用一种聪明的方式来对 Δ 进行采样，那么它平均会快速收敛到 π，并且 θ_i 将更接近于独立样本。

25.4 隐马尔可夫模型和 Viterbi 算法

马尔可夫链最重要的用途之一是作为"隐马尔可夫模型"（HMM）中的基本构成要素。从一个例子开始，想象一下，正在阅读一些模糊的文本，试图弄清楚它说了什么。让正确的词用随机变量 X_i 来表示，并且让模糊的图用随机变量 Y_i 来表示；目标是在给定 Y_i 的基础上猜测 X_i 的序列。

第一个想法可能是猜测 X_i 是什么字母能够看起来与 Y_i 最相似，但这不是一个完美的方式。想象一下，有几个单词看起来很像"鸭子说"（the duck said），但下一个单词看起来模糊不清。它可以是"快速（quick）"或"嘎嘎叫（quack）"，但它看起来更像"quick"。在这种情况下，可能会说这个词是"quack"，因为考虑到它更可能是讨论到鸭子时设定的背景。

再举一个例子，假设有两个硬币：一个是朝向平等的，另一个是 90% 的时间正面朝上。在每次投掷硬币之后，有 10% 的机会交换硬币以用于下一次投掷，90% 用同一枚硬币投掷。让 X_i 表示第 i 次投掷是否使用了偏向的硬币，Y_i 表示它是否出现了正面。可以识别从朝向平等到加权硬币转换的地方吗？

潜在的马尔可夫链 X_i 和观察值 Y_i 只依赖于与 X_i 相关的 HMM，而 X_i 被称为"隐态"。HMM 的从属结构通常被直观地描述如图 25.3 所示。

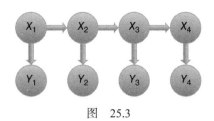

图　 25.3

HMM 的特征如下：

- X_1 的初始概率分布；
- X_i 的转换矩阵；
- 条件概率函数 $Pr(Y|X)$。

关于马尔可夫链有许多不同的分析问题，但最受欢迎的问题是给定观察值 Y_i，最可能的 X_i 序列是什么。以自然语言为例，知道这个序列会让人们预测这个含糊不清的单词是 "quick" 还是 "quack"。当投掷朝向平等和有偏向的硬币时，知道这个序列会让人们知道什么时候从一枚硬币切换到另一枚硬币。

应该注意到，找到 X_i 的最可能的序列并不是找到每个 X_i 的最可能的值。举一个掷硬币的例子，假设以下序列具有以下概率，并且所有其他序列概率为 0（见表 25.1）。

表　 25.1

序列	可能性
HHT	0.4
HTT	0.3
HTH	0.3

在这种情况下，最可能的序列是 HHT，其概率为 40%，所以维特比（Viterbi）算法会得到 $X_2 = H$。然而 X_2 实际上有 60% 的概率是 T。它只是有 60% 的概率质量分布在几个不同的序列中。

在 25.5 节中，将讨论维特比算法，它可以让人们找到最优序列。这是在本书中描述的最复杂的算法，所以作者想把它放在完整的一节中。

HMM 真正闪耀的时代是观察结果非常模糊时，但 X_i 很少改变。在这些情况下，当变化发生时，即使是人一直盯着数据通常也无法识别，因为这个转变非常微妙。应该注意到，在这些情况下，隐含在 HMM 中的具有特定的值的时间长度 X 是几何分布的。这是一个非常有力的假设，通常不会得到满足。实际上，只要特定 X 的时间长度够长，这通常不会成为问题。

25.5　维特比算法

如果把可能的底层状态看作所谓的 "网状图"，那么维特比算法是最容易理解的，显示所有可能的隐态以及它们之间的所有转换。具体来说，用朝向平等和有偏向的硬币的例子。在这种情况下，网状图如图 25.4 所示。

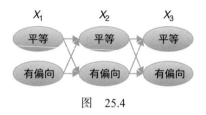

图 25.4

从第一层到最后一层，隐态的序列对应于图 25.4 中的路径。与任一特定路径相关的概率是

$$\text{概率} = \left(\prod_i \Pr(X_{i+1} | X_i) \right) \left(\prod_i \Pr(Y_i | X_i) \right)$$

这将是一个很好的观点，来支持一下。维特比算法没有大规模地实现使用概率，因为即使是最可能的路径的概率也很小，以至于计算机无法从 0 中区分。因此，解决了最大化这个概率对数的问题：

$$\text{得分} = \log(\text{概率}) = \sum_i \log(\Pr(X_{i+1} | X_i)) + \sum_i \log(\Pr(Y_i | X_i))$$

从这个角度来看，可以看到一个特定路径的分数就是所有边和节点的"分数"之和。这里一条边的得分是它的转换概率的对数，节点的得分是所观察的概率的对数（假设处于隐态）。

下面来介绍两个关键术语：

- $P(i, x)$ 是通过第 i 层上升并以 $X_i = x$ 终径的最高得分路径。
- $S(i, x)$ 是 $P(i, x)$ 的得分。

也就是说，$P(i, x)$ 是通过网状图的最佳路径，在其第 i 层中的一个特定节点处结束。假设在第 50 步到达（比如说）X‑Fair，能达到这一目标的最高得分路径是什么？

洞察维特比算法（应用于这里的情况）背后的关键是通过调节第 $(i-1)$ 个状态是平等还是偏向来找到 $P(i, \text{Fair})$。也可以看到

$P(i, \text{Fair}) = P(i-1, \text{Fair}) + [\text{Fair}]$

或者

$P(i, \text{Fair}) = P(i-1, \text{Biased}) + [\text{Fair}]$

无论哪一个得分较高。$S(i, \text{Fair})$ 的分数将由此给出：

$$S(i, \text{Fair}) = \max \left\{ \begin{array}{l} S(i-1, \text{Fair}) + \log(\Pr(\text{Fair} \rightarrow \text{Fair})) \\ S(i-1, \text{Biased}) + \log(\Pr(\text{Fair} \rightarrow \text{Biased})) \end{array} \right\} + \log(\Pr(Y_i | \text{Fair})))$$

因此，现在已经将查找 $P(i, \text{Fair})$ 和 $P(i, \text{Biased})$ 的问题减少到找到 $P(i-1, \text{Fair})$ 和 $P(i-1, \text{Biased})$ 的问题了。如果能找到那些，那么直接找到 i 而不是 $i-1$。

维特比算法的工作原理是遍历网状图，每次填充所有的 $S(i, X)$ 层。每当它计算 $S(i, X)$ 时，它都会跟踪该节点的"父节点"，也就是导向它前一层的节点。当这些全部填满后，算法的伪代码就会出现：

```
Input:
        Observations Y₁, Y₂, …, Yₙ
        Initial probabilities Pr(X₁)
Transition probabilities Pr(Xᵢ->Xⱼ)
Observation probabilities Pr(Y|X)
Initialization:
        Construct the trellis diagram
        For j=1…k:
                Node(1,j).score = Pr(Y₁|j)
Processing:
  For i=2…n
    For j=1…k
```

$$Node(i,j).parent = \underset{x}{argmax}\left\{Node(i-1,x).score + Ln\big(\text{Pr}(x\,|\,j)\big)\right\}$$

$$Node(i,j).score = Node(i,j).parent.score + Ln\big(\text{Pr}(Y_i\,|\,j)\big)$$

```
Constructing the output:
```

$$OutputStates(n) = \underset{x}{argmax}\left\{Node(n,x).score\right\}$$

```
    For i=n-1,…,1:
```

$$OutputStates(i) = OutputStates(i+1).parent$$

```
Output: OutputStates
```

25.6 随机游走

最简单的随机过程之一被称为随机游走或者有时被称为"醉汉走路"。在这个思路中 X_1 是一个整数，通常为 0。通常来讲：

$$X_{i+1} = \begin{cases} X_i + 1 & \text{概率为 } p \\ X_i - 1 & \text{概率为 } 1-p \end{cases}$$

给予这个模型的动机是，有一个烂醉如泥的人，不知道他要去哪里。在每一个时间点，他都有一个向右迈出一步的概率 p、向左迈出一步的概率 $1-p$。如果 $p = 0.5$，那么步行就称为"无偏的"。在这种情况下，步行者将漫无目地在空间中游荡。从长远来看，他通过原点的次数是无限的。他的平均位置总是在 $X = 0$，但这只是因为他可能在左边或右边的概率是相等的。他与原点的平均距离将按照他所采取的步数的二次方根成正比。

更确切地说，每一步都是 Bernoulli(p) 随机变量，因此：

$$X_{i+n} - X_i = 2* \text{Binomial}\,(p,n) - n$$

25.7　布朗运动

布朗运动是随机游走从定义的整数到实数的一种概括：

$$X_{i+n} - X_i = \text{Normal}(0, \sigma^2)$$

该模型的唯一参数是 σ，它衡量在单个时间步中可能移动的距离。

从历史上讲，布朗运动是第一个被广泛研究的随机过程。它漫无目的地漂浮，因此被用来模拟悬浮在液体中的粒子的位置。

在数学方面，布朗运动最值得关注的方面是，非连续位置之间的差异仍然是布朗运动，只是一个扩展更广的运动：

$$X_{i+t} - X_i = \text{Normal}(0, t*\sigma^2)$$

这对许多应用程序很重要。例如，一个粒子的运动并不是真正的离散时间步骤，它在整个时间内不断移动。但是如果每毫秒、每秒或每小时测量它的位置，仍然会看到布朗运动。

在非常小的时间尺度上，粒子的运动更像是一个随机游走，因为它与水分子的离散碰撞受到推挤。但实际上，小时间尺度上的任何随机运动都会在大时间尺度上产生布朗运动，只要运动是无偏的。因为中心极限定理告诉人们，许多小的独立运动的集合将是正态分布的。

除了物理学，布朗运动最重要的应用可能是金融。当对股票价格的波动进行建模时，想要捕获这样的想法，即在没有任何预测或业务拓展的情况下，它将漫无目的地四处徘徊。这听起来像布朗运动，但有一个问题，无论初始价格如何，价格下跌 10% 都是同样重要的，并且价格永远不会是负数。为了实现这种"无标度布朗运动"，我们让 X 表示证券价格的对数，而不是价格本身。

这是真实股票和债券价格如何演变的准确模型吗？不，它不是。然而这是一个非常常见的"零假设"模型，人们并不假设存在任何长期趋势，也不假设运动倾向于保持任何"正确"的价格。

25.8　ARIMA 模型

对于数据科学应用来说，布朗运动最重要的问题在于它在没有任何"正常"价值的情况下移动。真实的过程往往有一个它们徘徊的基线。证券的价格就是一个很好的例子。它会上下波动，但在任何方向上都不会太大。这种行为称为"均值回归"，因此可以将其视为一种将随机变量拉回其平均值的弹性力。

对此进行建模的经典方法称为"自回归滑动平均"（ARIMA）。一般来说，ARIMA 模型被定义为

$$X_{i+1} = c + \phi_0 X_i + \phi_1 X_{i-1} + \cdots + \phi_k X_{i-k} + \text{Normal}(0, \sigma^2)$$

但是，通常只会看到这一项：

$$X_{i+1} = c + \phi_0 X_i + \text{Normal}(0, \sigma^2)$$

式中，$0 < \phi < 1$。

在这种情况下，有一个长期的平均值：

$$E[X] = \frac{c}{1 - \phi}$$

X 将围绕这个平均值波动，有时会随机移动得相当远，但它总会被拉回平均值。

25.9　连续时间马尔可夫过程

下面回到只有有限数量状态的马尔可夫链：青蛙在睡莲之间跳跃。这些马尔可夫链的局限性在于它们以离散的时间步长发生。有时这种粒度是适当的，例如文本中的文字。但是在其他情况下，实时监控一个系统，它可以随时改变其状态。例如，一个托管网站的服务器可能会在任意时间让新的访问者来处理，而访问者也可能随时离开。基本上，健忘症青蛙不知道它已经到达现在的睡莲叶子上多长时间了，它可以随时跳出去。

考虑连续时间马尔可夫过程的最佳方法是，收集从状态 i 到状态 j 的速率 λ_{ij}。想象一下将时间分解成长度为 Δ 的非常小的时刻，然后对于每个不同的 i 和 j：

$$\Pr(X_{t+\Delta} = j \mid X_t = i) = \lambda_{ij} \Delta$$

处于状态 i 的概率仅为 1 减去所有变化概率的总和。λ_{ij} 是概率质量从状态 i 流向状态 j 的速率，即状态 i 中质量的一小部分。

在微积分术语中，如果让 $p(t)$ 表示时间 t 上状态的概率分布，那么：

$$\frac{\mathrm{d}}{\mathrm{d}t} p(t) = p(t) \Lambda$$

式中，Λ 是所有 λ_{ij} 的矩阵（在对角线上为 0）。

通过求解可以找到稳态分布 π：

$$\pi \Lambda = 0$$

$$\sum_i \pi_i = 1$$

这类似于用离散时间马尔可夫链所做的。

然而对于离散链和连续链，π 有一个关键的区别。对于离散的马尔可夫链，π 测量了转换成每个状态的频率。在连续过程中，π 度量每个状态中花费的所有时间的比例。但这些并不是一回事，因为很多概率质量都有可能流动到一个特定的状态，但很快就会流出来。因此系统经常会过渡到这种状态，但在进入更长时间的状态之前，只会在那里停留很短时间。

连续时间过程和离散链都以矩阵为特征，但这些矩阵却完全不同。两者都需要所有条目是非负的，但相似性仅限于此。对于马尔可夫链，每行必须总和为 1。对于连续时间过程，只要矩阵的对角线始终为 0，总和就无关紧要了。

25.10 泊松过程

泊松过程用于对随机间隔发生的事件流建模。它以单个参数 λ 为特征，λ 是每单位时间事件的平均数量。或者它有时以 $\theta = 1/\lambda$ 为特征，即事件之间的平均时间。

有很多方法去思考一个泊松过程，但在作者看来，最简单的方法是将时间分解成许多大小为 Δ 的间隔。每个间隔相互独立，且具有发生事件的概率 $\lambda\Delta$。在 Δ 无限小时，收敛于泊松过程。它具有以下属性：

- 连续事件和指数分布的间隔时间，均值 $=\theta$。这意味着时间可以任意长，但会加权到短时间。
- 连续的时间间隔是独立的。
- 对于长度为 T 的任意时间间隔，其中发生的事件数是一个均值为 λT 的泊松分布。这意味着可以有任意多的事件，但不可能有巨大的异常值。
- 如果两个时间间隔不重叠，则其中的事件数彼此独立。

泊松过程是模拟许多现实世界系统的一种极好的方法，不过强调几种不是泊松过程的系统是有说明意义的：

- 一个事件往往会迅速引发其他事件。一个例子是由股票组成的交易，一个人做交易导致许多其他人进行交易。
- 外力会导致事件爆发。例如，访问某个网站的人可能会蜂拥而至，因为他们都看到了被发布的相同的链接。
- 事件之间有一种均匀间隔的趋势。如果在设备磨损或损坏时更换它，可能暂时不需要再次更换它，因为它的部件没有磨损。这意味着事件之间的时间不是指数分布的。
- 有一小部分事件可能发生，并且在一个周期内只发生一次。例如一组机器可能会以不规则的时间间隔出现故障，作者每天早上都会修复所有损坏的机器。这意味着如果当天早些时候出现许多故障，那么当天晚些时候的故障将会减少，因为可能出现故障的机器运行较少。

前两种情况在实践中往往是较大的问题，它们的主要特点是不同的事件并不相互独立。

25.11 延伸阅读

1）Harchol-Balter, M, Performance Modeling and Design of Computer Systems: Queueing Theory in Action, 2013, Cambridge University Press, Cambridge, UK。

2）Ross, S, Introduction to Probability Models, 9th edn, 2006, Academic Press, Waltham, MA。

3）Feller, W, An Introduction to Probability Theory and its Applications, Vol. 1, 3rd edn, 1968, Wiley, Hoboken, NJ。

25.12　术语

吸收态　马尔可夫链中的一种状态，只对自身起作用。

吸收态马尔可夫链　具有至少一种吸收态的马尔可夫链。

遍历马尔可夫链　一个马尔可夫链，其中每种状态都可以从其他状态到达。

均衡分布　一个马尔可夫链状态的概率分布与该链一直保持相同的时间步长。

马尔可夫特性　马尔可夫链的关键假设。马尔可夫链中的一个状态可能概率性地依赖于它之前的状态，但只是在它之前的状态。如果以了解 X_i 为条件，当 $j < i$ 时，X_{i+1} 独立于所有 X_j。

马尔可夫链　它们之间的状态和转换概率的集合，每个状态仅依赖于之前的状态。许多马尔可夫链也要求有一个在起始状态下的概率分布。

泊松过程　一种发生在随机间隔事件序列中进行建模的方法。连续事件的时间间隔是连续同分布并按指数分布的。

平稳分布　均衡分布的同义词。

转换矩阵　一个矩阵，用于指定在离散马尔可夫链中从一个状态转换到另一个状态的概率。

告别语：
数据科学家的未来

至此已经阅读了整本书，假设为了论证读者认为主题很酷，现在怎么办？

作者最重要的建议是走出去，开始解决一些真正的问题。作为一名软件工程师和一名学者，作者做过很多工作，而且在动态数据科学方面所做的事情比在其他任何方面都要多得多。在一天之内，作者将在低级调试、设计软件架构、帮助用户将业务问题转化为数学以及浏览作者的线性代数之间来回穿梭。在数据科学中，总会有一些可以学习的新东西，通常是需要学习的新东西，没有一本书可以代替环境中的真实经验。

在扩大知识库方面，有几个方向（不是相互排斥的）可以考虑发展：

• 如果有特定的应用领域，那么真正最好的就是成为一名领域专家，无论想要应用何种数据科学。请记住，做好数据科学的关键是提出正确的问题，而这样做的唯一方法就是深入了解正在研究的领域。

• 数据科学家几乎是软件工程师的两倍，作者可能会把自己放在这个类别中。他们知道许多其他编程语言，他们编写了具有许多交互部分的多行代码，并且他们精通计算机科学的基础知识。如果想在初创型环境或大数据中工作，这是一个很好的方向。

• 有些人深深沉浸在机器学习中。如果想要的工作更具学术风格，或者专注于解决一家大公司的一些非常困难的问题，那么这对读者很有帮助。

• 一些数据科学家向统计学方向发展，学习更多关于 A / B 测试、如何设计实验以及从小型数据集中获取洞察力的各种方法。这种方法在大公司中更为常见，人们有能力进行专门研究。

可用于研究的数据集范围正在迅速变化，但作者想指出一些可能与读者相关的趋势：

• 迄今为止，数据科学一直由来自互联网的数据（网络日志、广告点击等）主导，但重点是转向物理世界的数据。

• 智能手机产生大量酷炫数据，并将继续在数据分析中发挥更重要的作用。特别是，它们可以同时测量许多不同的东西（例如位置、动作以及在手机上看到的任何内容），并且很少有人在统一分析中将这些不同的数据流整合在一起。

• "物联网"指的是传感器正在变得无处不在的想法，许多既不是计算机也不是手机的设备将产生可通过云访问的数据。这意味着传感器网、工厂中的机器、烤面包机，可以这么说。

• "量化自我"运动是指越来越多地测量自己的生物统计数据这一事实。这意味着从心率到血糖，再到呼吸速率。随着可穿戴传感器变得越来越便宜和越来越普遍，这些数据越来越多地成为细粒度的时间序列。

人们使用的软件和硬件工具也在不断发展，例如：

• 作者没有机会在本书中介绍这一点，但图形处理单元（GPU）是包含许多用于大规模并行处理的处理内核的专用硬件。它们并不总是有用，但在许多情况下它们可能非常强大。深度学习是真正受益于相关领域的一个很好的例子。

• 人们可能会意识到集群计算现在被过分夸大了，有些风可能会从大数据风帆中消失。

• 不要误解作者的意思：大数据仍将保持巨大的份量！对于许多数据集，群集将使分析更快。在其他情况下，这将是完成工作的唯一方法。最大的区别在于人们会更好地确定群集是或不是工作的合适工具。作者还期望大数据将与本地计算机更加无缝集成，并且无论用户的计算是在本地计算机上还是在云中的群集上运行，用户通常都看不到它们。

未来几年的数据科学将是一次非常激动人心的旅程。希望本书能帮助读者走上正轨。

最诚挚的问候
Field Cady